Martin Werdich

Kuno Kübler

Stirling-Maschinen

Grundlagen - Technik - Anwendungen

ökobuch

Staufen bei Freiburg

Den Findern gewidmet:
James & Robert Stirling

Über Anregungen freut sich

Kuno Kübler
Leinbergerstraße 3
81735 München

Die Deutsche Bibliothek - CIP-Einheitsaufnahme

Ein Titeldatensatz für diese Publikation ist bei
Der Deutschen Bibliothek erhältlich.

ISBN 978-3-936896-29-9

1.- 8. Auflage 1991 -2001 (ISBN 3-922 964-35-4)
9. und 10. Auflage 2003/2005 (ISBN 3-922 964-96-6)
11. überarbeitete, erweiterte Auflage 2007

email: oekobuch@t-online.de
http://www.oekobuch.de/

Layout: Michael H. Müller, Badenweiler
Karikaturen: W. Wesinger, München
Druck: Druck Partner Rübelmann, Hemsbach

Foto auf der Titelseite:
Solarskulptur "Sunwash"
in Burghausen (Bayern). Photo: D. Hein

Inhaltsverzeichnis

Vorwort

Die Neuauflage dieses Buches wendet sich in allgemein verständlicher Form an den breiten Leserkreis, der sich für das Thema „Stirling-Maschinen“ interessiert. Das Buch gibt eine Übersicht über Stirlingmaschinen, ihre systematische Einteilung, Anwendung und den Stand der Technik heute (2007). Es ist im wesentlichen eine Literaturrecherche, bei der auch die umfangreiche englischsprachige Literatur soweit wie möglich berücksichtigt wurde.
Ich widme diese Arbeit Herrn Willi Ried und seiner Frau, die mir nach seinem viel zu frühen Tod eine große Menge Unterlagen zukommen ließ, mit denen Herr Ried 25 Jahre lang an einer Rotationskolben-Stirlingmaschine gearbeitet hat, aber nie den erhofften Durchbruch erreichte.
An dieser Stelle möchte ich mich herzlich bei all denen bedanken, die mir durch Korrespondenz und Übersendung von Unterlagen halfen, diese Arbeit so umfassend auszuführen:
Mr. Cooke-Yarborough, Michael Novi (Joanneum), H. Aschenbrenner (PTB Braunschweig), Department of Energy, W.A. Tomazic (NASA), H. Zettner (CM), Dipl.-Ing. C. Müller, Dipl.-Ing. J. Wegener, H. Schiller (IHK), Dr.-Ing. Hörler (ETH-Zürich), A.J. Organ (Uni Cambridge), H. Carlsen (TU-Dänemark), R.M. Shaubach (Thermacore), H. Schager, H. Meschendörfer, H. Beck (ECOS), H.Vieweg (Autor), H.Viebach, Klaus Kramer (selbständig), Eckhart Weber (selbständig), Ing. P. Lista, Hubert Eckl, Ferdinand Waldkircher.

Ein ganz besonderes Dankeschön möchte ich auch folgenden Damen und Herren sagen, die mir aktiv mit Rat und Tat zur Seite standen:
dem Team von Prof. Dr. H. Krauch, Walter Arn, Dipl.-Ing. Walter Kufner, Tim Lohrmann, Dipl.-Ing. Günter Banholzer, Friedrich Munzinger, Dr.-Ing. Blumenberg, Herrn Kufner und natürlich Hubert Eckl, der aktiv an der Neuauflage mitarbeitete, sowie meinen beiden Professoren, Herrn Prof. Dipl.-Ing. Benno Kirchgäßner und Herrn Dipl.-Ing. Heinz Schnell sen.

Die Überarbeitung für die vorliegende 11. Auflage war erforderlich geworden, um die Fortschritte in der Stirlingmotorentwicklung festhalten zu können (z.B. Beginn der Serienfertigung für Stirling-Blockheizkraftwerke). Diese Aufgabe wie auch die Bearbeitung ab der 7. Auflage im Jahr 1999 hat dankenswerter Weise Kuno Kübler übernommen.

Im Juli 2007 Martin Werdich

1 Grundlagen der Stirlingmaschinen

„Schöne Worte sind nichts, wenn keine Taten folgen." Dieser Satz betrifft all diejenigen, die erfinden und entwickeln, was das Zeug hält, aber über Prototypen und Veröffentlichungen nicht hinauskommen (und das sind die meisten). Die wenigsten wissen, dass über die Stirlingtechnik sehr viel bekannt ist. Es werden zur Zeit ca 100.000 Maschinen diesen Prinzips pro Jahr produziert, wobei die meisten als Kälteerzeuger arbeiten.

Der Stirlingmotor ist wohl eines der beliebtesten Objekte für Bastler und Erfinder. Nicht umsonst umfasst die Literatur, die ich für meine Diplomarbeit und dieses Buch zusammengetragen habe, professionell geschriebene Bücher ebenso wie Skizzen, Zeitungsausschnitte und Meinungen aus aller Welt. Zusammengenommen wiegt diese Sammlung etwa 120 kg. Um am Ende zu einer möglichst objektiven Einschätzung zu kommen, war es notwendig, nicht nur diese umfangreiche und oft verwirrende Literatur, sondern auch das Nichtgeschriebene, die Meinung von Erfindern, Bastlern und Ingenieuren zu hören und zu verarbeiten.

Die Bezeichnung *Stirlingmotor* ist ein Sammelbegriff für die vielfältigen Varianten derjenigen Motoren bzw. Wärmekraftmaschinen, bei denen der Stirlingprozess (Kapitel 1.3.3) noch erkennbar ist.

1.1 Die geschichtliche Entwicklung

Rev. Robert Stirling D.D.,
der Erfinder des Stirlingmotors

Die Entwicklungsgeschichte der Stirlingmaschine zu schreiben gleicht der Aufgabe, ein „unendliches Puzzle" zu einem vollständigen Bild zusammenzusetzen. Das kann jedoch kaum vollständig gelingen, denn sehr viele Ideen gingen unter, ohne je veröffentlicht zu werden. Andere Neu- oder Weiterentwicklungen und Erfindungen wurden ein paarmal gemacht, manchmal auch zur gleichen Zeit. Darüber hinaus war es mir nicht möglich, an verschiedene Literatur heranzukommen, da doch einiges gehütet oder nicht offiziell vertrieben wird. Häufig war auch die Fernleihe nicht in der Lage, die gewünschten Texte zu beschaffen.

Um die Gegenwart zu begreifen und eine vernünftige Stirlingmaschine nach dem Stand der

Technik bauen zu können, ist es notwendig und sinnvoll, die Entwicklungsgeschichte zu kennen, aus ihr zu lernen und auf ihr aufzubauen. Dabei ist die Geschichte des Stirlingmotors mit der Geschichte der Thermodynamik und der Werkstoffentwicklung so eng verbunden, dass diese nicht unabhängig voneinander beschrieben werden können.
An Stelle einer ausführlichen, verwirrenden Erzählung sind die wichtigen Stationen und Fakten in den beiden folgenden Tabellen übersichtlich zusammengestellt.

Tabelle 1: Entwicklungsstadien des Stirlingmotors nach Jahreszahlen geordnet

1690	Denis Papin entwickelt seine Dampfmaschine für Pumpen.
1712	Thomas Newcomen verbesserte die Dampfmaschine nach dem Vorbild Papins.
1765	James Watt konstruiert die Form der Dampfmaschine, die in der Folgezeit breiteste Anwendung findet.
1807	Eine Heißluftmaschine, ‚Feuerluftmaschine' genannt, wurde von Sir George Cayley vorgestellt.
1816	Patentanmeldung der ersten Stirlingmaschine und des ‚Economizers' (Regenerator) durch Robert Stirling.
1818	Die erste nach dem Stirling-Prinzip arbeitende Heißgasmaschine wird fertig-gestellt (für Wasserpumpen-Antrieb).
1821	Bresson entwickelt in Frankreich eine Feuerluftmaschine.
1824	Sadi Carnot veröffentlicht den ‚Carnotprozess'.
1826	Ericsson erhält das Patent auf seine kalorische Maschine.
1827	Die in Zusammenarbeit mit seinem Bruder, Ing. James Stirling, verbesserte Heißluftmaschine, wird patentiert.
1828	Parkinson und Crossley entwickeln wie auch Stirling einen geschlossenen Stirlingmotor.
1834	John Herschel entdeckt erstmals die Fähigkeit des Stirlingmotors, Kälte zu erzeugen, wenn er angetrieben wird.
1840	Robert Mayer berechnet das mechanische Wärmeäquivalent.
1843	James Prescott Joule formuliert den Energieerhaltungssatz.
1843	Stirling baut seine erfolgreichste Maschine.
1844	Andraud baut die Heißluftmaschine in eine Lokomotive ein.
1853	C.L. Franchot erfindet den doppelt wirkenden 2-Zylinder Stirlingmotor.
1853	Die größte Heißluftmaschine wird in den USA von dem Schweden Ericsson gebaut
1853	W.E. Newton patentiert das Prinzip des doppeltwirkenden Motors.
1853	Siemens veröffentlicht die erste wissenschaftliche Arbeit über die Wichtigkeit des Regenerators.
1854	Professor Rankine und J.R. Napier patentieren eine verbesserte Heißluftmaschine.
1858	Ericsson baut einen sehr erfolgreichen Industriemotor.
1860	Lenoir bringt den Gasmotor heraus, der immer mehr Anhänger findet.
1861	Die Laubereaumaschine von Schwartzkopf kommt auf den Markt.

1863 Sir Wilhelm Siemens erfindet einen doppeltwirkenden Vierzylinder-Stirlingmotor mit Taumelscheibe.

1868 Lehmann baut die damals erfogreichste Heißluftmaschine mit geschlossenem Kreisprozess (bis 1877 baute er ca. 1000 Stück).

—— Sir W.H. Baley & Co. produzierten von 1860 - 1908 viele Lehmann'sche- und zweizylindrige Stirlingmaschinen mit getrennten Arbeits- und Verdrängerkolben.

1870 Schmidt baut eine Wasserpumpe nach Papins Vorbild.

1872 Ericsson baut seinen ‚Sonnenmotor'. Die Stirlingmaschine war dabei von einem Parabolspiegel umgeben (siehe Abbildung auf dem Titel).

1873 Prof. Edmund Reitlinger verallgemeinerte den Carnot-Prozess.

1874 Hook baut einen Heißluftmotor nach Papins Vorbild.

1876 N.A. Otto baut seinen Viertaktmotor.

—— Von 1877 bis 1895 verkauft A.K. Rider aus Philadelphia etwa 1000 seiner Motoren. Sie hatten einen heißen und einen kalten Zylinder mit je zwei Kolben und waren mit einem Regenerator ausgerüstet, hatten aber zuviel Totraum (doppeltwirkender Motor).

1877 Stenberg aus Dänemark bringt seinen ‚Calorisca' - Motor heraus (Lehmanns Design, aber ein geändertes Triebwerk). Gebaut wurde dieser Stirlingmotor von den Gebr. Sachsenberg in Roßlau.

1878 Van Rennes bringt seinen Motor auf den Markt.

1878 Hock baut einen Feuerluftmotor (offener Motor).

1883 G. Daimler und W. Maybach patentieren den ersten Fahrzeugmotor.

1884 Heinrici bringt einen Stirlingmotor mit bis zu 1PS Leistung in Produktion.

1888 Benier's (Frankreich) Konstruktionen werden auch in Deutschland gebaut.

1894 H. Lorenz baut eine Kühlmaschine.

1895 Der Siegeszug der Elektromotoren beginnt.

—— Zwischen 1895 und 1914 werden von A.E. & H. Robinson & Co. mehrere Tausend der ‚Robinson-Maschine' verkauft (Arbeits- und Verdrängerkolben laufen dabei senkrecht, ohne Regenerator, zueinander).

1896 R. Diesel baut seinen Motor.

1896 Die Crossley Company hat Patentrechte an Ottos 2. Maschine und führt diese weiter.

1907 O. Ringbom meldete in den USA einen Hybrid-Stirlingmotor zum Patent an.

1918 Rudolph Vuilleumier erhält ein Patent für einen neuartigen Prozess zur Erzeugung von Kälte.

1927 Malone baut in England mehrere Stirlingmaschinen, die mit dem Arbeitsmedium Wasser laufen. H_2O wird expandiert und komprimiert (Spitzendruck 78 bar, Mitteldruck 14 bar).

1938 Wiederbelebung des Stirlingmotors in den Forschungslaboratorien der N.V. Philips Gloeilampenfabriken in Eindhoven (R.J. Meijer).

1946 Der Philips Stirling-Stromgenerator ist fertig.

1949 Van Weenan (Philips) erfindet den ‚Siemensmotor' das zweite Mal.

1953 - Erfindung des Rhombentriebwerks.

- W.E. Newton patentiert das Prinzip des doppeltwirkenden Stirlingmotors.

1955 Die Gaskältemaschine von Philips wird serienreif. Sie wird heute noch hergestellt.

1958 Philips erteilt Lizenzen an General Motors (1969 wird erfolgreich ein 500 Stunden-Test durchgeführt; General Motors beendet 1970 unerwartet die Aktivitäten.).

1959 Finkelstein und Polanski erfinden den ‚Franchot-Stirlingmotor' das 2. Mal.

1962 William T. Beale beginnt mit den Freikolben-Stirling-Motoren an der Ohio University in Athens, Ohio, USA.

1967 Philips erteilt Lizenzen an die Entwicklungsgruppe MAN/MWM (MWM beendet 1989 die Aktivitäten).

1967 Martini baut nach Papins Prinzip und verwendet als Arbeitsgas Helium und Argon.

1968 United Stirling AB in Malmö (USAB) nimmt die Entwicklungsarbeit auf.

1972 Philips erteilt Lizenzen an Ford Motor Company (Ford beendet 1978 die Aktivitäten).

1978 Horace Rainbow konzipiert die Pendel-Stirlingmaschine.

1980 Ivo Kolin erfindet den sehr einfach nachzubauenden und für Niedertemperatur geeigneten Flachplatten-Stirlingmotor.

1983 Sanden Co. baut einen „Z-Typ", der mit Biomasse (der Brenner muss von oben nach unten funktionieren) in ländlicher Gegend eingesetzt werden kann.

1984 Prof. Senft erfindet einen weiteren Niedertemperatur-Stirlingmotor, der mit nur 7°C Temperaturunterschied läuft.

1985 McDonnell Douglas verhandelt mit United Stirling um Exklusivrechte und baut mit deren Stirlingmaschine einen solarbetriebenen Motor, der am Brennpunkt eines Spiegels angeordnet ist und mit 1430°C arbeitet.

1985 Ivo Kolin baut den Flachplattenmotor, der mit drei Hauptelementen arbeitet (Bauanleitung im Anhang).

1989 Eckhart Weber baut die ersten leistungsfähigen Niedertemperatur-Stirling-Wasserpumpen und bekommt dafür den Deutschen Erfinderpreis.

1990 Prof. Senft bricht mit seinem Niedertemperatur-Stirlingmotor alle Rekorde. Diese Maschine läuft bereits mit 0,5°C Temperaturunterschied.

1991 Bomin Solar entwickelt in Kooperation mit Ecker und TEM-Schweden einen Freikolben-Stirlingmotor, der mit Helium als Arbeitsgas bei 10-50 bar Arbeitsdruck arbeitet.

1993 D. Schager entwickelt und baut den kleinsten Stirlingmotor (Länge = 19,5mm; Breite = 9mm; Höhe = 9,5mm; n = 7000 U/min; Masse = 0,5g; längste ununterbrochene Betriebszeit: 62,5 min)

1994 Fa. Solo entwickelt den V160 (9 kW_{el}) zum Solo 161 Nachfolgemodell (BHKW und Solarversion)

1995 Fa. Saarberg beginnt mit der Entwicklung des ST 20/1

1996 T. Lohrmann: Prototyp LS 1-100 entsteht

1996 S. Viebach baut den Prototyp STB-393

1997 Fa. Whisper Tech in Neuseeland beginnt mit dem Bau von 20 Maschinen (800 W_{el})

1998 Fa. Solo startet die 2. Phase des Feldversuchs mit 14 Maschinen

1998 Fa. Heidelberg nimmt in München zwei 40 kW Pilotanlagen in Betrieb

1998 Fa. Moch beginnt mit der Entwicklung eines Kleinst-BHKW (200 W)

1998 D. Viebach hat den Gussteilesatz des ST 05 G bereits über 80mal in alle Welt verkauft

1998 Mayer & Cie. startet mit der Entwicklung von 5 Prototypen LG 1-100

1999 SOLO Kleinmotoren: Präsentation des serienreifen Stirling-Modul 161

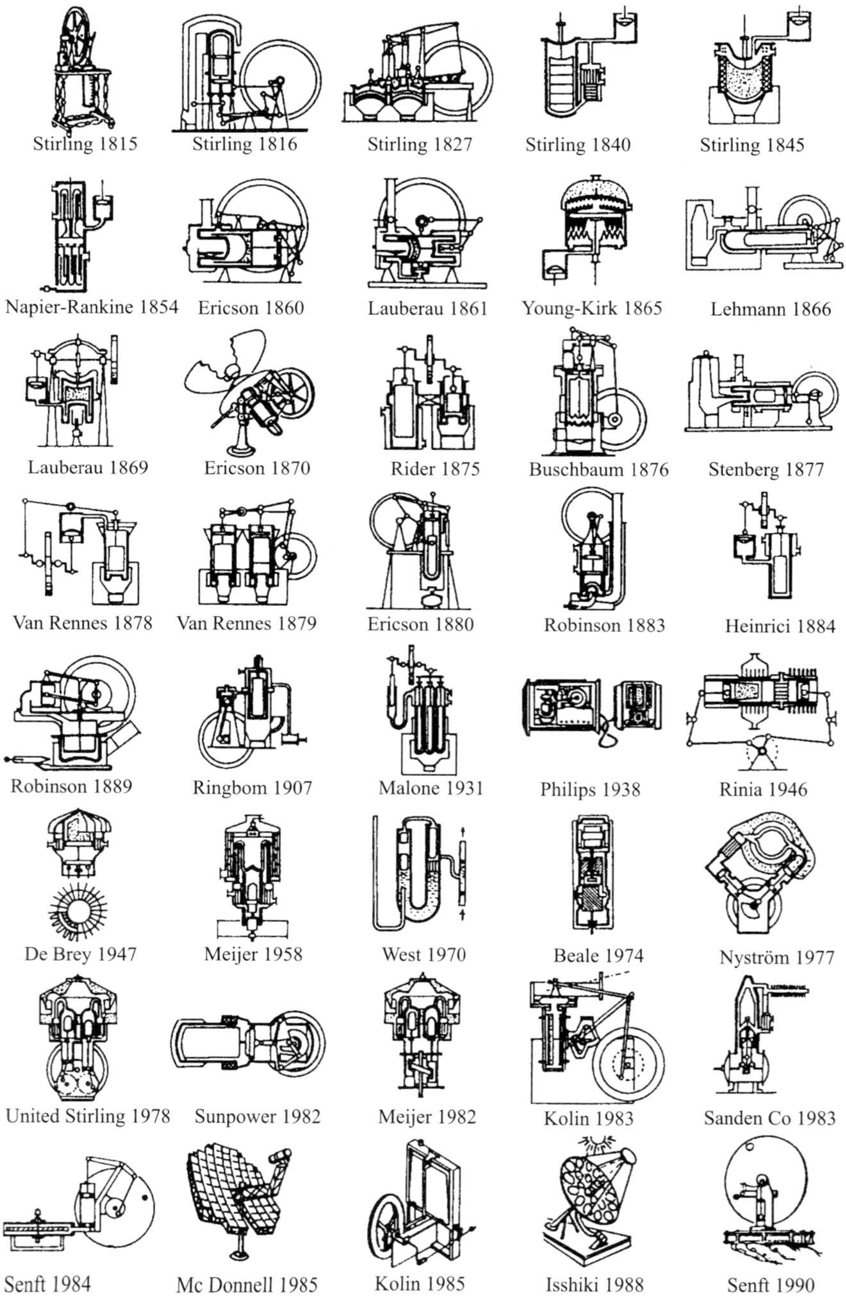

Abb. 1: Bauformen des Stirlingmotors.

1999 Infinia beginnt mit der Entwicklung eines Freikolbenmotors für das niederländische ENATEC Micro-KWK-Modul

2000 EPAS GmbH: Abschluss der Entwicklungsphase des S 400 und BM 1000

BSR Solar Technologies: Entwicklung des Sunpulse, einer solaren Stirling-KWK-Anlage mit thermochemischem Speicher (24 h-Betrieb)

2001 Sunmachine: STA 520-25 als Solar-Dish und als Gas-BHKW für Feldtest einsatzbereit

Powerbloc: Wiederaufnahme von Langzeittests des SEM

SOLO Kleinmotoren: Produktion von 20 Stück des Stirling-Modul 161

STM Power produziert 50 Stück STM 4-120 (25 kW)

2002 Joanneum Research: Einbau eines 30 kW_{mech}-Stirlingmotors in ein Biomasse- Fernheizwerk

Victron Energy (NL) hat im Januar bereits 150 Stück WhisperGen verkauft. Im März sind weltweit 620 Stück WhisperGen von Whisper Tech (NZ) im Einsatz

2003 TB Kocsisek entwickelt b-Stirling mit Rollhebel-Kulissen-Kurbeltrieb

Sunmachine stellt das Modell des ersten selbstanlaufenden Solarstirling vor

2003 Solo führt ein Management-Buy-out durch. Zusätzlich zum bisherigen Management steigt u. a. ein Energieversorgungsunternehmen ein

2004 E.On (UK) erteilt den Auftrag zum Kauf von 80.000 WhisperGen AC

O.Hein präsentiert zur Landesgartenschau in Burghausen den „Sunwash", einen Solarstirling in Flüssigkolben-Bauweise

2004 H.-P. Lauber testet den Viebach-Stirling in einer Wirbelschichtbrennkammer an der TU München

2005 SPM stellt auf der Messe Wels den Prototypen des SPM-Moduls vor

Stirling Systems beginnt Feldtests mit 5 SEM-Modulen

Hoval präsentiert den Stückholzkessel Agrolyt Stirling

2006 Sunmachine beginnt mit der Auslieferung der ersten 60 Sunmachine Pellet Pilotanlagen an ausgewählte Feldtestpartner

„Disenco mikroBHKW"-Modul erhält britisches Zulassungszertifikat; erste Pilotanlage kann den Dauerbetrieb aufnehmen.

Abschluss der mehrjährigen Feldtests von WhisperGen Ltd. in UK, Vorbereitung der (Groß)-Serienfertigung

Beginn von Feldtests mit dem WhisperGen AC in Deutschland (MVV Energie Mannheim, E.On (Ruhrgas), Techn.Werke Ludwigshafen, Saarbrücken, Gasag Berlin, u.a.)

2007 Prof. Dr. Ivo Kolin, der Erfinder des Flachplatten-Stirling stirbt im Alter von 82 Jahren

Tedom stellt auf der Messe Brünn den Prototypen eines Stirlingmotors für BHKW-Anwendungen vor

In der neuseeländischen Botschaft in Berlin wird ein WhisperGen AC in Betrieb genommen

Der WhisperGen DC wird mit regenerativen Brennstoffen erfolgreich an der FH München getestet

2008 geplant: Start der Massenfertigung des WhisperGen AC mit 30.000 Einheiten pro Jahr

Weltweit arbeiten heute über 100 Firmen, Universitäten und andere Forschungseinrichtungen an der Entwicklung und Verbesserung der Stirlingmaschinen und deren Anwendungen. Ein Verzeichnis der uns bekannten Adressen befindet sich am Ende des Buches in Kapitel 9.3.
In der folgenden Tabelle sind die den Verfassern bekannt gewordenen Stirlingmotoren mit ihren technischen Daten (erreichte Leistungen, Wirkungsgrade usw.) zusammengestellt. Alle diese Motoren wurden gebaut und mehr oder weniger erfolgreich getestet.

Tabelle 2: Technische Daten bisher gebauter Stirlingmotoren

Zeit	Hersteller	Leistung kW	Drehzahl U/min.	Bezeichnung, Einsatzgebiet, Aufladung, Wirkungsgrad und sonstige Merkmale
1852	Ericsson	220_{mech}	9	Schiffsantrieb (aber zu schwer), 4-Zylinder mit je 4,2 m Durchmesser, Hub = 1,5 m
1860	Ericsson	1,5		erfolgr. Industriemotor, 3000 Stk. produziert
1860	Mf. Bruckau	0,5	54	Ericsson-Motor, Verbrauch: 6 kg Kohle/h
1868	Lehmann	0,75	100	Verbrauch: 5 kg Kohle/h, 200 l Wasser/h
1876	Rider	0,8		2-Zylinder, einfachwirkender Motor
1894	Bailey	1_{mech}	106	1-Zylinder, einfachwirkender Motor
1914	Robinson	0,5		2-Zyl., einfachw. Motor in V-Anordnung
1925	Heinrici	0,04	180 -350	Verbrauch: 0,15 m^3 Leuchtgas/h
1938	Philips	$0{,}2_{el}$	1.500	Bezeichnung: 102C, 1-Zylinder-Motor mit Generator für Radiobetrieb
1944	Philips	4_{mech}	3.000	Testmaschine mit Taumelscheibentriebwerk, Arbeitsgas Luft (4 bar), niedrig. Wirkungsgrad
1953	Philips	$0{,}2_{el}$		Einfachw. 1-Zyl.-Motor, Arbeits- und Verdrängerkolben in einem Zyl., 38% Wirkungsgrad, Rhombentriebwerk, mit Gen. für Radiobetrieb
1958	Ericsson	1,3		in USA erfolgreicher Industriemotor
1959	Philips	2_{mech}	2.500	1-Zylinder-Motor mit Rhombentriebw., wurde in 10 m Motoryacht eingebaut u. lief bis 1977
1964	Philips	290_{mech}	1.500	4-Zyl.-Motor mit Rhombentriebw., einige Expl. in Werkspore geb., Auslief. an die US-Marine
1964	Philips	147_{mech}	1.500	4-Zyl.-Motor horiz. in Reihe, Rhombentriebw., wurde in DAF-Bus und MAN-Bus eingebaut
1964 - 68	GM	268_{mech}		Bezeichnung: V-8, einfachwirkender 4-Zylinder-Motor mit Kurbeltriebwerk
1965	Philips	85_{mech}	300	Bezeichnung: 4-235, Boxermotor mit 41% Wirkungsgrad, Marineeinsatz
1965	GM	6_{el}	3.000	Bezeichnung: GPU 3, einfachw. 1-Zyl.-Motor mit Rhombentriebwerk, 22% Wirkungsgrad, Generator für Militäranwendungen

Zeit	Hersteller	Leistung kW	Drehzahl U/min.	Bezeichnung, Einsatzgebiet, Aufladung, Wirkungsgrad und sonstige Merkmale
1968	Philips	$7{,}36_{mech}$	3.000	Bezeichnung: 1-98, Versuchsmotor mit Rhombentriebwerk, einfachw., Wirkungsgrad 29,2% (2.000 U/min); 27,6% (3.000 U/min)
1968	Philips	$74{,}5_{mech}$	1.500	Bezeichnung: 4-235, 4-Zyl.-Versuchsmotor (4 Kolben, 4 Verdränger) mit Rhombentriebw., einfachwirkend, 30% Wirkungsgrad
1968	USS	147_{mech}	3.000	Bezeichnung: 4-235, 800 kg Gewicht, Arbeitsmedium: Helium, aufgel. mit 215 bar
1968	GM	265_{mech}		4-Zylinder-Motor
1969	GM	168_{mech}	2.100	Bezeichnung: 4L23, doppeltwirkender Motor mit Kurbeltriebwerk, Wirkungsgrad: 30% bei 2.100 U/min, 32% bei 1.400 U/min
1969	Beale	$0{,}1_{el}$		Generator, Freikolbenmaschine
1968 - 70	MAN/MWM	$7{,}4_{mech}$	3.000	Bezeichnung: 1-98, einfachw. Versuchsmotor mit Rhombentriebwerk, Wirkungsgrad 29,2% bei 2.000 U/min, 27,5% bei 3.000 U/min
1968	MAN/MWM	22_{mech}	1.500	Bezeichnung: 1-400, Versuchsmotor wie vor, 32% Wirkungsgrad bei 1.000 U/min, 28,2% bei 1.500 U/min
1971	MAN	75_{mech}	1.500	Bezeichnung: 4-400, Versuchsmot., 4-Zyl. in Reihe, 29,6% Wirkungsg.; 32% bei 900 U/min
1971	Univ. of Calgary	$0{,}2_{mech}$	600	Bezeichnung: Chipewyan-Ste, für Navigationsbojen geb., einfachw. 1-Zylinder-Motor, ähnlich 102C, 1 Jahr Lebensdauer
1970 - 72	USS	150_{mech}	700	Bezeichnung: 4-615; U-Boot, City-Bus; einfachw. Mot. mit Rhombentriebwerk, außenluftunabhängig, 42% Wirkungsgrad
1972	Ward	$0{,}48_{el}$	1.400	Verbesserter 102C von Philips mit Wasserkühlung als Generator-Set für ausführl. Tests
1972	Ford	125	4.000	PKW, 4-Zyl.-Mot. (je 215 cm^3), Taumelscheibentriebwerk, Arbeitsmedium Wasserstoff, 200 bar
1973 - 75	USS	40_{mech}	4.000	Bezeichnung: P40 (4-95), PKW, doppeltw., ringförmige Anordn. der Zylinder, 2 Kurbelwellen, 32% Wirkungsgrad, 26% bei 2.000 U/min
1973 - 75	wie vor	75	2.400	Bezeichnung: P75 (4-275), PKW, 32% Wirkungsgrad, Aufbau wie vor
1974	Harwell	$0{,}25_{el}$	106 Hz	Thermomechanischer Freikolben-Generator
1975	Sunpower	1		Bezeichnung: RE-1000, FreikolbenTestmotor
1975	USS	70_{mech}	2.500	Bezeichnung: P150 V4; Marine, PKW, Indust.; doppeltw. Mot. mit Kurbeltriebw., Wirkungsg. 32,5% bei1.400 U/min, 29% bei 2.500 U/min

Tabelle 2: Technische Daten bisher gebauter Stirlingmotoren

Zeit	Hersteller	Leistung kW	Drehzahl U/min.	Bezeichnung, Einsatzgebiet, Aufladung, Wirkungsgrad und sonstige Merkmale
1976	MAN	200_{el}	900	Bez: 6-1400 DR, doppeltw. Versuchsmot. mit Kurbeltriebw., 6 Zylinder in Reihe
- 1977	Ford	90_{mech}	5.400	Bezeichnung: 4-98, PKW, doppeltwirkend, 4 Zylinder Kreis, Schiefscheibentriebwerk
- 1977	Ford	183_{mech}	4.000	Bezeichnung: 4-215, Einsatz im Ford Torino, Aufbau wie vor, 39,4% Wirkungsgrad
1978	General Electric	18,9		Bezeichnung: SGPTE, Testmaschine, Wirkungsgrad 38%, einfachw. 2-Zyl.-mot. mit 2 Kolben
1978	Sunpower			Duplex-Freikolbenmotor (Vuilleumier-Prinzip)
1978	MTI	60_{mech}		Bezeichnung: MOD 1A, Bauart wie P 40, 36,8% Wirkungsgrad, Leistungsgewicht: 6,3 kg/kW, Erhitzertemperatur: 820°C
1978	Sunpower MTI	1,2	30 Hz	32% Wirkungsgrad, Arbeitsmedium Helium, aufgeladen mit 70 bar
1979	Sunpower			Bezeichnung: M100, Pumpe, Freizylindermotor
1980	Aisin	52_{mech}	2.500	Bezeichnung: MT79, erfolgr. 1000 h Test, Gew.: 190 kg, Schiefscheibentriebw., Wirk.-grad 31% (700 U/min), max. Drehm.: 294 Nm (500 U/min)
1981	MDE	7,5	2.000	Bezeichnung: 2R70, Labormaschine (Buffer-Test), einfachwirkender 2-Zylinder-Motor (Alpha-Typ), Arbeitsgas Helium bei 150 bar
1984	A.Ross	0,027	1.500	Bezeichnung: C 60; Modell, 2-Zylinder, 2 bar, Ross-yoke-Getriebe, Erhitzertemp. 330°C
1984	NKA	3	600	für Öko-Haus, einfachw. 2-Zyl.-Mot. mit Rhombentriebw., Arbeitsgas Luft bei 31 bar, Holzfeuerung (450°C Erhitzertemp., 50°C Kühlmed.)
1985	STM	40	2.800	Bezeichnung: STM4-120, Testmotor, externe Heizung, auch für U-Boot-Antrieb
1985	RHB	$0{,}36_{mech}$	170-360	Martini-Ringbom-Stirlingmot., Testmot., Arbeitsgas Luft (3 bar), 15% Wirkungsg., 600°C Erhitz.
1985	Sunpower	4	720	Bezeichnung: Rice husk, 1-Zylindermotor mit Luft als Arbeitsgas bei 8 bar, Erhitzer 520°C, Kühlmedium-Temperatur: 77°C
1985	Mitsubishi	$4{,}74_{mech}$		Bezeichnung: NS03M, 31,5% Wirkungsgrad, 130 kg Gew., Arbeitsmed. Helium bei 60 bar, Erdgasheiz. mit 650°C Erhitzertemp. und 50°C Kühlung; 100 h Lebensdauer, NO_x = 400 ppm
1985	Toshiba	$3{,}46_{mech}$	150	Bezeichnung: NS03T, 31,1% Wirkungsgr., 180 kg Gew., 2-Zyl.-Mot. mit Arbeitsmed. Helium (40 bar), Erdgasheiz. m. 800°C Erhitzertemp. und 35°C Kühlung; 100 h Lebensdauer, NO_x

Zeit	Hersteller	Leistung kW	Drehzahl U/min.	Bezeichnung, Einsatzgebiet, Aufladung, Wirkungsgrad und sonstige Merkmale
1985	Aisin	31_{mech}	500 - 1.500	Bezeichnung: NS30A, 33,8% Wirkungsgrad, 250 kg Gew., 4-Zyl.-Mot. mit Schiefscheibentriebw. und Arbeitsmedium Helium (120 bar), Erdgasheiz. mit 750°C Erhitzertemp. und 50°C Kühlung; 450 h Lebensdauer, NO_x
1985	Sanyo-Tokyo	34_{mech}		Bezeichnung: NS30S, 29,5% Wirkungsgrad, 300 kg Gewicht, Arbeitsmedium Wasserstoff/ Helium, Erdgasheizung,750°C Erhitzer 50°C Kühlung; 450 h Lebensd., NO_x = 400 ppm
1985	R., F.	0,12	55	Kolin-Flachplattenmotor, wasserbeheizt
1986	Wuhan		1.400	Bezeichnung: W-2R75, 2-Zylinder-Testmotor mit 2 Kolben, Arbeitsgas Stickstoff (5 bar), 700°C Erhitzertemp., 50°C Kühlmedium
1986	Berks.	0,5	660	Testmotor mit Wärmerohr (60 kW), Arbeitsmedium Helium (3 bar)
1986	MLI	4_{mech}	300 - 1.500	Bezeichnung: Melse III, doppeltwirkender 3-Zylinder Motor mit 2 Kurbeltriebwerken, Arbeitsgas Helium (16 - 49 bar), 600°C Erhitzertemperatur, 60°C Kühlmedium
1986	STI	3_{el} $4{,}75_{mech}$	650	Bezeichnung: ST 5, als 3. Welt-Motor bis 1989 in Indien in Serie gebaut, einfachwirkender 1-Zylinder Motor mit Arbeitsgas Luft (5 bar), 650°C Erhitzertemperatur
1986 - 87	MTI	56_{mech}	4.000	Bezeichnung: Mod I, Air Force Van (Test), 2 x 500 h - Test, v = 73 km/h, Wasserstoff, 0 - 48 km/h in 10,5 s
1987	Sunpower	$0{,}1_{el}$	32 Hz	Bezeichnung: Sp 100, 12 kg Gewicht, Arbeitsgas Helium (18 bar), 650°C Erhitzertemp., 50°C Kühlmed., 1000 h Lebensdauer
1987	NMC	0,2		für Modellflugzeug, Gewicht: 300 g
1987 - 88	MTI	$57{,}5_{mech}$	4.000	Mod I verbessert, Verbrauchs- und Klimatests im Air Force Pickup-Truck
1988	MTI	43_{mech} (60)	3.500	Bezeichnung: Mod II, für Postlieferwagen, doppeltwirkend. 4-Zylinder-Motor in V-Anordnung, Arbeitsgas Wasserstoff, 42% Wirkungsgr., Gewicht: 3,34 kg/kW, Ziel d. ASE-Prüfung erreicht
1988	Ni,TG,TE	1_{mech}		Bezeichnung: TNT-1, im Test; einfachwirkender Motor mit Kurbeltriebwerk und transparentem Zylinderkopf aus Quarzglas als Receiver für Solar-Spiegel-Systeme
1989	Kufner	0,1	300	Bezeichnung: KF 50 HT, Arbeitsgas Luft, 75 kg Gewicht, 500°C Erhitzertemperatur, 80°C Kühlmedium, für Brennstoffe Holz, Biomasse, ...

Tabelle 2: Technische Daten bisher gebauter Stirlingmotoren

Zeit	Hersteller	Leistung kW	Drehzahl U/min.	Bezeichnung, Einsatzgebiet, Aufladung, Wirkungsgrad und sonstige Merkmale
1989	SPS	15	3.600	Bezeichnung: V160, noch Versuchsmotor, 2-Zylinder-Motor (α-Typ) in 90°-V-Anordnung, 100 kg Gewicht
1991	Uni Kassel	10	1500	Bezeichnung: KSM1, Arbeitsgas Helium bei 100 bar Arbeitsdruck, α-Konfiguration, variabler Phasenwinkel und Kühlerraum
1991	Ni,TE	0,2	500	Bezeichnung: NAS-1, Arbeitsgas Luft bei Umgebungsdruck, wassergek., solarbetr.
1992	Sunpower	0,3	60 Hz	Bezeichnung: 300 W FPSG, Arbeitsgas Helium bei 17 bar Arbeitsdruck, β-Konfig.
1993	Na,Mi	$0{,}3_{el}$	30 Hz	Bezeichnung: NALSEM 500, Freikolben, mit Linear-Alternator
1993	Carlsen	10_{el}	1550	Bezeichnung: SM1, β-Konfiguration, max. Gesamtwirkungsgrad 26 %, 300 kg Gewicht, 8,5 bar Druck
1993	Ni,TG,TE	1_{mech}	1000	Bezeichnung: TNT-2, einfachw. Motor mit Kurbeltriebwerk für Solar-Spiegel-Systeme
1993	Clucas	0,2	1500	Bezeichnung: DMC3, 4-Zylinder doppelt-wirkend, Arbeitsgas Luft bei 10 bar Arbeitsdruck, Taumelscheibe
1993	Ecker	2,7	3100	Bezeichnung: 1-75, Helium, 40 bar
1993	LEI	2,5	1500	2-Zylinder-Motor (α-Typ) in 90°-V-Anordnung, Arbeitsgas Luft, 12 bar, 600°C Erhitzertemp.
1993	Rix	0,5	5000	Bezeichnung: SM4, Rhombengetriebe
1993	Ni,TE	0,2	500	Bezeichnung: NAS-2, Arbeitsgas Luft bei Umgebungsdruck, wassergek., solarbetr.
1993	Joanneum	0,6		90° V-Alphamotor aus Ducati 700 umgebaut Totraum=2400 ccm, Aufladung 50 bar
1993	Viebach	0,3	500	Gamma-Typ, Luftdruck 10 bar, wassergekühlt Gewicht ca. 27 kg
1994	Weber	$0{,}1_{mech}$	60	Bezeichnung: Sunwell 100, Arbeitsgas Luft bei Umgebungsdruck (NT-Solarstirling)
1994	Kufner	0,1	300	Bezeichnung KF 2-100, Arbeitsgas Luft bei Umgebungsdruck, wassergekühlt
1994	Kramer	$0{,}1_{el}$		10 kg Gewicht, Arbeitsgas Luft bei 6 bar Hubraum 150 cm^3, 90°-V-Motor
1994	Uni Kassel	800 W		Forschungsbericht i.A. des BMBF
1994	Solo	9 kW_{el}	1500	Solo 161 Nachfolgemodell des V160 entsteht (BHKW und Solarversion)
1995	Uni GHS			Entwicklung einer Kältemaschine für Temperaturen unter -40°C

Zeit	Hersteller	Leistung kW	Drehzahl U/min.	Bezeichnung, Einsatzgebiet, Aufladung, Wirkungsgrad und sonstige Merkmale
1995	Saarberg	20 kW_{el}	1500	Beginn der Entwicklung des ST 20/1
1996	Lohrmann	2,5 kW_{mech}	1524	Prototyp LS 1-100 entsteht
1996	DLR	10 kW		Hybrider Natrium Heat Pipe Receiver für SOLO 161F
1996	Uni BW	200 W		Vermessung eines NT-StM nach Weber
1996	S. Viebach	1 kW	750	Prototyp des STB-393
1997	S. Viebach	3 kW		Entwicklungsauftrag für 3 kW Maschine
1997	Bomin Solar jetzt: BSR Solar Technol.	120 W hydraul. nutzbar	20	Bezeichnung: Sunpulse Water, einfachwirkender β-Motor, fremderregter oder diskontinuierlicher Kurbeltrieb, Einsatz: Wasserpumpen
1997	Sigma	3 kW_{el}	1600	Vorbereitung der Markteinführung des PCP 1-130 GP (Basis TEM/SCP)
1997	Whisper	800 W_{el}		Feldtest mit 20 Anlagen angelaufen
1997	Weber	500 W	600	Solarversion des ST 05 G
1998	Solo	9 kW	1500	2. Phase des Feldversuchs mit 14 Maschinen
1998	Heidelberg	40 kW		Pilotanlagen in München im Testbetrieb
1998	Moch	200 W	1000	Entwicklung eines Kleinst-BHKW
1998	Viebach	0,5	500	ST 05 G-Gussteilesatz über 80mal verkauft
1998	Mayer & Cie.	2 - 3 kW	1520	Bezeichnung: LG 1-100; Beginn der ersten Entwicklungsphase
1999	Infinia Corp.	1 kW_{el}	k.A.	Freikolbenmotor für die Mikro-KWK-Einheit von ENATEC
2000	SOLO	2-9 kW_{el}		Präsentation des serienreifen Stirling-Modul 161
	TU of Denmark	35 kW_{el}	1015	Test einer Biomasse-Laboranlage
2001	EPAS	400 W_{Peak}	500	Abschluss Entwicklungsphase des S 400
		1000 W	680	Abschluss Entwicklungsphase des BM 1000
	Whisper Tech	3 kW_{el}		Bau eines Prototypen
	TU of Denmark	9 kW_{el}	1020	Test einer Biomasse Laboranlage
2002	powerbloc	1,1 kW_{el}		Wiederaufnahme d. Langzeittests d. SEM
	SOLO	2-9 kW_{el}	1500	Produktion des Stirling-Modul 161 (20 Stück)
	BSR Solar Techno-logies	1 kW_{el} 10 kW_{therm}	60 (Stirling) 1500 (Hydraulik)	Bezeichnung: Sunpulse, einfachwirkender β-Motor, fremderregt, Hydraulische Leistungs-auskopplung, Einsatz: solare Stromerzeugung mit thermochemischem Speicher (24 h- Betrieb)
	Joanneum Research	30 kW_{mech}	633	Bau eines Biomasse Stirlingmotors für ein Fernheizwerk
	STM Power	25 kW		Bau von 50 Stück (Beta-Version)
2003	Sunmachine	2 kW_{el}	400-900	Vorbereitung von HT-Stm für Feldtest
		80-100 W	50-60	Auslegung von NT-Stm als Serienmodell

Zeit	Hersteller	Leistung kW	Drehzahl U/min.	Bezeichnung, Einsatzgebiet, Aufladung, Wirkungsgrad und sonstige Merkmale
2003	Mayer & Cie.	2 - 3 kW	1520	Bezeichnung: LG 1-100; Beginn der zweiten Entwicklungsphase
	BSR Solar Techno-logies	5 kW_{el} 10 kW_{therm}	60 (Stirling) 1500 (Hydraulik)	Bezeichnung: Phoenix, doppeltwirkender b-Motor, fremderregt, hydraulische Leistungs-auskopplung, Einsatz: Kraft-Wärme-Kopplung,
	MicroGen	1,1 kW		Mikro-KWK im Feldtest
2004	Sunwash	-	0,4 Hz	Solarskulptur in Burghausen Niedertemperatur-Stirlingmotor mit Flüssigkolben
2005	SPM	1 kW_{el}	600	Luft aufgeladener Stirlingmotor in Siemensan-ordnung. Optimierte Geometrie für den Einsatz in Holzpelletkesseln der Firmen KWB u.Ökofen
	Stirling Systems	1,2 kW_{el}	k.A.	Beginn der Feldtests mit 5 SEM-Modulen
	Hoval	1 kW_{el}	750	Hoval präsentiert Agrolyt-Stückholzkessel mit Stirlingmotor
2006	Sunmachine	3 kW_{el}	400-1000	Stickstoff aufgeladener Motor STA 520-32 in α-Bauweise für den Betrieb mit Holzpellet-Feue-rung; Gas-BHKW, Dish-Stirling und Kältema-schine als Varianten
	Disenco	3 kW_{el}	k.A.	Fortführung der Arbeiten von Sigma; β-Bauwei-se, Arbeitsgas: Helium, vibrationsarm durch Ausgleichswelle
2007	Tedom	7,9 kW_{mech}	1500	Motor in a-Bauweise für KWK-Anwendungen; ähnelt konzeptionell dem V160 von United Stirling

Tabelle 2: Technische Daten bisher gebauter Stirlingmotoren

Die Bezeichnungen deuten häufig auf die Bauart des Motors hin, so bedeutet z.B. 2-400, dass dieser Motor 2 Zylinder mit je 400 ccm Hubraum hat.

Nähere Angaben zu Herstellern und den verwendeten Abkürzungen finden sich im Verzeichnis der Kürzel (Kapitel 9.1).

1.2 Das Funktionsprinzip des Stirlingmotors

Es gibt sehr viele verschiedene Prinzipien, den idealen Stirlingprozess zu realisieren. Mindestens ebenso viele Antworten gibt es auf die Frage, wie wohl ein „Stirlingmotor“ funktioniert. Ich zeige hier eines der einfachsten Modelle auf, damit möglichst jeder dieses Prinzip versteht; denn viele Menschen sind, wenn sie diesen Motor laufen sehen, überrascht, dass er tatsächlich läuft – hören kann man ihn ja kaum.

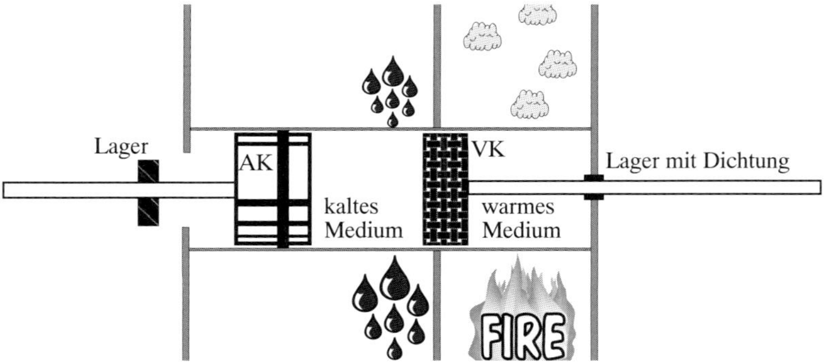

Abb. 2: Einfaches Modell zur Funktion des Stirling-Motors.
AK → Arbeitskolben
VK → Verdrängerkolben mit Regenerator

Wird der Verdränger nach rechts bewegt (Abb. 3), so muss das heiße Medium (Arbeitsgas) durch den Regenerator in den kalten Raum. Das Medium gibt zunächst viel von seiner Wärme an den Regenerator ab. Danach kühlt es sich im gekühlten Raum weiter

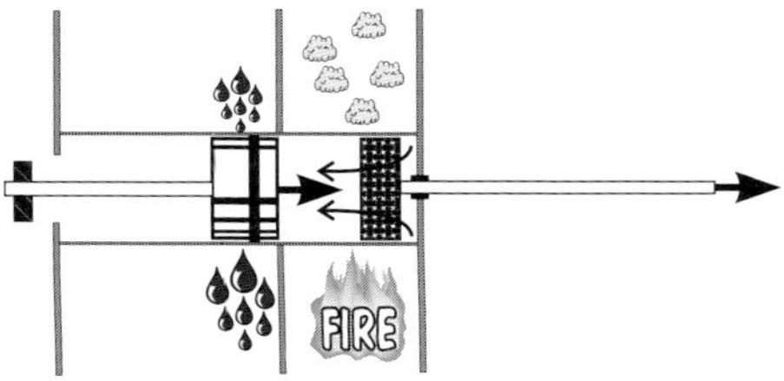

Abb. 3: Kompressionsphase.

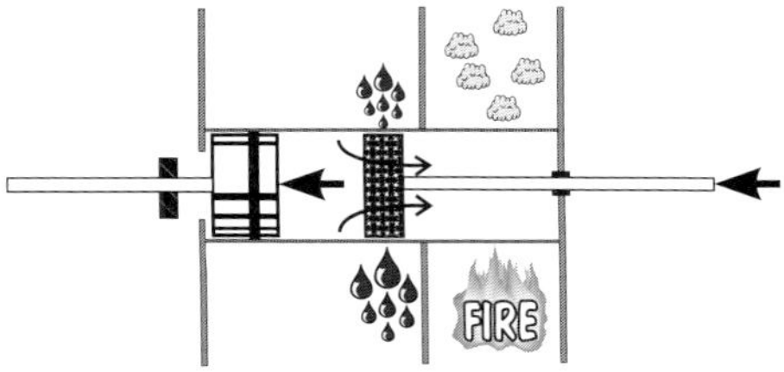

Abb. 4: Expansionsphase.

ab. Durch die Abkühlung vergrößert sich die Dichte des Mediums, was gegenüber der warmen Seite zu einem Unterdruck führt und den Arbeitskolben veranlasst, Arbeit zu verrichten.
Danach wird der Verdränger mit dem Regenerator nach links in den kalten Raum bewegt (Abb. 4). Das kalte Medium muss nun wieder durch den heißen Regenerator zurück in den warmen Raum. Dabei nimmt es im Regenerator die zuvor abgegebene Wärmeenergie wieder auf und wird im erwärmten Raum weiter aufgeheizt. Das Medium will sich nun ausdehnen und kann dabei erneut am Arbeitskolben Arbeit verrichten.
Wird der Verdrängerkolben über ein Getriebe oder ein schwingfähiges System im richtigen Phasenwinkel an die Bewegung des Arbeitskolbens gekoppelt, kann das gesamte System als selbständige Wärme-Kraft-Maschine arbeiten.

1.3 Thermodynamische Grundlagen

Um sich ein Bild von der Thermodynamik der Stirlingmaschine machen zu können, ist es unumgänglich, die Hauptsätze der Thermodynamik zu kennen und zu verstehen. Sie sollen hier wiedergegeben werden.

Der 0. Hauptsatz der Thermodynamik
Zwei geschlossene Systeme sind im thermischen Gleichgewicht miteinander, wenn sie beide die gleiche Temperatur haben.

Der 1. Hauptsatz der Thermodynamik (Energiesatz)
Das Prinzip der Erhaltung der Energie: In einem abgeschlossenen System kann der Gesamtbetrag der Energie weder vergrößert noch verkleinert werden. Es können lediglich die verschiedenen Energiearten ineinander umgewandelt werden.

Der 2. Hauptsatz der Thermodynamik (Entropiesatz)
Aussage über die Richtung der Energieumwandlung: Nach dem 1. Hauptsatz ist jede beliebige Energieumwandlung denkbar. Bei natürlichen Prozessen ist eine vollständige Energieumwandlung niemals möglich. Alle realen Umwandlungen oder Übertragungen von Energie in Maschinen und Apparaten unterliegen dieser Einschränkung und sind somit nicht umkehrbar oder irreversibel.

Der 3. Hauptsatz der Thermodynamik
Die Entropie jedes festen, kristallisierten, aus lauter gleichartigen und gleich orientierten Teilen bestehenden Körpers nähert sich bei der Annäherung an den absoluten Nullpunkt (-273°C) dem Wert Null. Der absolute Nullpunkt ist jedoch nicht erreichbar.

$$dS = \frac{dH - Vdp}{T} \to 0 \text{ für } T \to 0$$

1.3.1 Begriffserläuterungen

Anergie

Der Energieanteil, der sich nicht nutzbar machen lässt, erhält die Bezeichnung Anergie.

Carnotfaktor

Der thermische Wirkungsgrad des Carnot-Prozesses wird auch als Carnotfaktor bezeichnet. ($1-T_{kalt}/T_{heiß}$ mit T in Kelvin)

Dissipation/Dissipationsenergie

Durch Reibung und andere Vorgänge wird Energie entwertet, diese wird als Dissipationsenergie bezeichnet. Dissipieren (lat.) = zerstreuen.

Enthalpie

Die Enthalpie ist die Summe aus innerer Energie (die in einem System gespeicherte Energie) und Verschiebearbeit (Arbeit, die zur Verschiebung des Stoffes im System notwendig ist). Sie ist eine Funktion der Temperatur und unabhängig vom Druck.

Entropie

Bei jeder Energieumwandlung oder Energieübertragung muss mit einer Entwertung der Energie gerechnet werden. Sie äußert sich dadurch, dass die Energie nicht vollständig in die ursprüngliche Energieart zurückverwandelt werden kann. Das Maß für die Entwertung der Energie durch die Irreversibilität (Unumkehrbarkeit) heißt Entropie.

Exergie

Der umwandlungsfähige und damit der nutzbare Teil (unter Mitwirkung der Umgebung) der Energie heißt Exergie.

Innere Arbeit

Die Kupplungsarbeit abzüglich der auftretenden äußeren Reibungsarbeit nennt sich innere Arbeit.

Isenthalpe

Bei unveränderter Strömungsgeschwindigkeit ist die Zustandsänderung eine Isenthalpe, also ein Prozess mit gleichbleibender Enthalpie.

Isentrope

Bleibt während einer Zustandsänderung die Entropie konstant, so bezeichnet man die Zustandsänderung als Isentrope.

Isochore

Bei einer isochoren Zustandsänderung ist das Volumen konstant.

Isobare

Bei einer isobaren Zustandsänderung bleibt der Druck konstant.

Isotherme

Bei einer isothermen Zustandsänderung bleibt die Temperatur konstant.

Kupplungsarbeit
Schließt das System eine Maschine ein, die über eine Maschinenwelle mit einer zweiten Maschine außerhalb des Systems in Verbindung steht, so wird die Maschinenwelle als Bauelement der Energieübertragung von der Systemgrenze geschnitten. Über diese Welle kann dem System entweder Arbeit zugeführt oder vom System Arbeit abgegeben werden. Diese Art von Arbeit wird Kupplungsarbeit genannt.

Leistungszahl
Die Leistungszahl dient zur Bewertung der Wärmepumpe bzw. Kältemaschine.

Nutzarbeit
Die Nutzarbeit ist die von der Kolbenstange übertragene Arbeit.

Prozess
In der Grobeinteilung gibt es zwei Arten von Prozessen. Den idealen und den realen Prozess (nachfolgend in Kapitel 1.3.2 und 1.3.3 beschrieben).

Regenerator
In Wärmeübertragern wird Wärme von einem wärmeren Stoff an einen kälteren abgegeben. Bei Regeneratoren wird ein und dasselbe System im zeitlichen Wechsel durch das heiße Arbeitsmedium erwärmt und die gespeicherte Energie anschließend an das kältere Arbeitsmedium abgegeben.

Spezifische Gaskonstante R_i
$R_i = p \cdot V/T$
Die Zahlenwerte von R_i sind für verschiedenen Gase unterschiedlich, für ein und dasselbe Gas jedoch unabhängig vom Zustand des Gases. Streng genommen gilt dies jedoch nur, wenn der Druck des Gases den Wert Null annimmt.

System
Der Bereich einer Maschine oder Anlage, der Gegenstand der thermodynamischen Untersuchung sein soll, wird als System bezeichnet. Bleiben in einem System die Stoffteilchen dieselben, so bezeichnet man es als ein geschlossenes System. Das Volumen, welches die Stoffmenge einnimmt, kann veränderlich sein. Über die Systemgrenze hinweg gibt es keinen Stofftransport. Ein Energietransport über die Systemgrenze ist dagegen möglich.

Zustandsänderungen
Der Zustand eines geschlossenen Systems kann durch Einwirkung von außen verändert werden.

1.3.2 Ideale Prozesse (Vergleichsprozesse)

Ein Prozess, bei dem ein System seinen Anfangspunkt wieder erreicht, ist ein Kreisprozess. Für solche Kreisprozesse lassen sich verschiedene Wirkungsgrade angeben:

- *der thermische Wirkungsgrad η_{th} :*
  im idealen Prozess das Verhältnis von Nutzarbeit zur zugeführten Wärme.
  $\eta_{th} = |W_k| / Q_{zu}$
- *der exergetische Wirkungsgrad η_{th} :*
  im reversiblen (idealen) Kreisprozess das Verhältnis von Nutzarbeit und der Exergie der zugeführten Wärme. $\eta_{th} = |W_k| / E_{qzu}$
- *der innere Wirkungsgrad η_i :*
  das Verhältnis der Arbeit des irreversiblen Prozesses zu der des idealisierten Kreisprozesses. $\eta_i = W_{ik} / W_k$
- *der mechanische Wirkungsgrad η_m :*
  Verhältnis der Kupplungsarbeit zur inneren Arbeit des Kreisprozesses.
  $\eta_m = W_{ek} / W_{ik}$
- *der Nutzwirkungsgrad (oder auch Gesamtwirkungsgrad) η_e :*
  das Verhältnis von Kupplungsarbeit zu zugeführter Wärme.
  $\eta_e = |W_{ek}| / Q_{izu} = \eta_{th} \cdot \eta_i \cdot \eta_m$

Der Carnot-Prozess

Sadi Carnot, 1824: „Parout où il existe une différence de température, il peut y avoir production de puissance motrice.“ – „Überall wo ein Temperaturunterschied herrscht, kann mit Hilfe einer Maschine Energie erzeugt werden.“
Beim Carnot-Prozess wird der größte überhaupt mögliche Anteil der zugeführten Wärme in Nutzarbeit umgewandelt. Daher dient dieser als Vergleichsprozess zur Beurteilung anderer Kreisprozesse. Neben dem Carnot-Prozess gibt es noch eine Reihe anderer Prozesse mit einem nahezu gleichen theoretischen Wirkungsgrad. So werden beispielsweise mit dem Stirling- und dem Ericsson-Prozess bei den gleichen Temperaturen T_o und T_u auch die gleichen Wirkungsgrade errechnet.

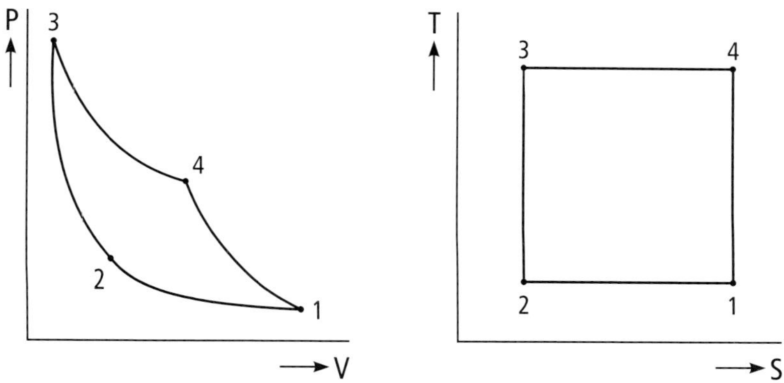

Abb. 5: Der Carnot-Prozess: links das p-V Diagramm, rechts das T-s Diagramm

Der Carnot-Prozess besteht aus 2 Isothermen und 2 Isentropen.
Für den *Motor* als Wärmekraftmaschine (rechtslaufender Prozess) liefert der Carnot-Prozess folgende Ergebnisse:

Nutzarbeit: $W_{carnot} = - (1 - T_1 / T_3) \cdot Q_{12}$

Wirkungsgrad: $\eta_{carnot} = |W_{carnot}| / Q_{12} = 1 - T_1 / T_3$ (Carnotfaktor)

Aus den Hauptsätzen kann gefolgert werden:

$\eta_{carnot} = 1$ ist nicht erreichbar, weil T_1 praktisch nicht auf Null gesenkt werden kann.

$\eta_{carnot} = 0$ wenn kein Temperaturgefälle besteht.

Der Wirkungsgrad ist umso günstiger, je niedriger T_1 und je höher T_3 ist.

Definitionen:

W	Arbeit (in Joule)	$T_1..T_4$	Temperaturen des Kreisprozesses
η	Wirkungsgrad	T_3	obere Temperatur (in Kelvin)
T_1	untere Temperatur (in Kelvin)		
Q_{12}	Wärme, die die Systemgrenze überschreitet (in Joule)		

Beim Betrieb als *Wärmepumpe* (linkslaufender Prozess) liefert der Carnot-Prozess folgende Ergebnisse:

Leistungszahl allgemein: $\varepsilon_w = |Q_{ab}| / W_k = Q_{ab} / \Sigma Q$

Leistungszahl Carnot: $\varepsilon_{w\,carnot} = 1 / \eta_{carnot} = T_3 / (T_3 - T_1)$

Die Leistungszahl wird auch oft als Heizzahl bezeichnet.

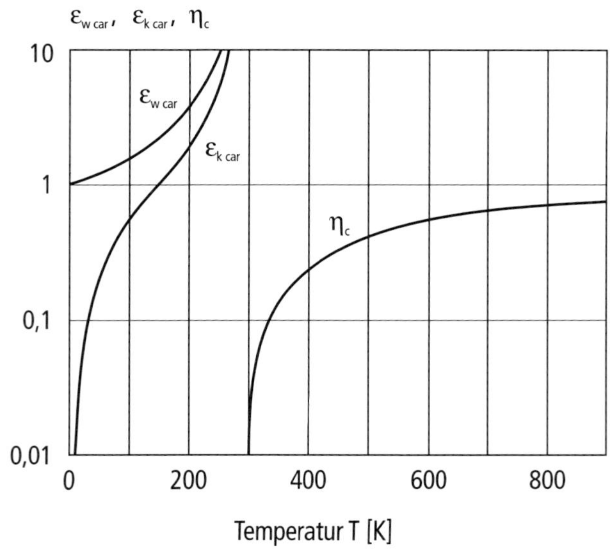

Abb. 6:
Carnot-Faktoren thermischer Maschinen bei einer Umgebungstemperatur von 300 K (27°C).

Für den *Kaltwassersatz (Kühlmaschine*) (ebenfalls linkslaufender Prozess) liefert der Carnot-Prozess folgende Ergebnisse:

Leistungszahl allgemein: $\varepsilon_k = Q_{zu} / W_k = Q_{zu} / |\Sigma Q|$

Leistungszahl Carnot : $\varepsilon_{k\ carnot} = T_1 / (T_3 - T_1)$

Die Leistungszahl wird auch oft als Kühlziffer bezeichnet.

Der Zusammenhang zwischen ε_w und ε_k lautet: $\varepsilon_w = 1 + \varepsilon_k$

Definition

ε	Leistungszahl
Q_{ab}	Wärmemenge, die abgegeben wird
Q_{zu}	Wärmemenge, die zugeführt wird
ΣQ	$Q_{zu} + Q_{ab}$
W_k	Arbeit des Kreisprozesses
|...|	Betrag: der Wert innerhalb der Betragsstriche wird immer positiv genommen.

Der Diesel-Prozess (Gleichdruckprozess)

Dieser Prozess dient als Vergleichsprozess für langsamlaufende Verbrennungsmotoren und besteht aus 2 Isentropen, einer Isobaren und einer Isochoren.

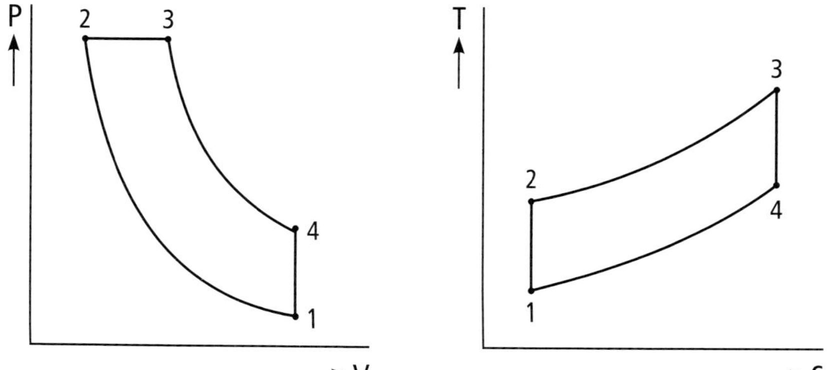

Abb. 7: Der Diesel-Prozess
links das p-V Diagramm, rechts das T-s Diagramm

Der Otto-Prozess (Gleichraumprozess)

Dieser Prozess dient als Vergleichsprozess für Verbrennungsmotoren und besteht aus 2 Isentropen und 2 Isochoren.

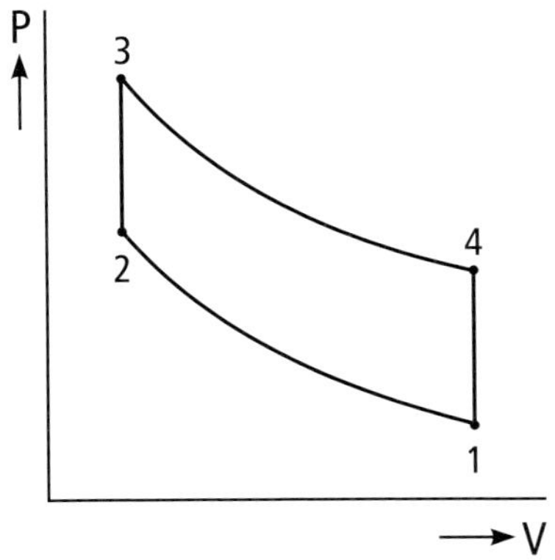

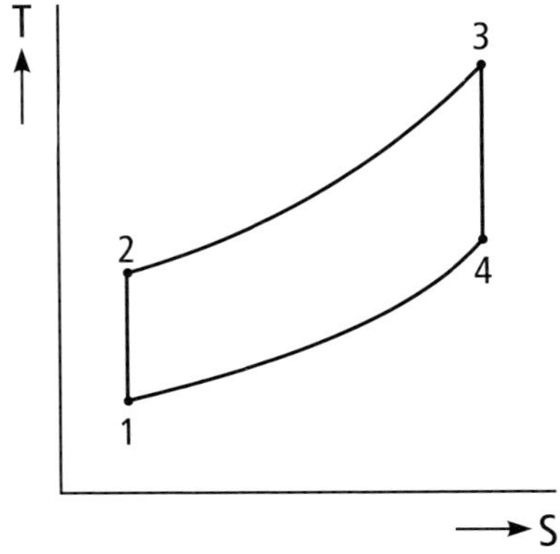

Abb. 8: Der Otto-Prozess
links: p-V Diagramm
rechts: T-s Diagramm

Der Clausius-Rankine-Prozess

Dieser Prozess dient als Vergleichsprozess für Dampfkraftmaschinen und besteht aus 2 Isentropen und 2 Isobaren.

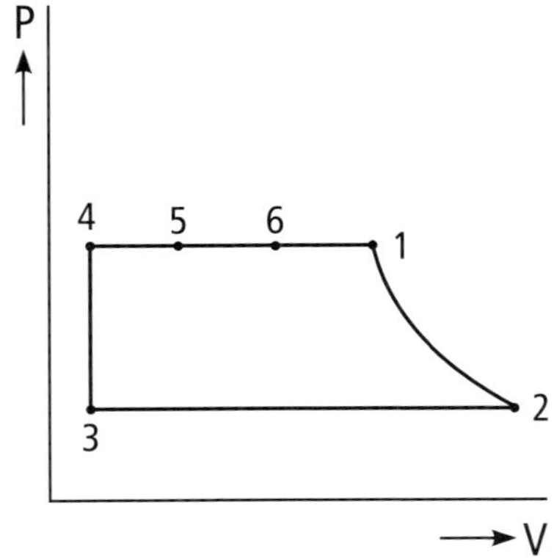

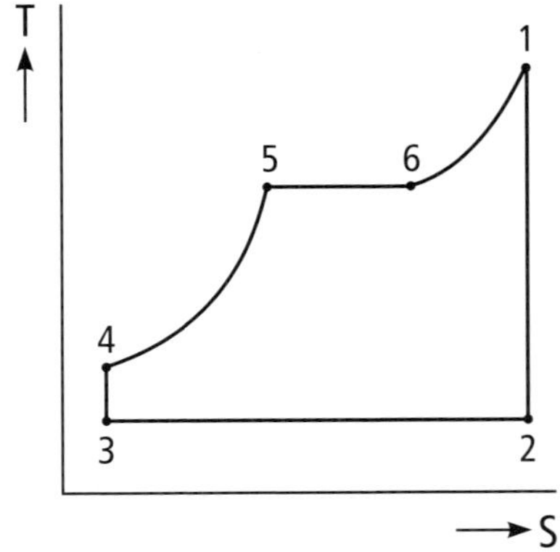

Abb. 9: Der Clausius-Rankine-Prozess
links: p-V Diagramm
rechts: T-s Diagramm

Der Joule-Prozess (Brayton-Prozess)

Dieser Prozess dient als Vergleichsprozess für einfache, offene Gasturbinenanlagen und besteht aus 2 Isentropen und 2 Isobaren.

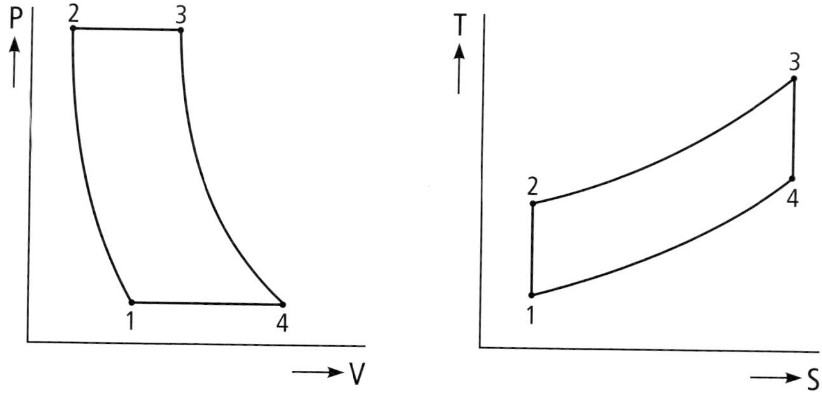

Abb. 10: Der Joule-Prozess
links: p-V Diagramm
rechts: T-s Diagramm

Der Ericsson-Prozess (Ackeret-Keller-Prozess)

Dieser Prozess dient als Vergleichsprozess für geschlossene Gasturbinenanlagen und besteht aus 2 Isothermen und 2 Isobaren.

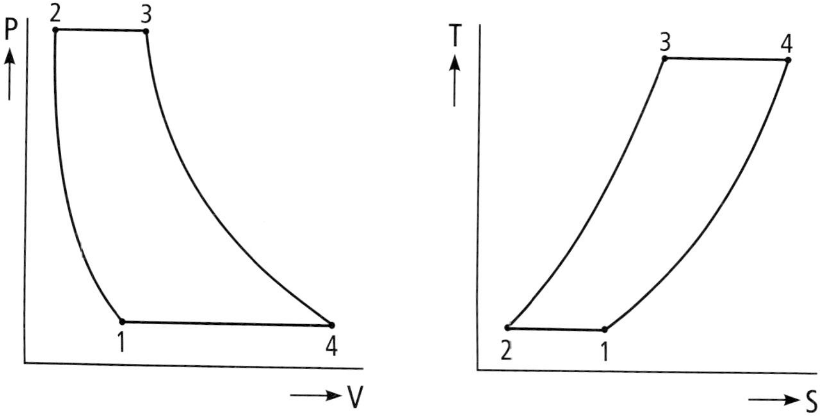

Abb. 11: Der Ericsson-Prozess
links: p-V Diagramm
rechts: T-s Diagramm

Der Planck-Prozess

Dieser Prozess ist die Umkehrung des Claudius-Rankine-Prozesses, dient als Vergleichsprozess für Dampf-Kältemaschinen und besteht aus einer Isentropen, 2 Isobaren und einer Isenthalpen.

Der Vuilleumier-Prozess

Dieser Prozess dient als Vergleichsprozess für die Vuilleumier-Maschine und besteht aus einem rechts- (geheizter Zylinder) und einem linkslaufenden (kalter Zylinder) Kreisprozess. Werden die Prozesse in den jeweiligen Zylindern nicht einzeln, sondern der Prozess der Maschine im Ganzen betrachtet, so heben sich die Integrale gegenseitig auf, das heißt, dass zum Betreiben dieser Maschine nur noch die mechanische Eigenreibung zu überwinden ist.
Die technische Umsetzung ist in den Kapiteln 2.8 und 6.1.5 genauer beschrieben. Abb. 13 und 14 zeigen die Werte, die mit Wärmepumpen und Kältemaschinen nach diesem Prinzip theoretisch erreichbar sind.

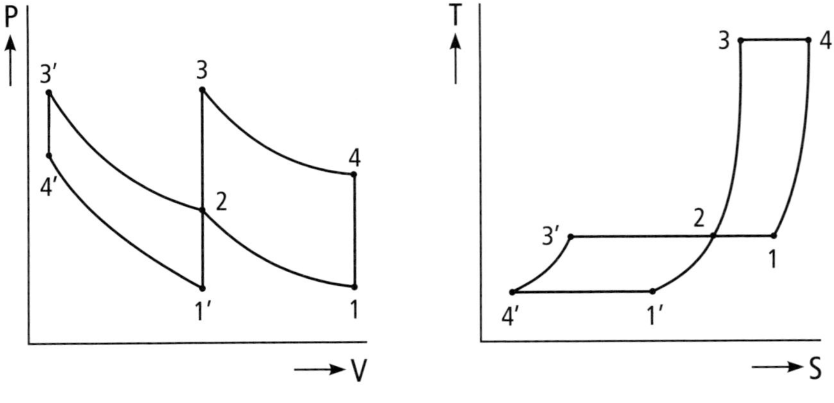

Abb. 12: Der Vuilleumier-Prozess
links: p-v Diagramm rechts: T-s Diagramm

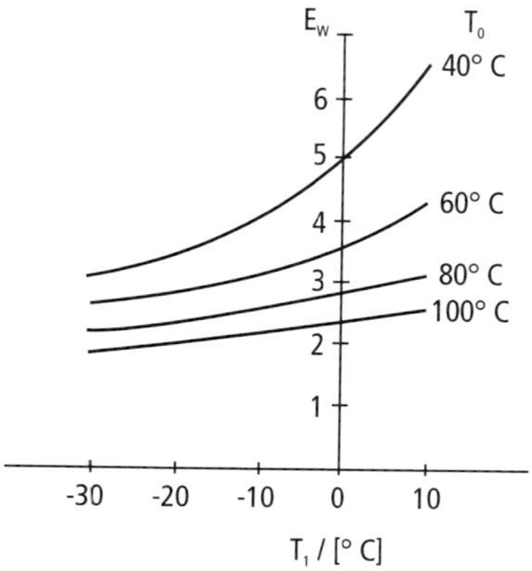

Abb. 13:
Theoretisch erreichbare Heizzahl ε_w für eine Heiztemperatur von $T_2 = 600°C$.

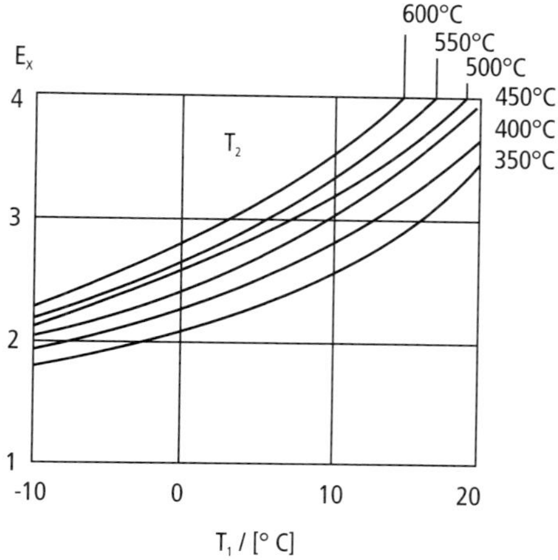

Abb. 14:
Theoretisch erreichbare Kühlziffer ε_k .

Der Seiliger-Prozess

Dieser Prozess besteht aus 2 Isentropen, einer Isobaren und 2 Isochoren und dient als Vergleichsprozess für Verbrennungsmotoren.

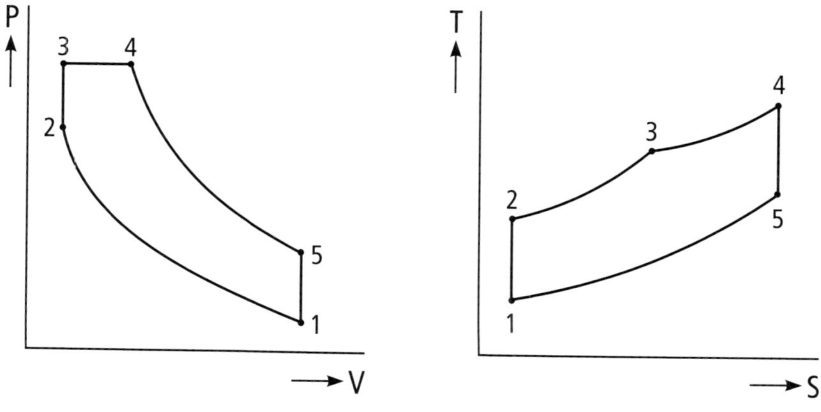

Abb. 15: Der Seiliger-Prozess
links: p-V Diagramm

rechts: T-s Diagramm

Der Stirling-Prozess

Dieser Prozess dient als Vergleichsprozess für Stirlingmaschinen und besteht aus 2 Isothermen und 2 Isochoren.

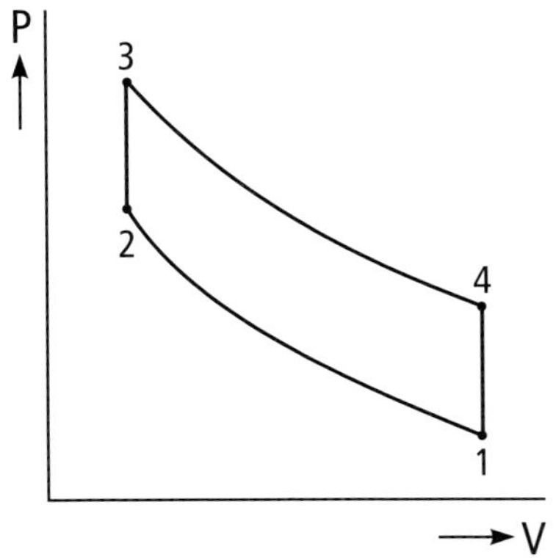

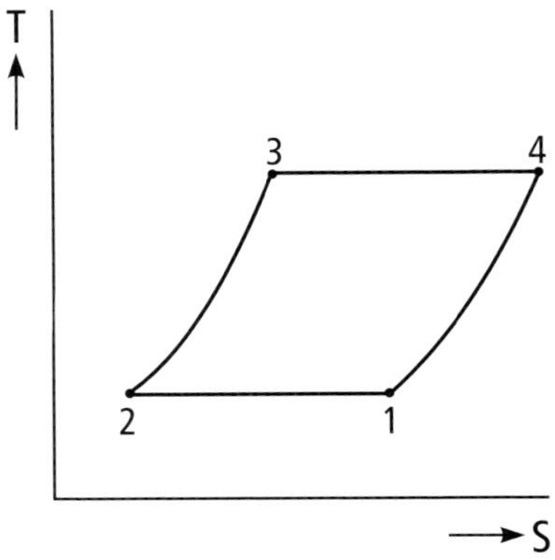

Abb. 16: Der Stirling-Prozess
links: p-V Diagramm rechts: T-s Diagramm

Die Theorie liefert folgende Zusammenhänge (Grenzwerte):

Verdichtungsverhältnis: $\varepsilon = V_1 / V_2$

Nutzarbeit: $|W_{st}| = - W_{st} = m \cdot R_i \cdot (T_3 - T_1) \cdot \ln \varepsilon$

thermischer Wirkungsgrad: $\eta_{th} = 1 - T_1 / T_3$

exergetischer Wirkungsgrad: $\varphi_{th} = (T_3 - T_1) / (T_3 - T_b)$

mit

m = Gasmasse
R_i = spezifische Gaskonstante
T_b = Umgebungstemperatur
V_1 = größtes Volumen
V_2 = kleinstes Volumen
T_3 = obere Temperatur (in Kelvin)
T_1 = untere Temperatur (in Kelvin)

Beim Stirling-Prozess werden, wie beim Ericsson-Prozess, für η_{th} und φ_{th} nahezu die gleichen Werte wie beim Carnot-Prozess, also die bestmöglichen, erreicht.

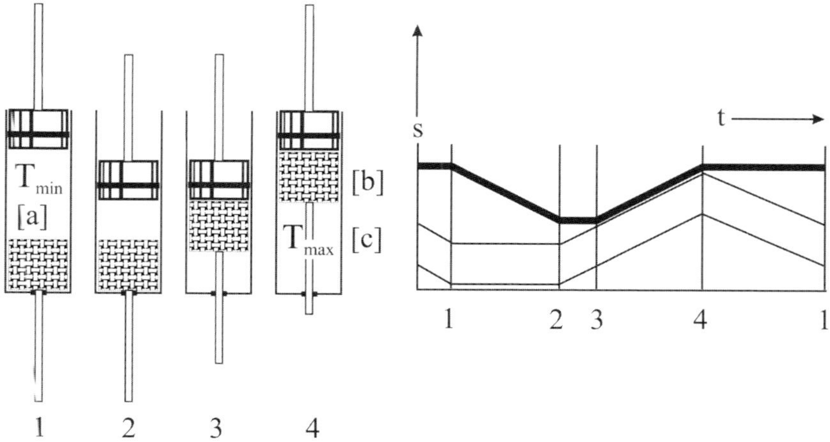

Abb. 17: Der Stirling-Prozess im Detail.
links: Kolbenstellung rechts: Zugehöriges Weg-Zeit-Diagramm
[a] → Kompressionsraum [b] → Regenerator [c] → Expansionsraum

Zustandsänderungen:

1....2 Isotherme Kompression; Wärmeabfuhr nach außen; Arbeitszufuhr von außen.
2....3 Isochore innere Wärmezufuhr vom Regenerator (Verdrängerkolben).
3....4 Isotherme Expansion; Wärmezufuhr von außen; Arbeitsabfuhr nach außen.
4....1 Isochore innere Wärmeabfuhr an den Regenerator (Verdrängerkolben).

Vergleich verschiedener Kreisprozesse

In Tabelle 3 sind die errechneten (theoretisch erreichbaren) Wirkungsgrade und mittlere Drücke von Kreisprozessen zusammengestellt, wie sie an den Maschinen des 19. Jahrhunderts (etwa bis 1880) ausführbar waren.

Prozess	Wirkungsgrad [η] %	Mitteldruck [p] bar	Bemerkungen
Carnot	52	sehr klein	nicht ausführbar!
Joule	25	0,6	———
Ericsson	52	0,6	mit Regenerator
Stirling	52	1,2	mit Regenerator
Otto	35	5,4	Viertaktmotor
		2,7	gedachter gleichstarker 2-Takt-Motor

Tabelle 3: Ideale Wirkungsgrade verschiedener Kreisprozesse

1.3.3 Der reale Stirling-Prozess

Der ideale Stirlingprozess ist, wie alle anderen idealen Kreisprozesse auch, nicht genau zu realisieren. Die nachfolgende Auflistung der Gründe dafür ist gleichzeitig auch eine Einführung in die Problematik des Stirlingmotors.

Gründe, warum der reale Prozess vom idealen abweicht:

- *Eine diskontinuierliche Kolbensteuerung ist nur begrenzt möglich.*
  Um den Wirkungsgrad zu verbessern (der Kreisprozess wird in den Ecken besser ausgefahren) und den Totraum so klein wie möglich zu halten, ist eine diskontinuierliche Kolbensteuerung sinnvoll (Abb. 18). Leider ist diese nur begrenzt erreichbar und mit Nachteilen wie Geräuschentwicklung und höheren mechanischen Belastungen verbunden.

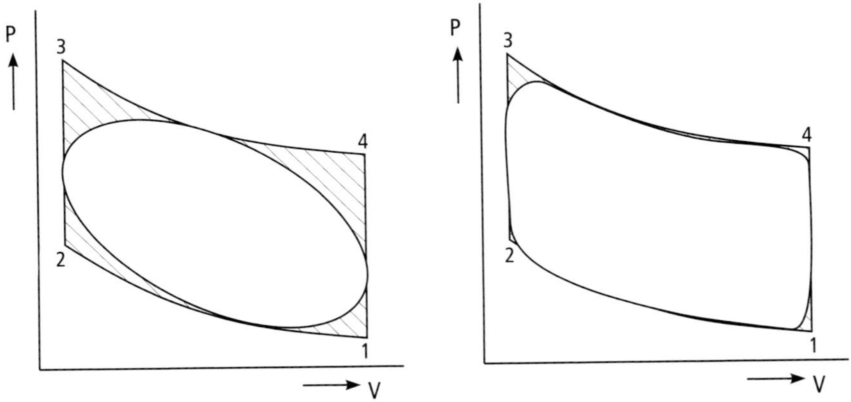

Abb. 18: Auswirkungen der Bewegungsarten auf den Kreisprozess.
links: sinusförmige Bewegung rechts: diskontinuierliche Bewegung

- *Die Gasgeschwindigkeit ist zu hoch, dadurch sind isotherme Zustandsänderungen nur schlecht möglich.*
  Bei einem Motor mit 1000 Umdrehungen/min wird der Kreisprozess ca. 17 mal in der Sekunde durchlaufen, so dass für die Wärmeübertragung kaum Zeit zur Verfügung steht; daher läuft in praktischen Maschinen oftmals eine nahezu adiabatische Zustandsänderung ab, die eine geringere Nutzarbeit erbringt und eine höhere Kompressionsarbeit erfordert. Eine Annäherung an die Isotherme kann nur durch eine verbesserte Wärmeübertragung und durch niedrige Drehzahlen erzielt werden.

- *Der Regeneratorwirkungsgrad von 100% kann nicht erreicht werden.*
  Das heißt, dass das Arbeitsgas den kalten Raum etwas wärmer und den heißen Raum

etwas kälter als vorgesehen erreicht, was dazu führt, dass der Kühler eine größere Wärmemenge ab- und der Erhitzer eine größere Wärmemenge zuführen muss, als es im Idealfall notwendig wäre. Im allgemeinen gilt für den Regenerator: Je größer der Wirkungsgrad, um so größer sind die Strömungsverluste durch Verwirbelungen. In der Praxis werden Regeneratorwirkungsgrade von über 95% erreicht.

Der Regeneratorwirkungsgrad wird folgendermaßen ermittelt:
$\eta_{Reg} = (T_{ist} - T_1) / (T_2 - T_1)$ mit

T_1 = Temperatur (niedriges Niveau)
T_2 = Temperatur (hohes Niveau)
T_{ist} = Tatsächliche Temperatur hinter dem Regenerator (heiße Seite).

- *Totraumeffekte*
  Im Idealfall befindet sich das gesamte Arbeitsmedium im Expansions- und Kompressionsraum. Doch bei den meisten realisierten Maschinen beträgt der Totraum ca. 40 - 50% des Gesamtvolumens. Meistens befinden sich in diesem Totraum die Wärmetauscheraggregate (Erhitzer, Regenerator, Kühler). Die geänderten Volumenverhältnisse bringen aber auch veränderte Druckverhältnisse mit sich, die sich sehr negativ auf den Gesamtwirkungsgrad auswirken (Abb. 19).

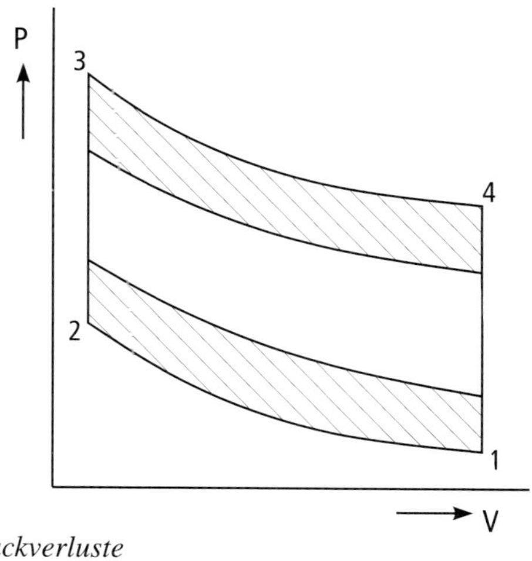

Abb. 19:
Auswirkung des Totraums auf den Kreisprozeß im p-V Diagramm

- *Dissipation durch Arbeitsgas- und Druckverluste*
  Da bewegte Teile sich nicht zu 100% abdichten lassen, muss damit gerechnet werden, dass Arbeitsgas (vor allem, wenn mit hohem Druck und Wasserstoff oder Helium gefahren wird) nach außen entweicht (und der Druck sinkt), was den Gesamtwirkungsgrad senkt. Insbesondere muss der Arbeitskolben nahezu 100% abdichten, denn hier kann der größte Leistungsanteil verloren gehen. In der Tat ist dieses Dichtungsproblem eines der größten beim Bau von Stirlingmotoren, dessen Lösung

erhebliche ingenieurtechnische Kenntnisse erfordert. Eine Lösung des Dichtungsproblems bieten die immer beliebter werdenden Freikolbenmotoren. Da bei dieser Bauform keine bewegten Teile nach außen führen, können diese Motoren hermetisch abgedichtet werden. So wurde z.B. an der TU-München eine Vuilleumiermaschine mit 40 bar Helium aufgeladen und verlor nur 2 bar Druck in 4 Monaten. Eine weitere Lösung wurde von Bomin Solar entwickelt: Sie patentierten eine Magnetkupplung, mit der die Kupplungsarbeit (mechanische Arbeit des Motors) schlupffrei durch das Gehäuse nach außen übertragen wird.

- *Dissipation durch reales Gas (irreversible Zustandsänderungen)*
  Dazu gehören Strömungsverluste (hauptsächlich durch Verwirbelungen im Regenerator), aber auch die inneren Reibungen der Gase, die dadurch Exergie in Anergie wandeln (diese fällt als nicht nutzbare Wärme an).

- *Dissipation durch mechanische Reibung (irreversible Zustandsänderungen)*
  Dieser Verlust tritt an allen mechanischen Reibflächen (Lager, Zylinderwandung, Zahnräder usw.) auf, wobei mechanische Exergie in Reibungswärme (Anergie) umgewandelt wird.

- *Wärmverluste durch das Material*
  Dieser Wärmeleitungsverlust entsteht durch einen Wärmestrom in Richtung des Temperaturgefälles längs des Zylinders und nach außen.

- *Pendelverluste*
  Dieser Wärmeleitungsverlust entsteht durch den Lagewechsel des Verdrängers. Befindet sich der Verdränger in einer der beiden Totlagen, so entsteht jeweils ein Wärmestrom über die Zylinderwand in Richtung des Temperaturgefälles. Diesen Effekt könnte man durch einen kürzeren Hub verringern, wobei allerdings der Zylinderdurchmesser und damit die Wärmeverluste längs des Zylinders wieder ansteigen.

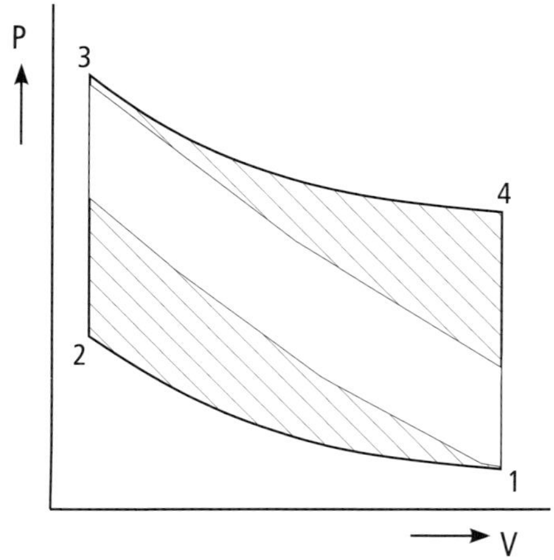

Abb. 20:
Auswirkungen von hohen Drehzahlen

- *Adiabatikverluste.*
  Dieser Verlust tritt bei allen Stirlingmaschinen auf, die schneller als 200 U/min drehen. Die Kompression sowie die Expansion laufen dabei so schnell ab, dass die Wärmeflüsse, die für eine Isothermie nötig wären, nicht mehr Schritt halten können. Die Folge ist ein steilerer Anstieg des Druckes bei der Kompression bzw. ein steilerer Abfall des Druckes bei der Expansion (Abb. 20).

Der Gesamtverlust

Die Auswirkung aller genannten Verluste auf den realen Prozess sind in Abb. 21 skizziert. Abb. 22 zeigt das Energieflussdiagramm und die Verluste eines realen Stirlingmotors. Die angegebenen Wirkungsgrade wurden von Dr.-Ing. F. Zacharias und seinem Team bei der MAN in Augsburg an einem Philipsmotor mit Rhombengetriebe ermittelt.

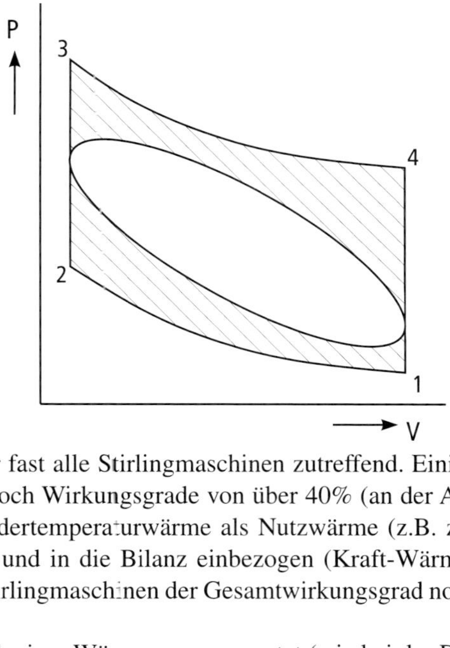

Abb. 21:
Realer Stirlingprozess, wobei die Summe aller obengenannten Verluste in einem Diagramm dargestellt sind.

Tendenziell ist dieser Energiefluss für fast alle Stirlingmaschinen zutreffend. Einige Motoren neuerer Bauart erreichen jedoch Wirkungsgrade von über 40% (an der Abtriebswelle). Wird die anfallende Niedertemperaturwärme als Nutzwärme (z.B. zur Brauchwassererwärmung) verwendet und in die Bilanz einbezogen (Kraft-Wärme-Kopplung), lässt sich bei modernen Stirlingmaschinen der Gesamtwirkungsgrad noch beträchtlich steigern.
Wird die Nutzenergie nun zum Betrieb einer Wärmepumpe genutzt (wie bei der Duplex- oder ähnlich wie bei der Vuilleumiermaschine), so sind heute Heizzahlen von 1,92 realisierbar. Die theoretisch erreichbare Gesamtheizzahl beträgt:

$$\varepsilon_{ges,theor} = (Q_1 + Q_2) / Q_2 > 2{,}0 \quad \text{wobei}$$

$Q_0 = Q_{ab} + Q_{zu}$ den Nutzwärmestrom, Q_1 den Kühlerwärmestrom (positiv) und Q_2 den Erhitzerwärmestrom (positiv) bezeichnet.

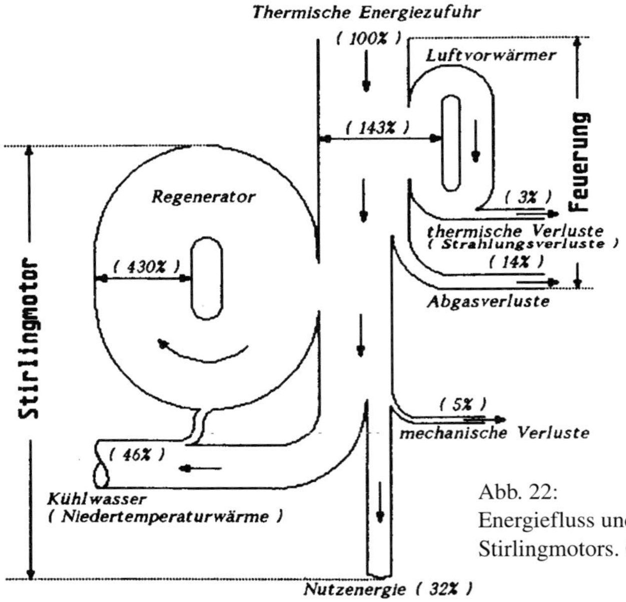

Abb. 22:
Energiefluss und Wirkungsgrad eines Stirlingmotors. Quelle: [4]

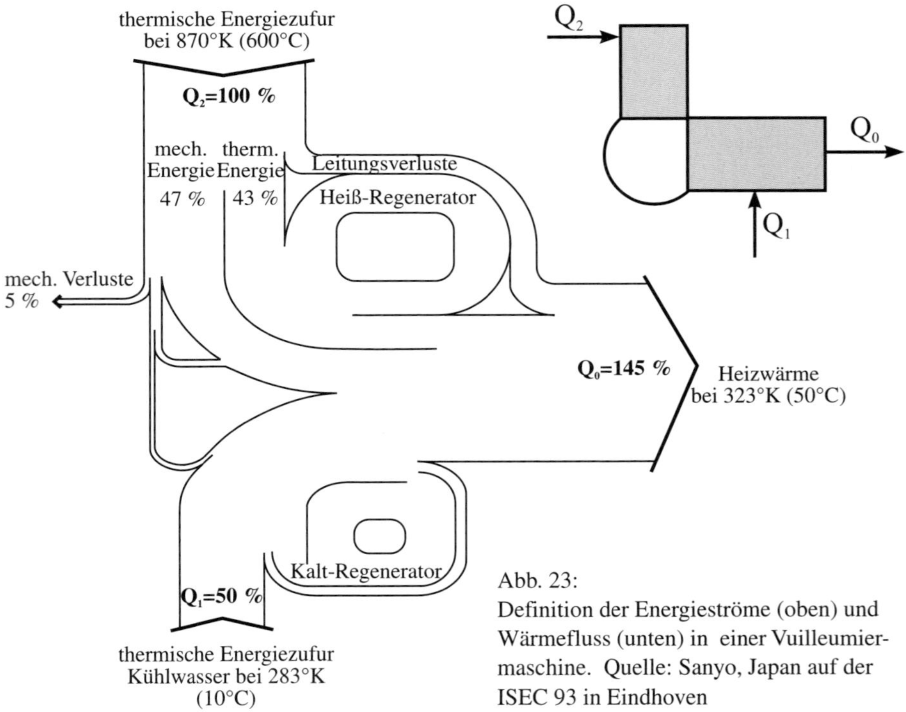

Abb. 23:
Definition der Energieströme (oben) und Wärmefluss (unten) in einer Vuilleumiermaschine. Quelle: Sanyo, Japan auf der ISEC 93 in Eindhoven

1.4 Vorzüge des Stirlingmotors

Trotz der vielfältigen Bauformen sind den Stirlingmotoren einige charakteristische Vorteile gemeinsam, und zwar Vorteile im Vergleich zu den kommerziellen Hub- und Drehkolben-Verbrennungsmotoren ebenso wie zu Gasturbinen.

- *Vielstofffähigkeit*
  Da der Stirlingmotor mit allem, was eine Temperaturdifferenz hervorruft, direkt betrieben werden kann, sind fast alle Wärmeerzeuger, wenn es der Einsatz erfordert, denkbar. Mögliche Wärmeerzeuger sind feste, flüssige und gasförmige Brennstoffe ebenso wie Wärmespeicher, Sonne, chemische Reaktion und Kernenergie.
- *Äußere und kontinuierliche Verbrennung*
  Durch äußere, kontinuierliche Verbrennung hat der Stirlingmotor wenig Geräusch- und Schadstoffemmissionen. Damit können nachgeschaltete Katalysatoren und Lärmdämpfer entfallen. Auch fehlen die Druckspitzen im Brennraum, die zur Verkürzung der Lebensdauer und zur schwereren Ausführung des Getriebes führen würden. Gegebenenfalls könnte auch eine katalytische Verbrennung als Antrieb zum Einsatz kommen.
- *Schwingungsarmut*
  Durch Fehlen der Druckspitzen und Verwendung günstiger Getriebe kann die Stirlingmaschine fast schwingungsfrei bei höchsten Drehzahlen betrieben werden. Das eindruckvollste Beispiel zeigte der Philips 1-98 mit Rhombengetriebe. Der Motor lief so ruhig, dass ein eckiges 3-Penny-Stück senkrecht auf dem Kurbelgehäuse ohne zu wackeln ruhte, während sich die Kurbelwelle mit 3.000 U/min. bei Vollast drehte.
- *Relativ hohe Wirkungsgrade erzielbar*
  Aufgrund des günstigeren Idealprozesses und der besseren Umsetzung sind energetisch höhere Umwandlungswirkungsgrade erzielbar als bei anderen Wärmekraftmaschinen, insbesondere bei Teillast.
- *Wartungsfreundlichkeit*
  Da ein Stirlingmotor aus relativ wenigen Teilen gebaut werden kann, ein hermetisch abgeschlossenes Motorengehäuse besitzt, mit wenig Schwingungen bzw. Erschütterungen läuft und meistens ölfrei betrieben wird, ist dieser fast wartungsfrei. Diese Aussage gilt je nach Bauart jedoch mit gewissen Einschränkungen.
- *Nutzung von Niedertemperaturwärme*
  Der Stirlingmotor kann je nach Ausführung bereits mit einer sehr kleinen Temperaturdifferenz betrieben werden (beim Kolinmotor sind es z.B. $\Delta T = 16$ K). Zwar sind (wegen der geringen Temperaturdifferenz) keine überragenden Wirkungsgrade erzielbar, trotzdem kann damit aus Niedertemperaturwärme noch Nutzenergie gewonnen werden (Abwärmenutzung, Energiekaskaden).

- *Geschlossenes System*
  Als Arbeitsmedium sind grundsätzlich fast alle Gase geeignet (z.B. Luft, Wasserstoff, Helium, ...), so dass diese Maschine auch unter Umweltgesichtspunkten interessante Vorteile bietet (z.B. FCKW-freie Wärmepumpe oder Kühlmaschine). Ausserdem können keine Verbrennungsrückstände in den Kreislauf der sich bewegenden Teile gelangen.
- *Viele Einsatzmöglichkeiten*
  Der Stirlingmotor kann für jeden nur denkbaren Anwendungsbereich eingesetzt werden (z.B. Blockheizkraftwerk, Generatorsatz, U-Boot-Antrieb, Herzschrittmacher, Wärmepumpe, Kühlschrank, Wasserpumpe, Kühlaggregate in Satelliten usw.). Näheres zu den Einsatzgebieten siehe Kapitel 6.
- *Einsatz von Keramik*
  In den Heißzonen des Stirlingmotors können mit relativ wenig Aufwand Keramikteile (z.B. glas-keramische Ummantelungen) verwendet werden, weil der Brenner sich außerhalb des Motors befindet und dort die Fertigungstoleranzen groß sein können. Außerdem entfallen die Schläge auf Kolben und Getriebeteile, so dass auch dort Keramik zum Einsatz kommen kann. Die Vorteile, die der Einsatz von Keramik bietet, sind zum einen die Erhöhung des Wirkungsgrades durch Erhöhung der Temperaturdifferenz, die Reduzierung der Reibungsverluste und nicht zuletzt auch Kostenvorteile, die bei Massenproduktion zu Preissenkungen führen können.

2 Typologie der Stirlingmaschinen

Die Einteilung der Stirlingmotoren kann nach sehr verschiedenen Kriterien erfolgen. Ich werde hier versuchen, möglichst alle in der Literatur genannten Motoren nach Bauarten in Gruppen einzuteilen und kurz vorzustellen - jedoch ohne Anspruch auf Vollständigkeit, da in keiner mir bekannten Literatur alle Verwandten der sehr großen Stirlingfamilie aufgeführt sind.

2.1 Einfach wirkende Motoren

„Einfach wirkend" bedeutet, dass nur eine Seite des Arbeitskolbens bzw. des Verdrängers auf die Druckschwankungen im Arbeitsraum reagiert.

Der Alpha-Typ

Die beiden Kolben sind in zwei Zylindern untergebracht, d.h. mindestens ein Kolben wird im heißen Raum betrieben, was Dichtungsprobleme mit sich bringt. Deshalb wird diese Art der einfach wirkenden Maschine meistens bei den Niedertemperatur-Maschinen für den Einsatz in Kühlschränken oder Wärmepumpen ausgewählt.

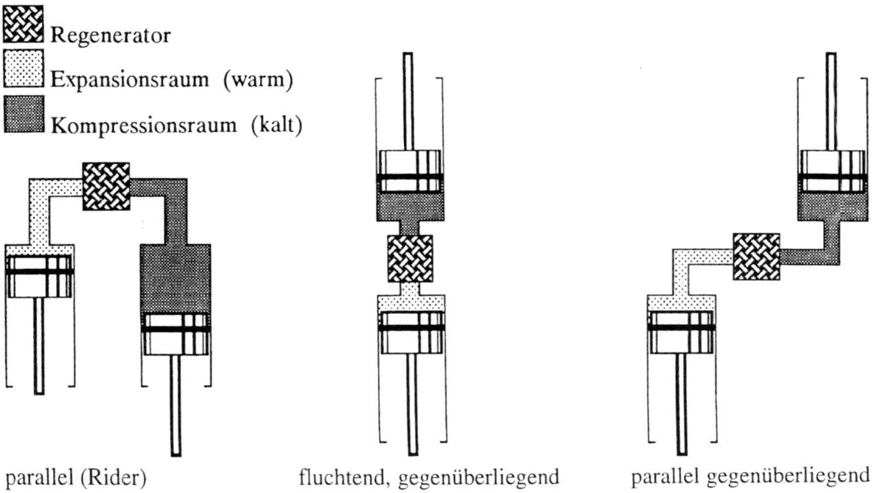

parallel (Rider) fluchtend, gegenüberliegend parallel gegenüberliegend

Abb. 24:
Verschiedene Anordnungen des Alpha-Typs. Auch andere Anordnungen wurden bisher erdacht und gebaut, z.B. Rotationszylinder von Finkelstein, V-Zylinder u.ä.

Beim Alpha-Motor (Ridermotor) gibt es keinen Verdränger, sondern zwei Arbeitskolben, welche die Aufgabe des Verdrängers gemeinsam übernehmen. Der Expansionskolben auf der heißen Seite verrichtet während der Hochdruckphase die Arbeit. Der Kompressionskolben muss hingegen einen Teil dieser Arbeit wieder aufwenden, um das Medium kalt zu komprimieren. Die dazu nötige Kraft kommt vom Schwungrad, das einen Teil seiner Rotationsenergie abgibt. Damit die Kolbenringe des Expansionskolbens nicht unter den hohen Temperaturen im Expansionsraum leiden, sitzt zur Isolation auf diesem Kolben meist ein Dom, der ähnlich aussieht wie ein Verdränger.

Zwischen einem Arbeitskolben und einem Verdrängerkolben gibt es drei Merkmale der Unterscheidung:

1. Die Kräfte am Arbeitskolben sind ca. zwanzigmal so hoch wie beim Verdrängerkolben. Dadurch sind die Wandstärken und das Triebwerk völlig unterschiedlich dimensioniert.
2. Ein Arbeitskolben hat meist mehr als zwei Kolbenringe, während der Verdrängerkolben nur einen ganz dünnen Kolbenring besitzt.
3. Bei allen bisher bekannten Alphamotoren bestehen die Arbeitskolben aus zwei unterschiedlichen Materialien. Der Dom ist aus Edelstahl, um die Temperaturen zu trennen. Beim unteren Teil des Arbeitskolbens werden als bewährte Materialien Aluminium, Grauguss oder spezielle Stahllegierungen verwendet.

Neben den in Abb. 24 dargestellten Varianten wurden auch andere Anordnungen erdacht und gebaut, z.B. der Rotationszylinder von Finkelstein oder eine V-förmige Zylinderanordnung.

Der Beta-Typ

Beide Kolben laufen in einem Zylinder. Die allgemein übliche Bauweise sieht die Arbeitskolben- und die Verdränger-Schubstange auf der kalten Seite (Kompres-

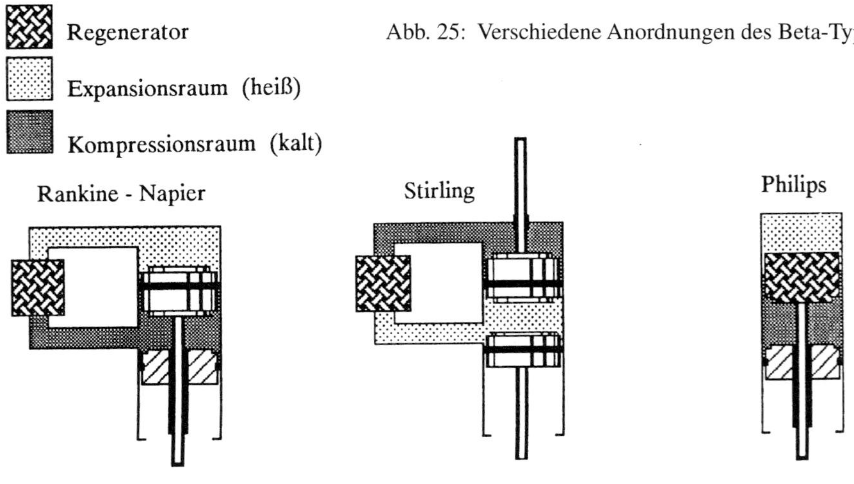

Abb. 25: Verschiedene Anordnungen des Beta-Typs.

sionsseite) vor, damit die Dichtungen zwischen der Schubstange des Verdrängers und dem Arbeitskolben nicht zusätzlich zu den hohen Drücken auch noch mit hohen Temperaturen beaufschlagt werden.
Die Beta-Bauart hat, im Vergleich zur nachfolgend beschriebenen Gamma-Konfiguration, den großen theoretischen Vorteil, dass ein größeres Verdichtungsverhältnis möglich ist. Der rotationssymmetrische Aufbau kann dazu genutzt werden, dass größere Wärmetauscher montiert werden können als bei der Alpha- oder der Gamma-Version. Da beide Kolben auf der gleichen Geraden schwingen, können Getriebe wie das Rhombentriebwerk einen vollständigen Massenausgleich und somit Schwingungsfreiheit bieten.

Der Gamma-Typ
Bei dieser Anordnung sind der Verdrängerkolben und der Arbeitskolben in zwei verschiedenen Zylindern untergebracht. Diese Konfiguration wurde von Graham Wal-

Abb. 26: Verschiedene Anordnungen des Gamma-Typs.

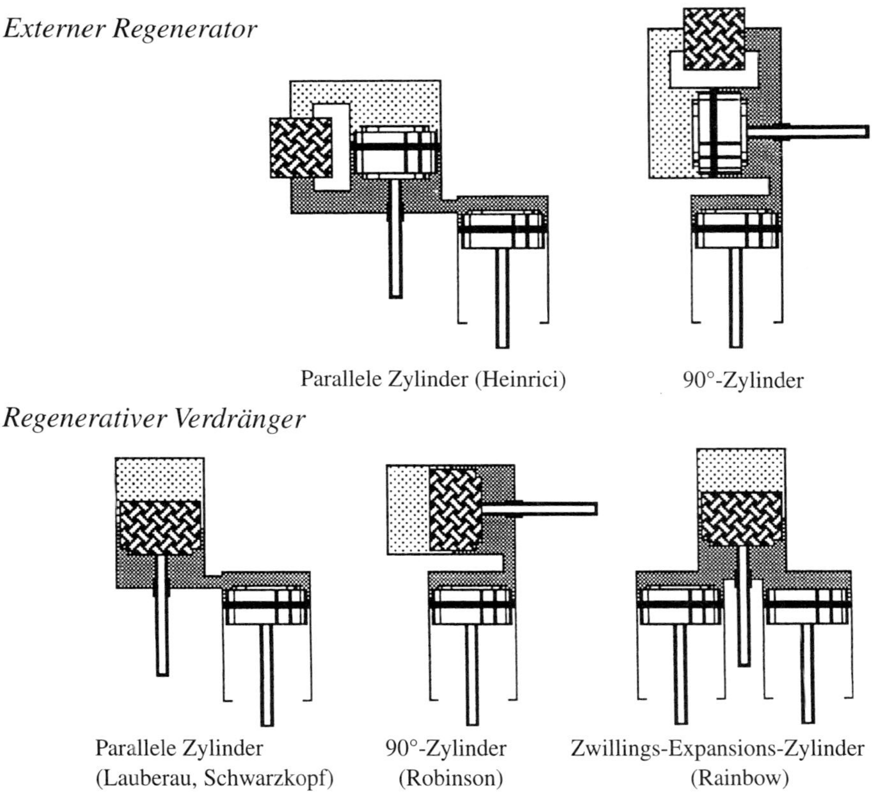

ker (†) auch als Split-Stirling bezeichnet. Es sind hier sehr viele Variationen in der Anordnung der Zylinder zueinander möglich (parallel, koaxial, ...).

Diese Anordnung ist besonders im Hinblick auf die Dichtungen von Vorteil, da diese nur im kalten Bereich laufen müssen. Auch wird hier die Gefahr vermindert, dass ungewollt Schmiermittel in den Heißbereich gelangen. Leider haben Gamma-Typen dafür einen größeren Totraum, was zu einem schlechteren Wirkungsgrad führt.

2.2 Doppeltwirkende Motoren

Bei doppeltwirkenden Stirlingmaschinen wirkt der Druck des Arbeitsmediums auf beide Seiten der Kolben. Diese Kolben sind zugleich Verdränger und Arbeitskolben.

Der Franchot-Stirlingmotor
Die beiden Kolben und die dazugehörigen Zylinder begrenzen vier variable Volumina, welche paarweise als zwei separate Alpha-Maschinen angesehen werden können. Wie in der einfachwirkenden Alpha-Maschine müssen der Expansions- und der Kompressionskolben eine Phasenverschiebung von ungefähr 90° aufweisen. Ein Problem bildet die Dichtung zwischen Zylinder und Schubstange auf der heißen Seite des Zylinders.

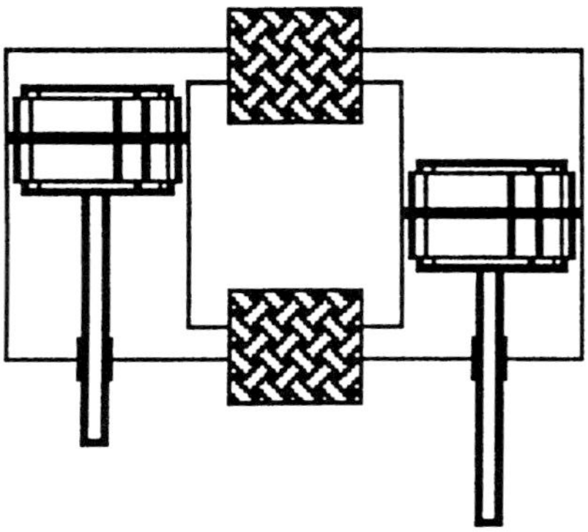

Abb. 27:
Prinzip des Franchot-Stirlingmotors (1853); nach Finkelstein.

Der Siemens-Stirlingmotor
Bereits 1863 konstruierte Sir William Siemens diesen doppeltwirkenden 4-Zylinder-Motor. 1940 wurde dieses Prinzip von Ir. van Weenan im Rahmen des Philips-Forschungsprogramms zum zweiten Mal erfunden und ist nun Standardkonfiguration bei den meisten leistungsstarken Stirlingmotoren. Bei dieser Ausführung befindet sich jeweils auf einer Seite des Kolbens ein Kompressionsraum (kalt), wodurch die Dichtungen nur mit relativ kleinen Temperaturen beaufschlagt werden. Als Beispiel ist hier ein

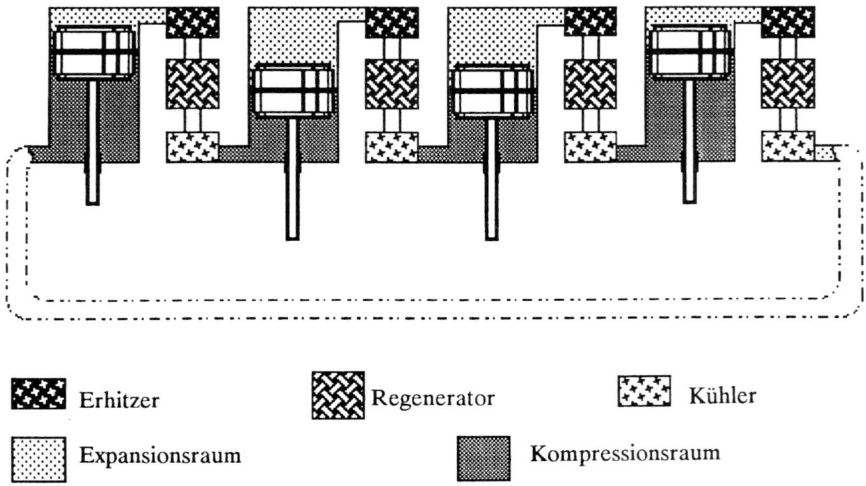

Abb. 28: Der Siemens-Stirlingmotor (auch Rinia-Maschine genannt).

Vierzylinder-Motor dargestellt (Abb. 28). In der Praxis besteht jedoch keine Limitierung der Zylinderzahl.
Die Siemens-Maschine kombiniert die Vorteile der Doppelwirkung mit den kleinen Temperaturen für die Dichtungsseite. Dadurch ist die Basis für einen Hochleistungs-Stirlingmotor gelegt. Bei der Ausführung sind sehr viele Bauarten möglich und sinnvoll (z.B. Schaltung der Zylinder in Reihe, Anordnung als U, V, im Viereck oder im Kreis). Ein ausgeführter Motor dieser Bauart ist z.B der 4-95´er von United Stirling mit einer Leistung von ca. 52 kW_{mech}.
Betrachtet man eine einzelne Sektion des Siemens-Motors, so erkennt man, dass es sich hierbei um den Alpha-Typ handelt.

2.3 Freikolben-Stirling-Maschinen

Bei Freikolbenmotoren bestehen keine mechanischen Verbindungen zwischen dem Arbeitskolben, dem Verdränger und der Umgebung. Beide Kolben können sich frei bewegen. Die umgewandelte Energie kann durch eine Membran (hydraulisch-mechanische Energie), durch einen Generator (elektrische Energie), durch Wärmetauscher (Wärme-, Kältetransport) oder durch eine beliebige Kombination dieser Elemente nach außen übertragen werden.
Prinzipiell können alle Arten der Stirlingmotoren in Freikolbenmotoren umgewandelt werden, indem man das nach außen führende mechanische Element (z.B. Pleuel, Schub-

stange, Zugstange, o.ä.) durch ein inneres Feder-Dämpfungssystem ersetzt. Die Feder ist oft als „Gasfeder" (siehe Bild 29) ausgeführt, während als Dämpfung häufig bereits die Reibung zwischen Kolben und Zylinderwand ausreicht.

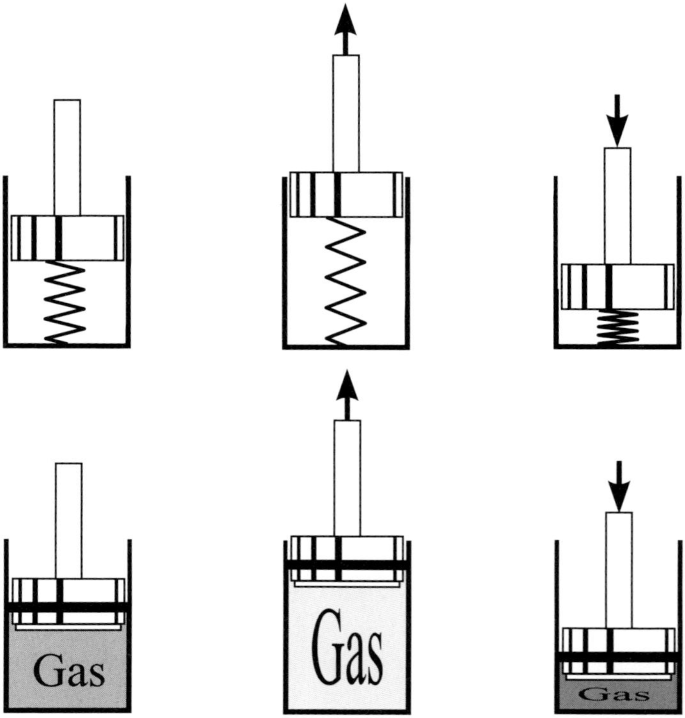

Abb. 29: Analogie zwischen mechanischer Feder (oben) und Gasfeder (unten).

Aus einem labilen Gleichgewicht heraus beginnen die Kolben bei den kleinsten Temperaturänderungen und der sich daraus ergebenden Druckänderung zu oszillieren, d.h. sie schaukeln sich gegenseitig auf. Für hohe Kolbengeschwindigkeiten sind externe Wärmetauscher notwendig. Trotzdem sind diese Maschinen wegen ihrer Einfachheit (nur zwei sich bewegende Teile und Fehlen von Seitenführungskräften auf die Kolben) und wegen der Umgehung aller Dichtungsprobleme sehr interessant und attraktiv.

Der Alpha-Freikolbenmotor

Der Alpha-Typ ist, wie oben beschrieben, ein einfachwirkender Motor. Damit bei den Alpha-, Beta- und Gammamotoren der Prozess ablaufen kann, müssen folgende Voraussetzungen erfüllt sein:

1. Der Verdrängerkolben muss sehr leicht gebaut sein, damit die Trägheit sehr klein bleibt. Dadurch ist auch ein rasches Ansprechverhalten auf Laständerungen bzw. Druckänderungen garantiert.
2. Der Arbeitskolben muss massiv ausgeführt werden, denn dieser muss eine große Trägheit besitzen (Energiespeicher, nahezu sinusförmige Schwingung).

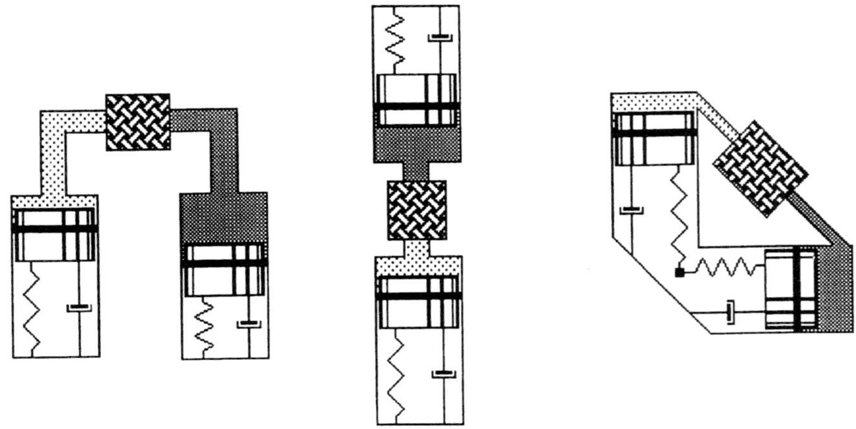

Parallele Zylinder — Gegenüberliegende Zylinder — V-Anordnung der Zylinder

Abb. 30: Verschiedene Bauformen der Alpha-Freikolbenmotoren.

Der Beta- und Gamma-Freikolbenmotor

Abb. 31 zeigt 4 Bauformen des Beta-Freikolbenmotors, die sich im wesentlichen durch die Art der Aufhängung von Arbeits- und Verdrängerkolben unterscheiden.

Abb. 32 zeigt zwei Bauarten des Gamma-Freikolbenmotors. Diese Bauart wird oft (insbesondere von G. Walker) als Split-Motor (geteilter Motor) bezeichnet.

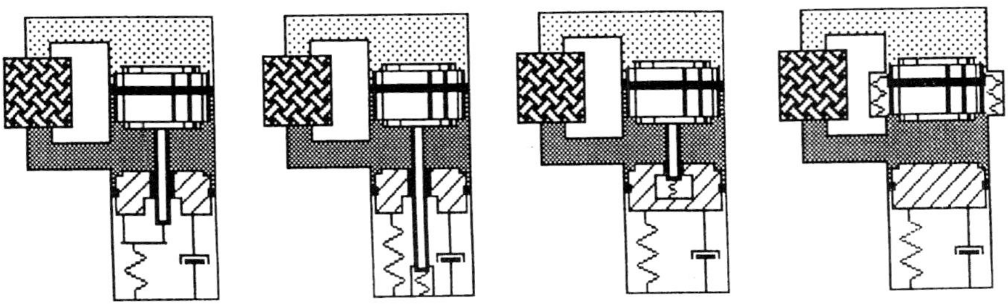

Abb. 31: Verschiedene Bauformen der Beta-Freikolbenmotoren.

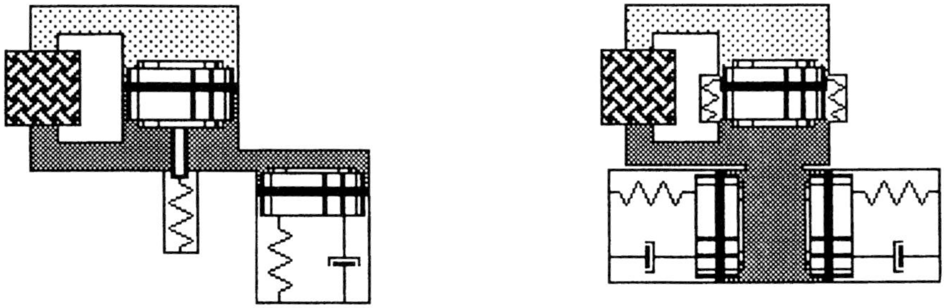

Abb. 32: Verschiedene Bauformen der Gamma-Freikolbenmotoren.

Der Siemens-Freikolbenmotor

Der in Kapitel 2.2 bereits besprochene Siemens-Stirlingmotor kann durch einfaches Weglassen der Verbindungsstangen und -pleuel in einen Freikolbenmotor umgebaut werden. Dieser Motor ist doppeltwirkend. Die Leistung kann auch dort mittels Linear-Alternatoren (s. Abb. 35: Membranstirlingmotor), die jeweils im Kompressionsraum eingebaut sind, in Form von elektrischem Strom nach außen geführt werden. Falls drei Zylinder dazu verwendet werden, so würde sich jeder Kolben mit einer Phasenverschiebung von ca. 120° zu den anderen bewegen. So ergäbe sich als Ausgangsgröße des Linear-Alternators ein dreiphasiger Wechselstrom.

Der Franchot-Freikolbenmotor

Auch dieser Motor entspricht der in Kap. 2.2 beschriebenen Bauart. Es werden lediglich die Pleuel durch Feder-Dämpfungssysteme ausgetauscht. Der Franchot-Freikolben-Stirlingmotor ist nichts anderes als ein Siemensmotor mit nur zwei Zylindern.

Die Duplex-Freikolben-Stirling-Wärmepumpe

Diese Maschine ist eine Kombination zwischen einer Wärmekraftmaschine und einer Wärmepumpe. Sie funktioniert ähnlich wie die Vuilleumiermaschine, muss aber im Gegensatz zu ihr nicht angetrieben werden, sondern schwingt selbständig bei Befeuerung mit konstanter Frequenz. Durch Variation des Arbeitskolbendurchmessers (mittlerer Kolben in Abb. 33) kann die Mindestumgebungstemperatur eingestellt werden.

Die Stirling-Wärmepumpe mit schwingender Luftsäule

Die in Abb. 33 gezeigte Duplex-Stirling-Wärmepumpe ist eine reine Freikolben-Bauform mit drei freischwingenden Kolben. Der Nachteil dieser Maschine ist zum einen, dass der Arbeitskolben (befindet sich in der Mitte) periodisch hohen Druckdifferenzen ausgesetzt ist (und das bei Trockenschmierung), so dass eine solche Maschine nach einer konstanten Schwingung verlangt, damit die Reibung auch nach längerer Zeit noch gleich bleibt (nur wenig Dichtungsabrieb); zum anderen lässt sich diese Maschine relativ schwer starten oder im Teillastbereich fahren.

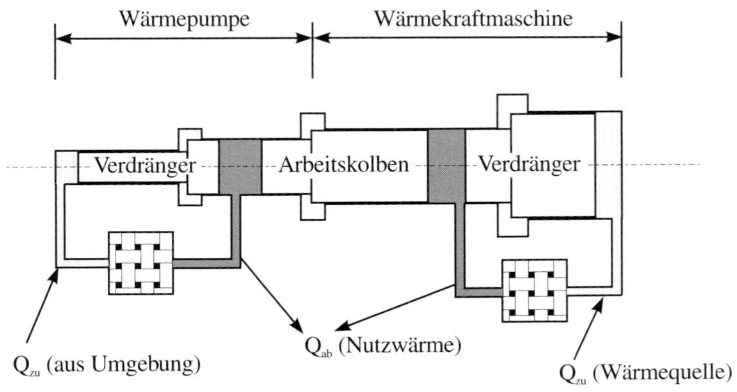

Abb. 33:
Prinzipskizze einer Duplex-Freikolbenmaschine, wie sie von der Firma Sunpower gebaut wurde.

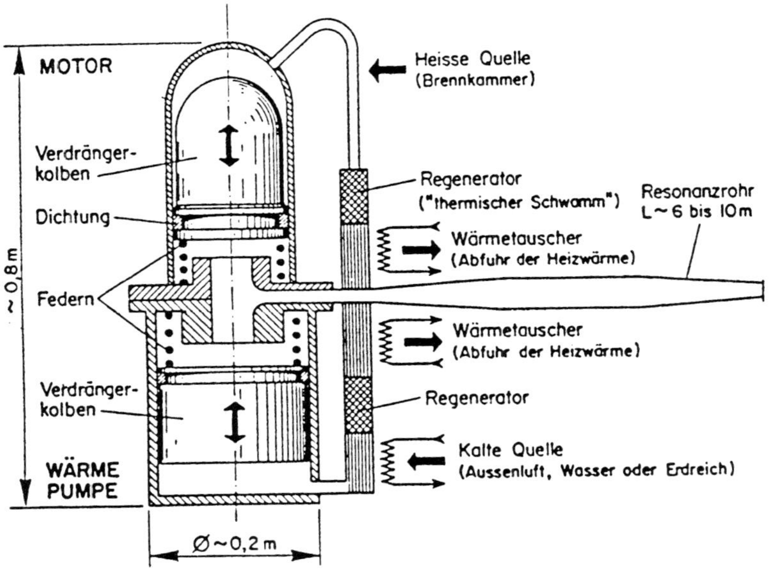

Abb. 34:
Die Stirling-Wärmepumpe (Wärmetransformator) nach Budlinger. Das Resonanzrohr, das an die Stelle des Arbeitskolbens tritt, ist deutlich zu erkennen.

Daher suchte Herr Budlinger aus Genf nach einer Möglichkeit, den oszillierenden Arbeitskolben durch eine periodisch schwingende Gassäule zu ersetzen (Abb. 34). Die Länge und die Form des Resonanzrohres bestimmen die Schwingungsformen. Eine Sinusschwingung der Luftsäule ist bereits erreicht worden.

Thermoakustische Generatoren
Schwingende Gassäulen als Arbeitskolben oder als Verdränger werden auch beim sogenannten „akustischen Stirlingmotor" von Sunmachine (Abb. 35) verwendet. Hier findet die Kompression und die Expansion des Arbeitsgases in wandernden Schwingungsknoten und –bäuchen von Schallwellen statt. Die Schwingungsenergie wird über Schwingspulen (voice coils), d.h. umgekehrte Lautsprecher, abgeführt.
In USA wird von Fellows Research Group der TAR (ThermoAcoustic Resonator) entwickelt. Abb. 36 zeigt einen Prototypen. Die möglichen Anwendungsfälle sind vielfältig und noch längst nicht alle entwickelt und erprobt.

Der Membran-Freikolben-Stirlingmotor (Diaphragma)
Diese Varianten der Freikolbenmotoren werden auch als thermomechanische Generatoren (TMG) bezeichnet. Anstelle eines Arbeitskolbens besitzt diese Ausführung

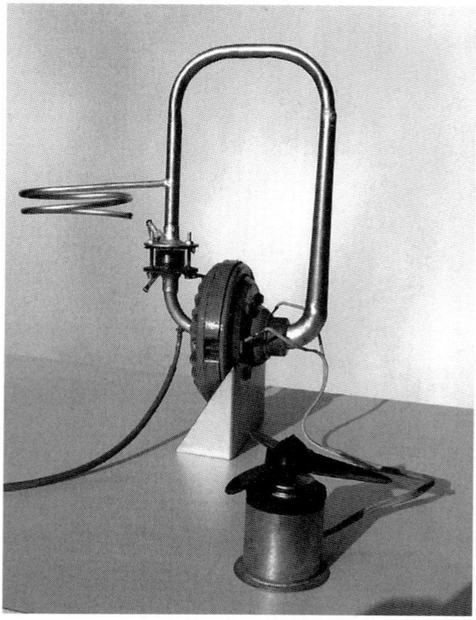

Abb. 35
Modell eines akustischen Stirlingmotors zur Stromerzeugung von Sunmachine. Der Motor hat keine bewegten Teile. Expansion und Kompression finden innerhalb von Schallwellen statt. Photo: Sunmachine

Abb. 36
Prototyp eines Thermo-Akustischen Resonators (TAR) von Fellows Research Group. Foto: www.io.com/~frg

Abb. 37
Schema eines Membran-Stirlingmotors, wie er von Cooke Yarborough im Atomforschungszentrum in Harwell entwickelt wurde.

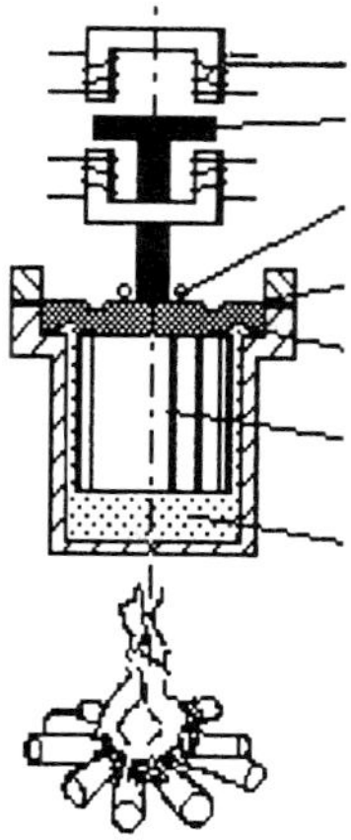

eine Metallmembran, an der ein Permanentmagnet befestigt ist. Der Verdränger ist mit einer oder mehreren Federn mit dem Zylinder verbunden. Durch Abstimmung der Federn und Massen der bewegten Teile lassen sich beliebige Frequenzen erreichen. Als Wärmequelle wurde am Harwell-Institut zunächst ein radioaktives Isotop benutzt, heute werden die Brenner mit Propangas betrieben. Solche Anlagen wurden bereits gebaut, berechnet und getestet (Abb. 37).

2.4 Freizylinder-Stirling-Maschinen

Abb. 38 zeigt das Schema am Beispiel einer Freizylinder-Stirling-Wasserpumpe. Hierbei besitzt der Kolben eine größere Masse als der Zylinder. Maschinen dieser Bauart sind selten und mir nur in einer Bauart bekannt.

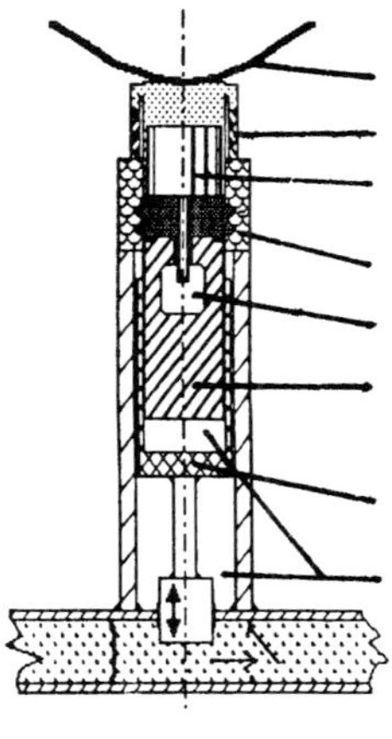

Abb. 38:
Schematische Darstellung einer Freizylinder-Stirling-Wasserpumpe

2.5 Hybridmotoren

Hybrid bedeutet „von zweierlei Herkunft". Das heißt beim Stirling-Motor, dass der Arbeitskolben und der Verdränger nicht mit einem Getriebe gekoppelt sind, was sich in zwei Bauweisen realisieren lässt. Entweder ist der Arbeitskolben mechanisch zum Abtrieb verbunden, während der Verdränger frei schwingt und lediglich durch ein Fluid mit dem Arbeitskolben gekoppelt ist, oder der Verdränger wird durch einen externen Antrieb gesteuert.

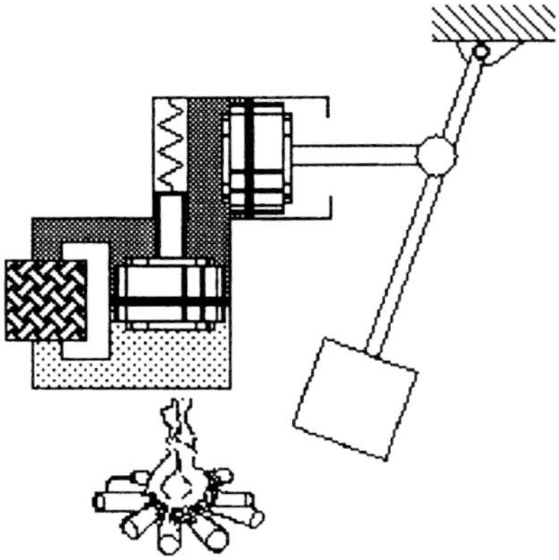

Der Pendel-Freikolben-Stirlingmotor (Pendulum)
Bevor Horace Rainbow 1978 dieses Konzept bearbeitete, war kaum etwas über Maschinen dieser Art bekannt. (H. Rainbow ist Designer in Bristol/England.)

Abb. 39:
Konzept eines Rainbow-Pendel-Freikolben-Stirlingmotors.

Der Ringbom-Motor
Ein Motor dieser Bauart wurde 1907 von Ossian Ringbom zum Patent angemeldet. Diese Maschine wurde aber nie gebaut. Erst als G. Walker und seine Kollegen dieses Prinzip wieder aufgriffen, wurden verschiedene Motoren gebaut, erprobt und so in der ganzen Welt bekannt.
Diese Maschinen haben die Vorteile eines sehr einfachen Verdrängerantriebes, gepaart mit den Vorteilen einer konventionellen Arbeitsabgabe über eine rotierende Arbeitswelle. Die Nachteile dieser Maschine sind die hohen Seitenkräfte auf den Kolben, die Maßnahmen, jene auszugleichen, und die nach bisherigen Erfahrungen bestehende Empfindlichkeit gegen Last- und Drehzahländerungen.
Ändert sich die Last oder/und die Drehzahl der Abtriebswelle, so entsteht eine Differenz zwischen der Frequenz des Arbeitskolbens und der des Verdrängers, d.h. die Maschine stoppt sofort. Um den Motor in einem größeren Drehzahlbereich betreiben zu können, müsste über ein aufwendiges Regelungssystem die Federkonstante und damit die Resonanzfrequenz des Verdrängers variiert werden. Der dafür nötige Aufwand dürfte den Vorteil des einfachen Verdrängerantriebs überwiegen. Doch es bleibt ein Licht-

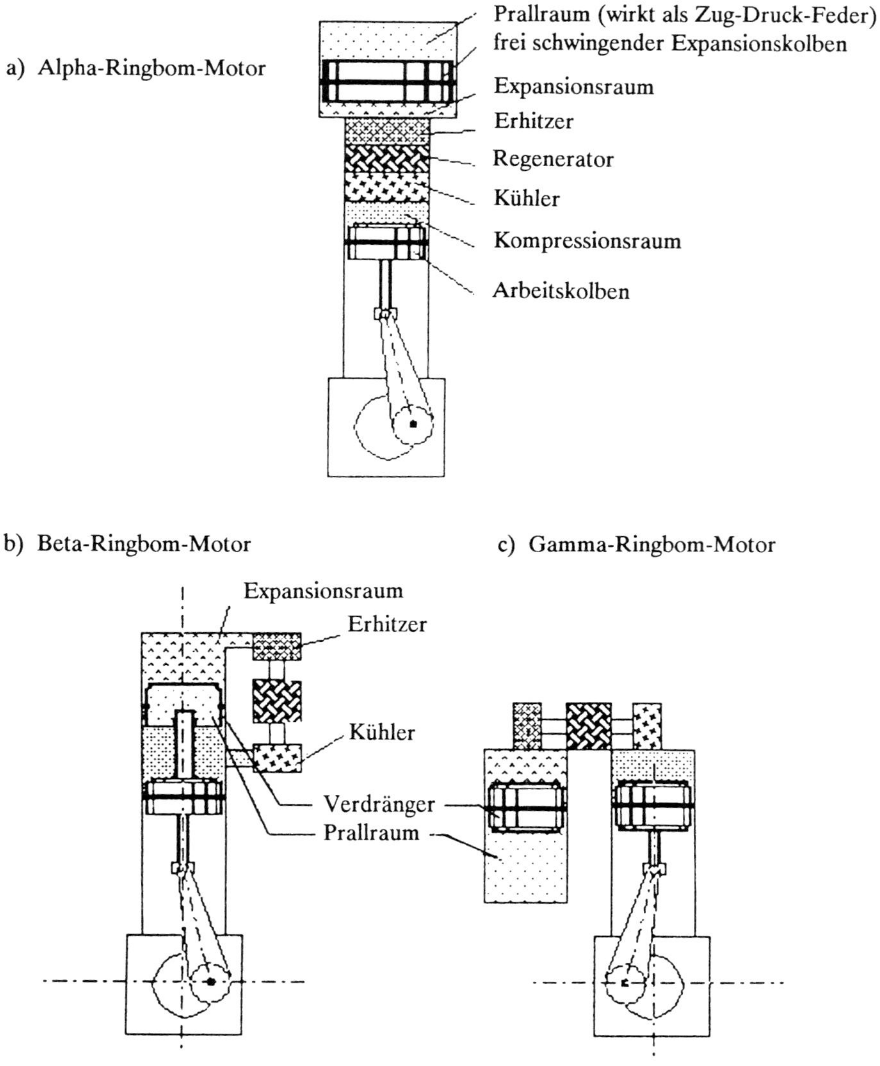

Abb. 40: Verschiedene Bauformen des Ringbom-Motors.

blick für dieses Prinzip: Bei den momentanen Erfolgen in der Schwingungsforschung könnte diese Maschine noch zu einem entscheidenden Durchbruch gelangen.

Der Martini-Verdrängermotor

Unter diesem Namen werden alle Motoren zusammengefasst, in welchen der Verdrängerkolben von einem Hilfsmotor angetrieben wird. Dieser arbeitet unabhängig von den Bewegungen des Arbeitskolbens und inneren Druckschwankungen. Diese Art des Stirlingprinzips wird vor allem für die medizinische Anwendung im künstlichen Herzen als Blutpumpe verwendet (vgl. Kapitel 6.2.3). Auch eignet er sich sehr gut für netzparallele Stromerzeugung (als Hilfsmotor wird ein Synchronmotor verwendet).

2.6 Der Flachplatten-Stirlingmotor (Kolin)

Diese Variante eines Stirlingmotors ist recht einfach und mit wenigen Bauteilen von jedermann herstellbar. Ivo Kolin (geb. 1924, † 2007) entwickelte diesen Motor, der mit diskontinuierlicher Steuerung bereits bei einer Temperaturdifferenz von 16°C arbeitet. Das Flachplattensystem hat im Verhältnis zum Volumen eine größere Wärmeübertragungsfläche. Die Vorderwand wird beheizt (Sonne, Warmwasser, Brennstoff, etc.), die als Membran ausgeführte Rückwand ist luftgekühlt. Der Verdränger aus Styropor wirkt gleichzeitig als Regenerator. Der „Arbeitskreis Stirlingmotor München“ (siehe Adressen) gibt eine sehr gut ausgearbeitete Selbstbauanleitung zur Kolin-Maschine heraus.
Kolin gibt zur Leistungsberechnung für seine Niedertemperatur-Stirlingmaschine folgende Näherungsformel an (Achtung: Formel gilt nur bei niedrigen Erhitzertemperaturen):

$$P = V \cdot \Delta T^3 / 2 \cdot 10^8 \qquad \text{P in kW; V in dm}^3\text{; } \Delta T \text{ in K}$$

Eine weiterentwickelte Variante dieses Motors stammt von Herrn Eckhart Weber aus Nürnberg. Anstelle einer flachen Platte wählte er aus Stabilitätsgründen eine Kegelform. Auf verschiedenen Messen stellte er diese anschaulichen Maschinen vor. Bei einem Quadratmeter sonnenbeschienener Fläche fördert die integrierte Pumpe etwa

Abb. 41:
Prof. Dr. Ivo Kolin präsentiert einen seiner ersten Niedertemperaturmotoren (1983). Photo Kolin

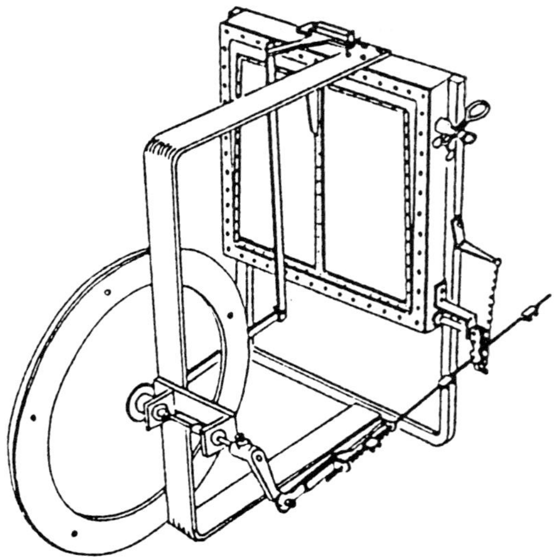

Abb. 42:
Flachplatten-Stirlingmotor
von Prof. Dr. Ivo Kolin;
Uni Zagreb (1989)

1 m^3/h bzw. 16 l Wasser pro Minute bei einem Meter Förderhöhe. Inzwischen wurden von Herrn Weber noch einige neue Maschinen mit optimierter Flachplattentechnik gebaut und vorgestellt (siehe Abb. 48, 72, 73). Seine Maschinen wurden bis zur Serienreife zum Bau von Wasserpumpen in der 3. Welt entwickelt.
Im Jahr 1993 entwickelte Ivo Kolin die Vuilleumier-Flachplattenmaschine (Größe 23 · 23 cm). Auch bei dieser Maschine konnte die diskontinuierliche Verdrängersteuerung verwirklicht werden.
E. Weber von Sunmachine hat im Jahr 2003 das Modell eines selbststartenden Flachplatten-Stirlingmotors vorgestellt.

Abb. 43
Modell eines Freikolben-Flachplattenstirlings als solare Wasserpumpe von Sunmachine. Der Motor ist selbststartend.
Photo: Sunmachine

2.7 Flüssigkolbenmaschinen

Ein weiteres Mitglied der Stirlingfamilie ist die Flüssigkolbenmaschine. Sie wurde von Dr. Colin D. West, der ein interessantes Buch darüber schrieb (Liquid Piston Stirling Engines), an dem AERE (Atomic Energy Research Establishment) in Harwell erfunden. In diesem Buch sind viele Möglichkeiten der Flüssigkolben-Stirlingmaschine ebenso wie ausführliche thermodynamische Berechnungen aufgezeigt [20].

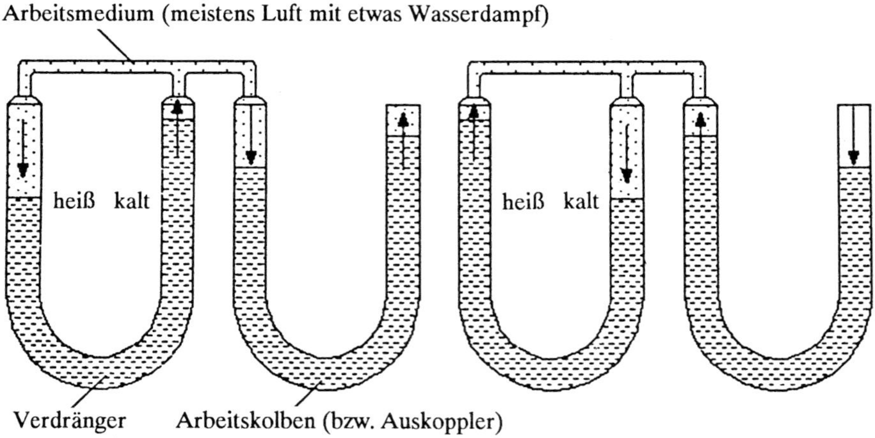

Abb. 44: Prinzip der Fluidyne (links: Luft ist erwärmt; rechts: Luft ist abgekühlt).

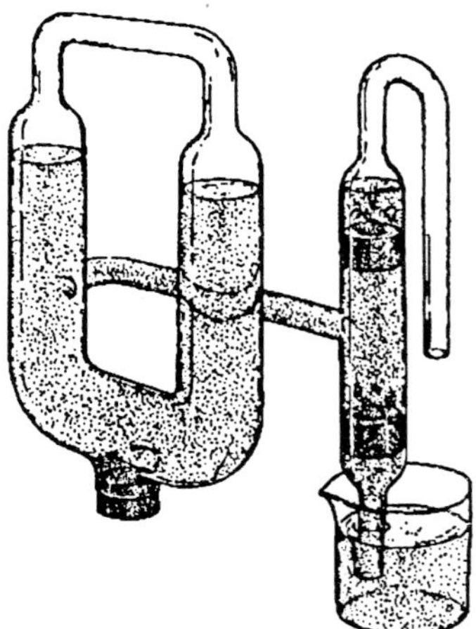

Abb. 45:
Schema und Modell einer Jetstream-Fluidyne-Wasserpumpe.

Funktionsbeschreibung: Die Maschine wird durch Einschalten einer äußeren Wärmequelle in Gang gesetzt. Steigt nun die Temperatur weit genug an, so wird die Wassersäule instabil: Sie beginnt von einer Seite des Verdrängers zur anderen leicht hin- und herzuschwingen. Strömt das Wasser aus dem heißen Zylinder in den kalten, so wird die Luft über das Verbindungsrohr in den heißen Zylinder gesaugt. Dort wird sie erwärmt, und der Druck im gesamten Verbindungsrohr steigt an. Dadurch drückt es den Arbeitskolben nach unten. Der Kreisprozess schließt sich, wenn das Wasser aus dem kalten in den heißen Zylinder zurückfließt. Diesmal

wird die Luft im kalten Zylinder abgekühlt und der Druck nimmt ab. Wieder gleicht der Arbeitskolben diesen Unterdruck aus. Wird nun Wärmeenergie zugeführt, aber keine Energie abgeführt, schaukelt sich die Maschine hoch.
Die Arbeit kann durch Membran, Kipphebel oder durch ein hydraulisches Getriebe abgenommen werden. Auch eignet sich diese Maschine, wie es in Abb. 37 dargestellt ist, hervorragend als einfache Pumpe.
Diese meist sehr einfach aufgebauten Motoren bzw. Pumpen lassen sich relativ schnell auch von Laien nachbauen.

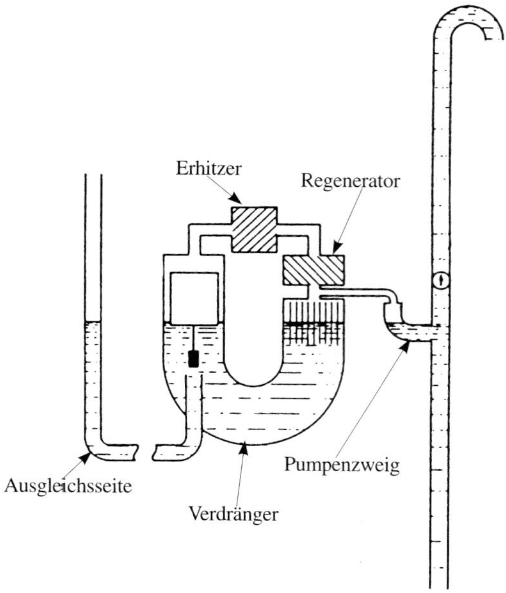

Abb. 46:
Jetstream-Fluidyne-Wasserpumpe in verbesserter Anordnung (Schema).

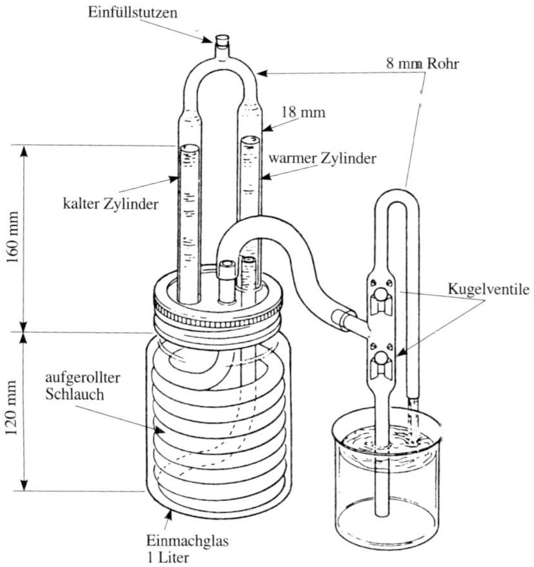

Abb 47:
Funktionsfähiges Modell einer Jetstream-Fluidyne-Wasserpumpe.

Abb. 48: Modell eines Flüssigkolbenstirlings von Sunmachine als solare Wasserpumpe.

2.8 Die Vuilleumiermaschine (regenerative Wärmepumpe)

Im Jahre 1918 wurde Rudolph Vuilleumier für einen neuartigen Prozess zur Erzeugung von Kälte ein Patent erteilt. Er beschrieb dabei eine Maschine, deren drei variable Volumina auf verschiedenen Temperaturniveaus durch Regeneratoren verbunden sind. Durch Zuführung von Wärme (z.B. Verbrennung) bei der höchsten Temperatur wird Kälte auf dem tiefsten der drei Temperaturniveaus erzeugt.
Allerdings wurde erst 1960 von der NASA eine Vuilleumier-Maschine zur Kühlung von Infrarotdetektoren gebaut. Man hatte sich an diesen Prozess erinnert, da sein Betriebsmittel Helium noch bei tiefsten Temperaturen gasförmig ist. Außerdem garantieren die geringen mechanischen Belastungen in der Maschine einen langen, wartungsfreien Betrieb. Anhand des idealen Prozesses in Kapitel 1.3.2 kann man die Funktion der Maschine in Abb. 47 besser verstehen.
Industriell werden seit Anfang der achtziger Jahre in Dänemark Vuilleumierkältemaschinen gebaut, die Verwendung auf Fischkuttern finden. Hierbei nutzt man die Abwärme der Schiffsdiesel als Antriebswärme zur Erzeugung von Eis und damit zur Kühlung von Fischen.

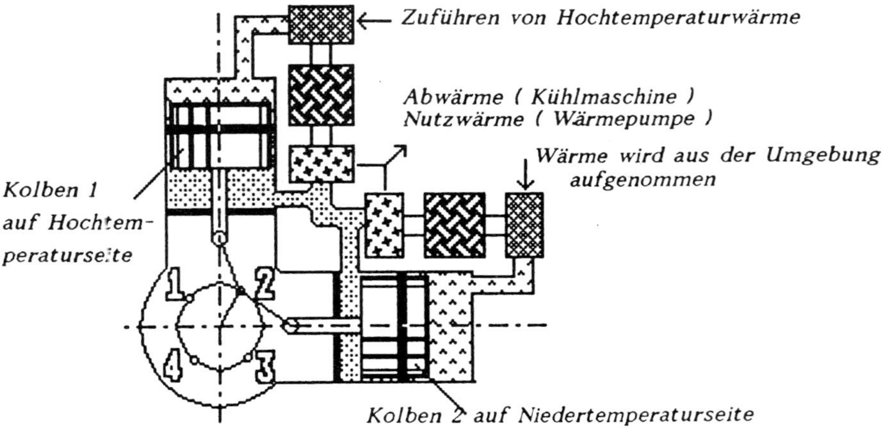

Abb. 49:
Konstruktionsschema einer Vuilleumier-Wärmepumpe nach dem Konzept von F.X. Eder.

Eine weitere Möglichkeit, den Vuilleumierprozess technisch zu verwirklichen, kommt von F.X. Eder, München. Diese Maschine ist mit einem Kurbeltriebwerk versehen, und die Zylinder stehen in einer 90°-V-Anordnung. Erste Testergebnisse dieser beachtlichen Maschine liegen bereits vor. Parallele Entwicklungen laufen an der TU of Denmark unter H. Carlsen, der mit seiner Crew eine sehr ähnliche Maschine auslegte und baute. Beide wussten nichts voneinander. Die Testergebnisse wurden ebenfalls veröffentlicht.

2.9 Ericsson-Maschinen

Ericsson-Maschinen, früher auch als kalorische Maschinen bezeichnet, werden in der Literatur häufig beschrieben und wurden des öfteren gebaut. Sie sind den geläufigen Stirlingmaschinen sehr ähnlich. Der einzige Unterschied besteht darin, dass die Ericsson-Maschinen Steuerventile besitzen, die dem Fluid den Durchgang durch den Arbeitsraum erlauben und den Fluss des Arbeitsmediums steuern.
Leider kann hier auf die sehr interessanten Ericsson-Maschinen nicht näher eingegangen werden, da dies den Rahmen dieses Buches sprengen würde.

3 Ausführung des Triebwerks

3.1 Kurbeltriebwerke

Kurbeltriebwerke, wie sie seit Jahrzehnten in sämtlichen Maschinen und Motoren eingebaut und betrieben werden, erscheinen aus heutiger Sicht unkomplizierter und beherrschbarer als andere Ausführungen.

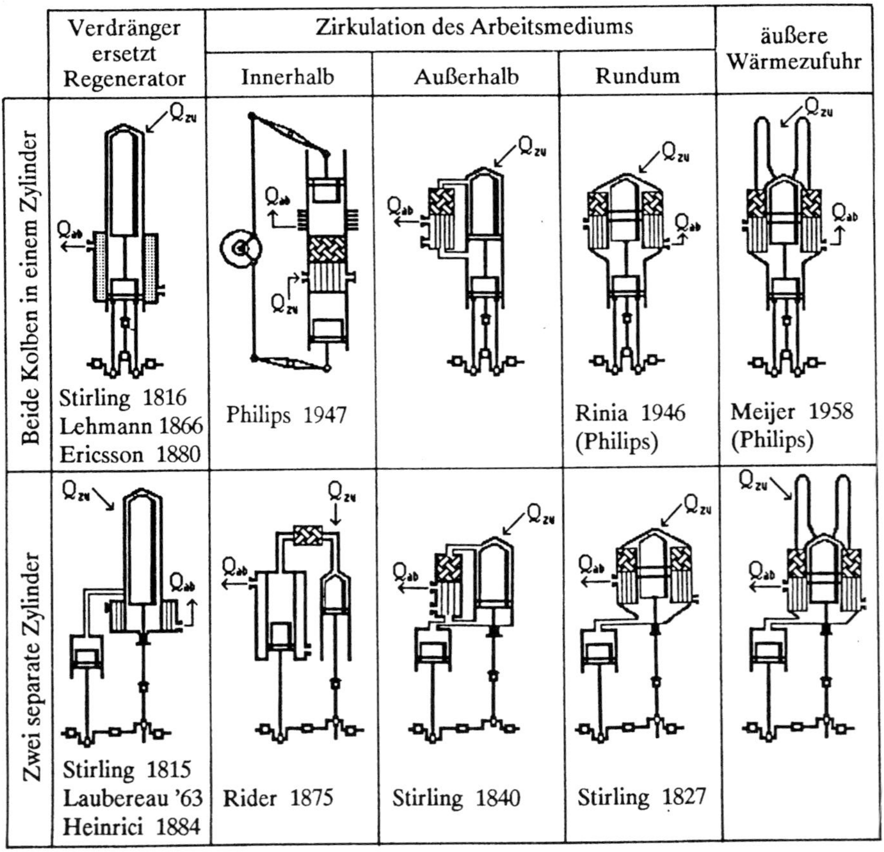

Abb. 50: Kurbeltriebwerke verschiedener Stirlingmotoren.

Kurbeltriebwerk mit direkt angetriebenem Verdränger

Nach diesem Prinzip wurden bereits unzählige Bauarten ausgeführt, weitere sind denkbar. Hier sind klassische Lösungen wie die Kurbelwelle mit Pleuel, die bei den Verbrennungsmotoren seit über hundert Jahren benutzt wird, genauso vertreten wie komplizierte Anordnungen von Kurbeln, Kurbelschleifen, Zahnrädern, Winkelhebeln und Zugbändern. Auch können die Motoren ein- oder zweifachwirkend aufgebaut sein. Abb. 50 zeigt eine Übersicht über einige, bereits realisierte Kurbelanordnungen.
Um eine wirksame Abdichtung und ebenso eine lange Lebensdauer der Dichtungen zu garantieren, werden Schubstangen mit Kreuzköpfen eingesetzt. Damit werden die Dichtungsprobleme genauso bedeutend verringert wie die Probleme, die mit den Seitenkräften des Kolbens gegen die Zylinderwandung auftreten. Das heißt, es ist weder eine Desachsierung des Kolbenbolzens notwendig noch irgendwelche Maßnahmen, die einen Schlag gegen die Zylinderwand vermindern.
Ein weiteres Problem stellt der dynamische Ausgleich der Massenkräfte höherer Ordnung dar. Bei Einzylindermotoren ist ein vollständiger Ausgleich nicht möglich. Mehrzylinder-Stirling-Motoren dagegen können dynamisch ziemlich gut ausgeglichen werden. Hierzu wird eine zusätzliche Ausgleichswelle benötigt. Damit bleiben auch die Dichtungen frei von Seitenkräften, was sich günstig auf den Verschleiß und somit auf die Lebensdauer auswirkt.
Bei der U-Anordnung sind die Kurbelwellen durch Zahnräder 1:1 gekoppelt. Die in Abb. 51 gezeigten Motoren wurden in der Leistungsklasse über 50 kW als Vierzylinder-Motoren gebaut.
Auch der erfolgreiche MOD II-Motor von MTI wurde ähnlich wie die V-Anordnung in Abb. 49 (links) gebaut. Diese Triebwerksversionen eignen sich gut für die Leistungsklassen ab 5 kW. Nach oben sind bei diesen Anordnungen kaum Grenzen gesetzt.

Bei der Variante in Abb. 52 sind kalter Raum und warmer Raum in zwei getrennten Zylindern in V-Anordnung untergebracht. Ein Exemplar dieses »V 160«-Motors wurde in Stuttgart bei der DLR getestet.

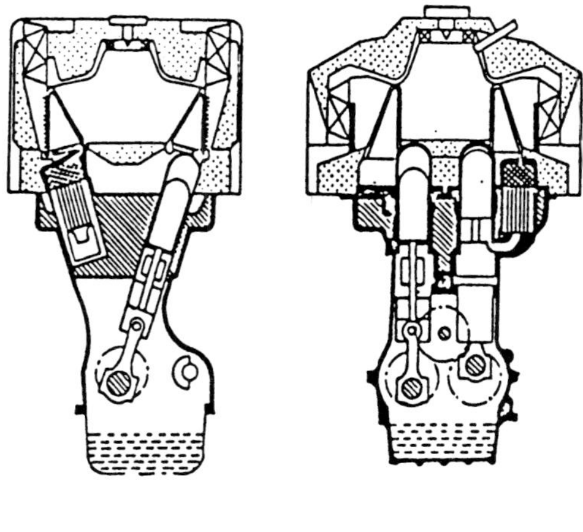

Abb. 51:
Beispiele einer V- und einer U-Zylinderanordnung von United Stirling AB.

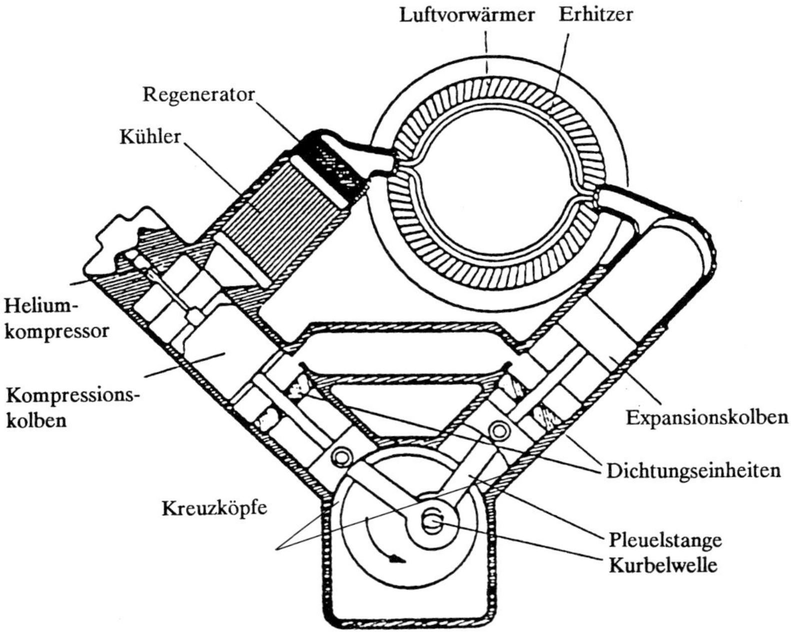

Abb. 52:
V-Zylinderanordnung am ausgeführten Beispiel eines »V 160«-Motors von Stirling Power Systems Corporation, USA.

Kurbeltriebwerk mit hydraulisch- oder fremdangetriebenem Verdränger

Unter fremdangetriebenem Verdränger versteht man, dass der Verdränger mit einem eigenen Antrieb versehen ist. Die Drehzahl dieses Antriebs bestimmt die Arbeitsfrequenz der Maschine. Ein kleiner Einzylindermotor dieser Bauart ist von Philips (Niederlande) mit elektrisch angetriebenem Verdränger gebaut worden.
In den Bereich der hydraulisch angetriebenen Verdränger gehören auch die Hybrid- und Ringbommotoren (vgl. Kap. 2.5). Eine Sonderbauart des hydraulisch angetriebenen Verdrängers ist das hydrostatische Triebwerk.

Kurbeltriebwerk mit kontinuierlicher Verdrängersteuerung

Die meisten bisher gebauten Motoren haben eine nahezu sinusförmige und damit kontinuierliche Verdrängersteuerung. Diese hat den Vorteil, dass sie sich einfacher realisieren lässt, runder bzw. leiser läuft und eine höhere Lebensdauer zu erwarten ist als bei einer diskontinuierlichen Verdrängersteuerung.

Kurbeltriebwerk mit diskontinuierlicher Verdrängersteuerung

Vor über hundert Jahren hat Stenberg bereits mit dieser Steuerungsart an der Heißluftmaschine experimentiert. Doch er hatte die zusätzlichen Reibungskräfte nicht im Griff.

Wie bereits erwähnt, wird durch eine diskontinuierliche Verdrängersteuerung, d.h. eine ruckartige Bewegung des Verdrängers, erreicht, dass die Ecken des idealen Prozesses besser ausgefahren werden können, was den Gesamtwirkungsgrad erhöht. Der Verdränger sollte dabei den Erhitzer solange abdecken, bis die Kompressionsphase beendet ist, und den Kühler solange abdecken, bis die Expansionsphase abgeschlossen ist. Mit anderen Worten: Die zwischen den Isothermen liegenden Isochoren sollten so schnell wie möglich durchfahren werden. Im Idealfall entstünde hier ein Phasenwinkel zwischen Arbeits- und Verdrängerkolben von 180°. Dies ist wegen der Masse des Verdrängers jedoch nicht erreichbar.

Um 1980 hatte Professor Ivo Kolin (†), Uni Zagreb, Kroatien, den Gedanken der diskontinuierlichen Steuerung wieder aufgegriffen. Bei der in Abb. 51 dargestellten Maschine wird die von der Kurbelwelle herrührende, sinusförmige Bewegung in zwei ruckartige Bewegungen am Verdränger aufgeteilt. Damit ist es gelungen, in den Niedertemperaturbereich vorzustoßen. Die Maschine läuft bereits mit 16°C Temperaturunterschied.
Durch die verstellbaren Anschläge ist es regelungstechnisch gelungen, eine Totzeit einzustellen. Damit wird der Kreisprozess in den Ecken besser ausgefahren.
Im Maschinenbau sind jedoch noch viele weitere Möglichkeiten bekannt, ein solches Totzeitglied zu realisieren. Zum Beispiel ließe sich ein Schwungrad mit einer speziellen Kurvenscheibe versehen, die mittels Laufrolle und Gestänge die ruckartige Umsteuerung des Verdrängers bewirkt. Die Nachteile dieses Getriebes wie Klopfgeräusche und Nacheilen der Rolle bei Umsteuerung sind vor allem bei hoher Drehzahl erheblich.
Eine weitere Möglichkeit besteht darin, die Laufrolle auf einer Exzenterscheibe laufen zu lassen. Doch hier sind wieder die Anschläge wie beim Kolin-Motor erforderlich, die die Sinusschwingungen in diskontinuierliche Bewegungen umwandeln.
Auch Herr Kufner experimentierte viel mit diskontinuierlicher Steuerung. Er realisierte auch einige dieser Verdrängersteuerungen in seinen Motoren.

Abb. 53:
Schema der diskontinuierlichen Verdrängersteuerung beim Kolin-Stirlingmotor.

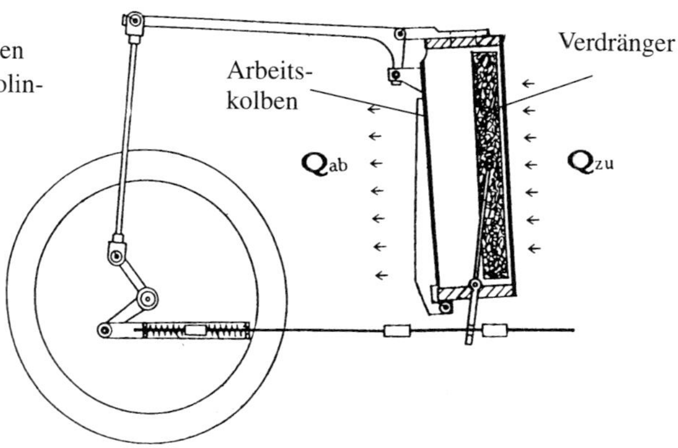

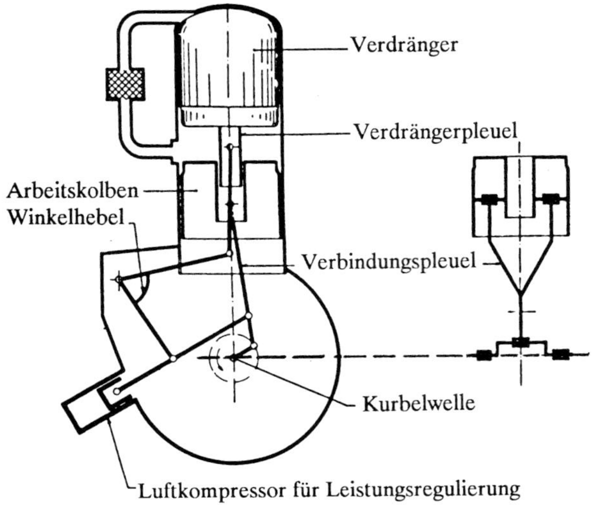

Abb. 54:
Der Philips-Stirlingmotor
Typ 102C von 1947.

Kurbel-Winkelhebeltriebwerke

Darunter versteht man ein Triebwerk, das mit einem Winkelhebeltriebwerk die Kolben steuert und dessen mechanischer Abtrieb durch eine Kurbelwelle erfolgt. Im vorigen Jahrhundert kamen viele dieser Triebwerke zur phasenverschobenen Kolbensteuerung zum Einsatz. Sie hatten aber zwei entscheidende Nachteile: Erstens führte die große Zahl der bewegten Teile zu einem schlechten Wirkungsgrad und zweitens konnte ein Massenausgleich nicht durchgeführt werden.
In neuerer Zeit wurden zwei Bauformen dieser Kurbel-Winkelhebel-Triebwerke bekannt (Abb. 52 und Abb. 53).

• *Der Philips-Stirlingmotor von 1947*

Mit dem in Abb. 52 gezeigten Triebwerk wurden die ersten Philips-Stirlingmotoren (und Generator-Sets) ausgestattet. Damit ließen sich zunächst nur relativ kleine Leistungen von ca. 0,8 kW erreichen, wobei die Drehzahl wegen der schwierigen Auswuchtung maximal etwa 1.500 Umdrehungen/min. erreichte.
Inzwischen sind viele weitere Motoren nach diesem Prinzip gebaut worden, so zum Beispiel der ST 5 von Stirling Technology Inc. in Ohio/USA. Dieser Motor ist für den Einsatz in Entwicklungsländern gedacht, und es wurden in den 80er Jahren 100 Stück in Indien gebaut. Insgesamt besticht das Getriebe durch die Robustheit und gute Montierbarkeit.

• *Der Ross yoke drive*

Dieses nach seinem Erfinder Andrew Ross aus Colombus/Ohio benannte Triebwerk arbeitet nicht sinusförmig und ist daher schwerer zu berechnen, hat aber den Vorteil, dass ein freies Wellenende zur Leistungsabnahme zur Verfügung steht.

Charakteristisch für dieses Getriebe ist das Dreieck, an dessen unterer Ecke eine Kurbel (bzw. ein Exzenter der Kurbelwelle) montiert ist, und an dessen anderen zwei Eckpunkten die Expansions- bzw. Kompressionskolben über Pleuelstangen befestigt sind. Dieses Dreieck wird durch den Querlenker in Position gehalten. Wegen der sehr geringen Seitenführungskräfte sind für die Kolbenführung keine Kreuzköpfe erforderlich. Durch entsprechende Variation der Dreiecksgeometrie ist es möglich, sowohl den Expansionskolbenhub, als auch den Kompressionskolbenhub frei zu wählen.
Das Ross-Triebwerk ist nur zur Verwendung in Maschinen mit parallel-liegenden Zylindern geeignet. Bisher fand dieses Getriebe nur bei relativ kleinen Alpha-Motor-Modellen Verwendung. Werden wie bei dem von A. Ross patentierten Vierzylinder die Kolben mit 180° Phasenverschiebung angesteuert, gleichen sich die sonst nicht unerheblichen Massenkräfte aus. Zum Ausgleich der Massenkräfte in Zweizylindern wird meistens eine Ausgleichswelle eingebaut.

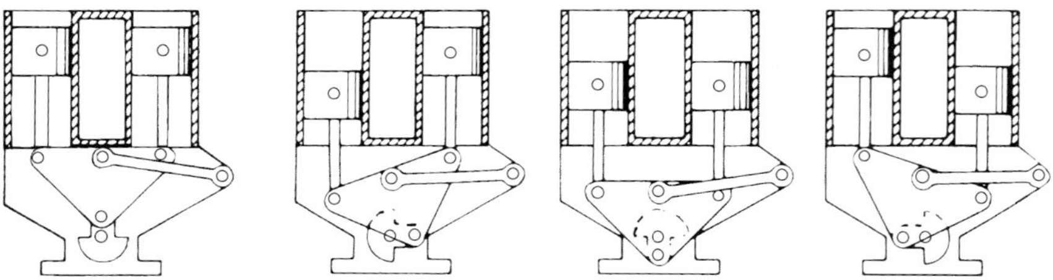

Abb. 55: Geometrie des Ross-Triebwerks.

3.2 Das Taumelscheibentriebwerk (wobble plate drive, Siemensgetriebe)

Die Taumelscheibe ist über ein Lager (in Abb. 56) oder eine Kugel (in Abb. 57) mit dem Motor und ebenso mit dem Abtriebsrad exzentrisch verbunden. Am Umfang der Taumelscheibe sind die Pleuel kugelgelagert befestigt. Die Taumelscheibe selbst dreht sich nicht, sondern führt lediglich eine sinusförmige Präzessionsbewegung um die eigene Achse aus.

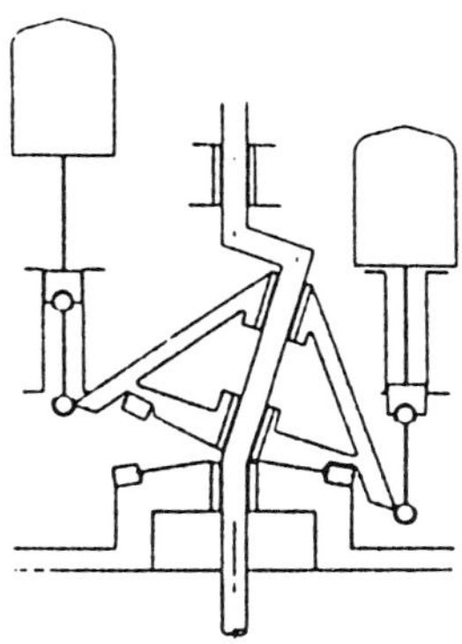

Abb. 56 (links):
Vereinfachtes Schema eines Taumelscheibentriebwerks.

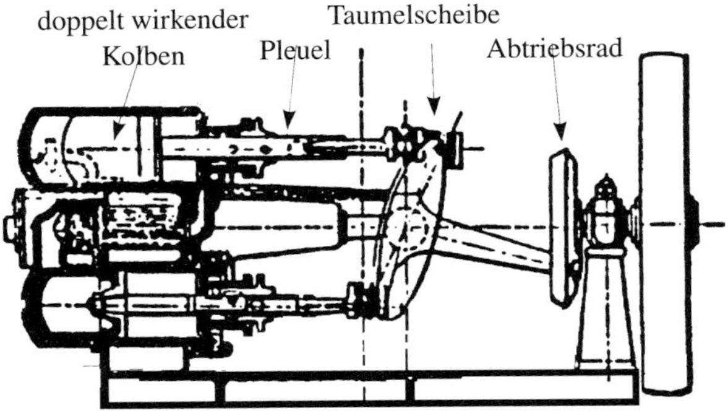

Abb. 57:
Der Siemens-Stirlingmotor mit Taumelscheibe.

Leider wird in der meisten Literatur nicht zwischen Taumel- und Schiefscheibentriebwerk unterschieden, obwohl der Unterschied deutlich sichtbar ist. Die Schiefscheibe rotiert nämlich mit ihrer Achse.

Bei dem in Abb. 55 dargestellten Siemensmotor sollten durch die rechteckige Anordnung der vier Zylinder die Kolben jeweils mit 90° Phasenverschiebung sinusförmig

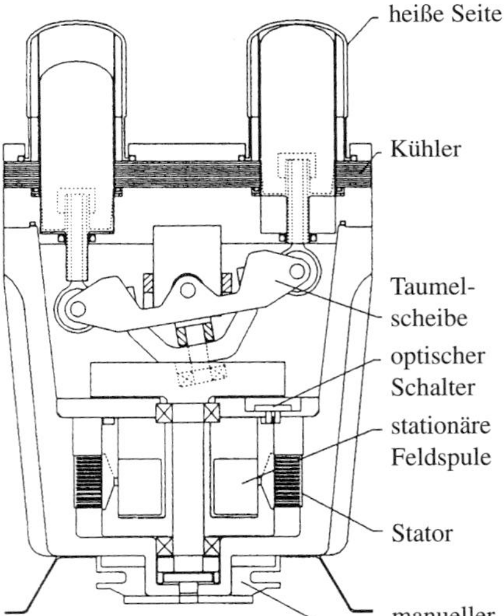

Abb. 58:
Der Clucas-Motor aus Neuseeland (vgl. Kap. 7.2).

Abb. 59
Schnitt durch den WisperGen (Clucasmotor) mit Blick auf das Taumelscheibentriebwerk. Photo: Kübler

bewegt werden. Allerdings wurde der Motor in dieser Form damals nie gebaut. Philips ersetzte bei diesem Prinzip die Taumelscheibe nach wenigen Versuchen 1944 durch ein Schiefscheibentriebwerk. Damit erreichte die Maschine eine Leistung von ca. 4 kW bei 3.000 U/min.

1993 allerdings baute D.M. Clucas aus Neuseeland einen solchen Motor als Batterieladegerät für Yachten. Eine Beschreibung des in Abb. 58 dargestellten Motors wird in Kapitel 7.2 und 9.4. gegeben.

3.3 Das Schiefscheibentriebwerk (swash plate drive)

Dieses Triebwerk wurde von R.J. Meijer (†) und seinen Mitarbeitern bei Philips entwickelt. Es findet wegen seiner bestechenden Vorteile auch heute noch vielfältige Anwendungen. Zum einen lässt sich die Schräge der Scheibe sogar während des Laufes verändern, wodurch der Kolbenhub variiert und damit die Leistung schnell und effek-

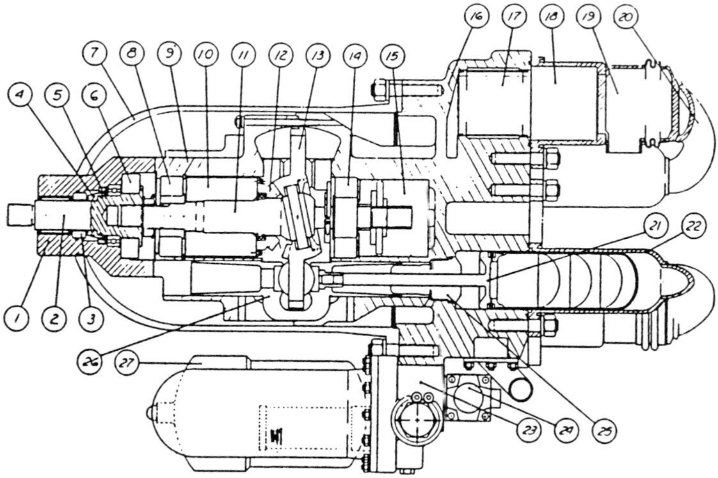

Abb. 60: Schnittzeichnung des STM 4 - 120 Stirlingmotors.

(1) Wellendichtsatz	(10) Verstellmotor	(19) Erhitzer
(2) Abtriebswelle	(11) Hauptwelle	(20) Wärmerohr
(3) Axialdichtring	(12) Verstellgetriebe	(21) ZB Kolben
(4) Abstandsring	(13) Schiefscheibe	(22) Zylindergehäuse
(5) Radiallippendichtung	(14) vorderes Hauptlager	(23) hydr. Wartungseinheit
(6) Axiallager	(15) Ölpumpenmodul	(24) Leistungskontrollventil
(7) Druckgehäuse	(16) vord. Kurbelgehäuse	(25) Ölabweiserdichtsatz
(8) hinteres Hauptlager	(17) Kühler	(26) Kreuzkopf
(9) hinteres Kurbelgeh.	(18) Regenerator	(27) Druckspeicher

tiv gesteuert werden kann. Zum anderen ist eine sehr kompakte, stabile und damit auch leichte Bauweise möglich. Nachteilig bei diesem Triebwerk ist im Vergleich zu einer herkömmlichen Kurbelwelle die relativ teure Herstellung.
Das Triebwerk eignet sich besonders für den mobilen Einsatz in den mittleren Leistungsklassen (20 - 150 kW). Der wohl berühmteste, beste und erfolgreichste Motor mit diesem Getriebe ist der Typ „STM 4-120“. Er wurde von R.J. Meijer und seinem Team mit gut 50-jähriger Stirlingerfahrung bei Philips und STM entwickelt und schließlich bei „Stirling Thermal Motors“ (STM) in Michigan/ USA gebaut.

3.4 Das Rhombentriebwerk

Das Rhombentriebwerk wurde 1953 ebenfalls von R.J. Meijer und seinem Team in den Philips-Laboratorien entwickelt. Mit diesem Triebwerk war es erstmals möglich, die maximalen Drehzahlen (ca. 3.000 U/min.) und die Arbeitsdrücke (bis 150 bar) entscheidend anzuheben, um somit ein wesentlich günstigeres Leistungsgewicht zu bekommen. Der bestechende Vorteil dieser Triebwerksart liegt darin, dass ein vollkommener Massenausgleich bereits bei einem Einzylindermotor realisierbar ist. Der Motor läuft praktisch geräusch- und schwingungsfrei.

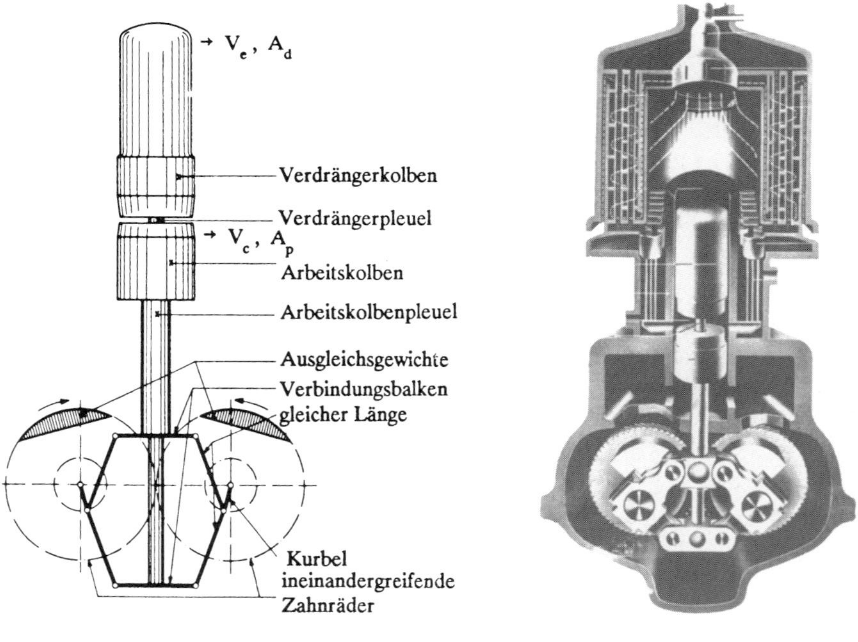

Abb. 61: Prinzip und Ausführung des Rhombentriebwerks von Philips

Volumenberechnung nach I. Urieli:

Geometrie: $b_0 = \sqrt{(L^2 - (e + r \cdot \cos \Theta)^2)}$

Kompressionsvolumen: $dV_c/d\Theta = -2A_p \cdot r \cdot \sin \Theta \, (e + r \cdot \cos \Theta)/b_0$

Expansionsvolumen: $dV_e/d\Theta = - (dV_c /d \Theta) \cdot A_d \, / (2A_p) - A_d \cdot r \cdot \cos \Theta$

r= Kurbelradius, e = Exzentrizität des Zahnrads, L = Länge der Verbindungsstangen

Außerdem ist es mit diesem Triebwerk möglich, in Verbindung mit einer Rollsockendichtung das Kurbelgehäuse unter Umgebungsdruck zu halten.
Nachteilig sind die Reibung zwischen den Zahnrädern sowie die große Anzahl und die Kompliziertheit der bewegten Teile. Somit ist der Stirlingmotor mit diesem Triebwerk, wie sich Anfang der 70er Jahre herausstellte, zu teuer für eine serienmäßige Produktion. Die Kosten wurden auf das zwei- bis dreifache eines leistungsgleichen Dieselmotors berechnet.
Philips baute damals einige Prototypen als Ein- und Vierzylinder. Die Leistungsspanne reichte von 0,2 bis zu etwa 70 kW pro Zylinder. Als Lizenznehmer von Philips experimentierte auch General Motors mit Rhombentriebwerken. Die Motoren, die aus dieser Zusammenarbeit entstanden, sind in Tabelle 2 aufgeführt.

3.5 Rotationskolbenmaschinen (RKM)

Während bei den heute weitverbreiteten Hubkolbenmaschinen nur wenige grundsätzliche Bauarten möglich sind, gibt es bei den Rotationskolbenmaschinen überaus viele Variationen. Ähnlich wie bei den Stirlingmotoren ist die Fülle der Möglichkeiten so groß, dass sie sogar die Verwirklichung dieser Maschinen behindert hat. Man suchte immer neue, noch bessere Bauarten und schenkte den Hauptproblemen, vor allem der Abdichtung der Arbeitsräume, nicht genügend Beachtung.
Die große Anzahl grundsätzlicher Bauarten, von der jede einzelne in vielen und unterschiedlichen Bauformen erscheinen kann, erschwerte auch die folgende Einteilung (aus „Einteilung der Rotationskolben-Motoren“ von F. Wankel) erheblich. Die Rotationskolbenmotoren gliedern sich nach ihrem Schwerpunktverhalten in Drehkolben-, Kreiskolben- und Umlaufkolbenmaschinen. Ein weiteres Unterscheidungsmerkmal ist die Lage der Drehachsen, und zwar:

- parallelachsige RKM,
- winkelachsige RKM,
- geschränktachsige RKM,

die wiederum in innenachsige, außenachsige und mittelachsige Bauformen unterteilt werden. Ein letztes Unterscheidungsmerkmal ist die Eingriffsart. Die parallelachsige Rotationskolbenmaschine wird zum Beispiel wieder nach Kämm-, Schlupf-, Kreis-, Gegen- und Hubeingriff unterschieden.

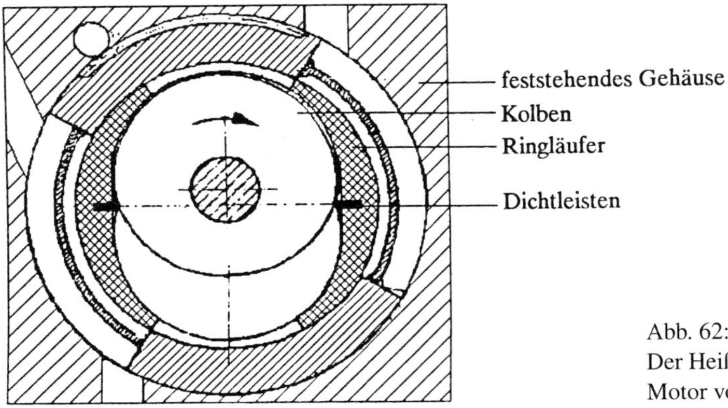

Abb. 62:
Der Heißgas-Drehkolben-Motor von Eugen Huber.

Viele der Rotationskolbenmaschinen können ebenso als Motor wie auch als hydrostatisches Triebwerk ausgeführt werden (vgl. Kap. 3.6: „hydrostatisches Triebwerk"). Prinzipiell ist es sogar möglich, alle Rotationskolbenpumpen in Stirlingmaschinen oder in hydraulische Triebwerke umzubauen und umgekehrt.

Die Drehkolbenmaschine (DKM)
Drehkolbenmaschinen haben nur gleichförmig drehende Teile, die unmittelbar in sich auszuwuchten sind. Ihre Lager sind also nicht fliehkraftbelastet. Diese Maschinen eignen sich infolgedessen für höchste Drehzahlen.
Ein Beispiel für diese Bauart ist die Heißgas-Drehkolbenmaschine (1971) von Eugen Huber, München (Prinzip von Cooley 1901).

Die Kreiskolbenmaschine (KKM)
Kreiskolbenmaschinen haben nur gleichförmig bewegte Teile, von denen mindestens eines kreist, d.h. sein Schwerpunkt läuft auf einer Kreisbahn gleichförmig um und es

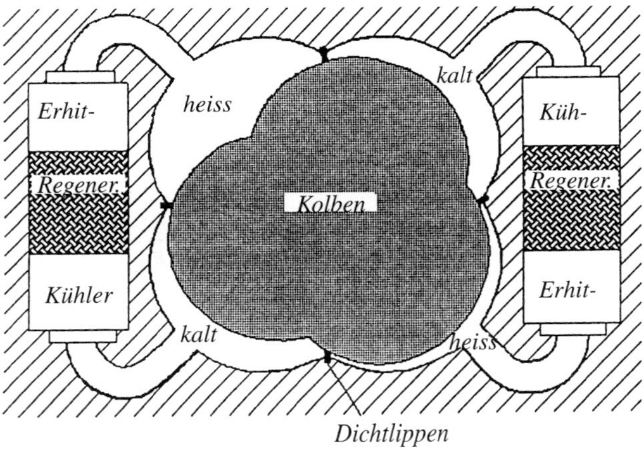

Abb. 63:
Kreiskolben-Stirlingmotor nach einem Patent der Daimler Benz AG (1970).

dreht sich zusätzlich gleichförmig um diesen Schwerpunkt. Dieses kreisende Teil ist nur mittelbar, also über eine Lagerstelle auswuchtbar.
Je nach Ausbildung der fliehkraftbelasteten Lagerstellen sind diese Maschinen für mittlere bis hohe Drehzahlen geeignet.
Ein Beispiel eines Stirlingmotors dieser Bauart, mit dem sich Daimler Benz längere Zeit beschäftigte, ist eine „innenachsige Kreiskolbenmaschine mit äußerer ruhender Wandung und Kämmeingriff".

Die Umlaufkolbenmaschine (UKM)
Das Leistungsteil oder ein anderes Arbeitsraum-Wandlungsteil (und somit auch der Schwerpunkt der Umlaufkolbenmaschine) dreht, kreist, durchläuft eine kreisartige Kurve oder vollführt eine translatorische Bewegung ungleichförmig. Somit sind diese Maschinen kaum auswuchtbar und nur für niedere bis mittlere Drehzahlen verwendbar.

Die drehkolbenartige Umlaufkolbenmaschine
Hierbei dreht ein Drehkolben-Leistungsteil ungleichförmig. Ein Beispiel ist die Stirlingmaschine von W. Ried, die noch im Planungsstadium ist. Es handelt sich hierbei um eine „kreiseleingriffähnliche, mittelachsige, drehkolbenartige Umlaufkolbenmaschine mit äußerer ruhender Wandung". Von dieser Maschine ist bekannt, dass sie als hydraulische Pumpe, als Wärmepumpe, als Expanderteil einer Dampfmaschine und als Stirlingmotor mit Schlitzsteuerung konstruiert und als Plexiglasmodell gebaut wurde. Bei der gezeigten Maschine müssen, wenn sie als Stirlingmotor ausgelegt wird, zwei Zylinder mit je zwei Kolben um 90° versetzt über einen Regenerator verbunden sein. Auch hier zeigt sich ein Grund für die eher bescheidenen Erfolge der Rotationskolbenmaschinen: Da diese Maschine lediglich auf dem Papier steht und noch nie der

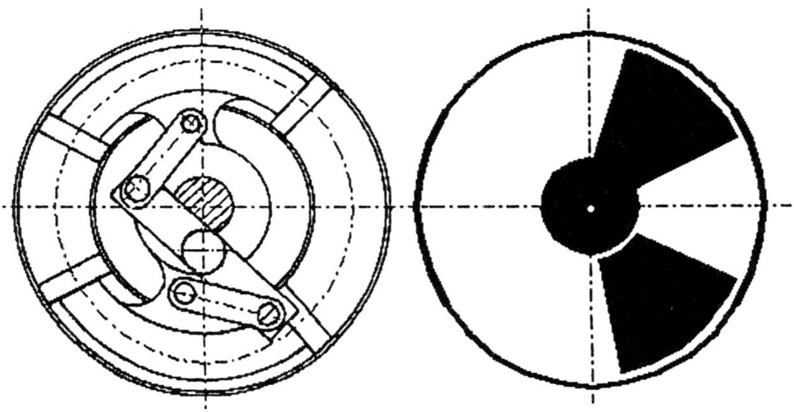

Abb. 64:
Drehkolbenartige Umlaufkolbenmaschine nach dem Patent von F. Munzinger, die durch Herrn W. Ried für eine Stirlingmaschine ausgelegt wurde.

Beweis der wirtschaftlichen Funktion erbracht wurde, scheut sich die Industrie, in ein so ungewisses Projekt zu investieren.

Die kreiskolbenartige Umlaufkolbenmaschine
Hierbei kreist ein Kreiskolben-Leistungsteil ungleichförmig, durchläuft eine kreisartige Kurve oder bewegt sich ungleichförmig um seinen kreisenden Schwerpunkt. Es ist nicht bekannt, ob eine Stirlingmaschine dieser Bauart existiert.

3.6 Hydrostatisches Verdrängertriebwerk

Die Bewegung eines Hubkolbens wird mittels Flüssigkeit auf einen Rotationskolben und umgekehrt übertragen. Vorteile dieser Triebwerksart sind:

- Die am Kolben wirkenden Kräfte und Wege können nahezu beliebig umgelenkt, umgeformt und übersetzt werden.
- Das Volumen der Flüssigkeit kann während des Betriebes verändert werden, so dass oberer und unterer Umkehrpunkt des Hubkolbens veränderbar sind.
- Das einem Hubkolben zugeordnete Flüssigkeitsvolumen kann aus zwei Teilströmen bestehen, die beliebig addiert und subtrahiert werden können (Hubvolumen).
- Es besteht eine große Freizügigkeit in der räumlichen Zuordnung von Zylindern und Triebwerk.
- Es wirken keine Seitenkräfte zwischen Hubkolben und Zylinder.

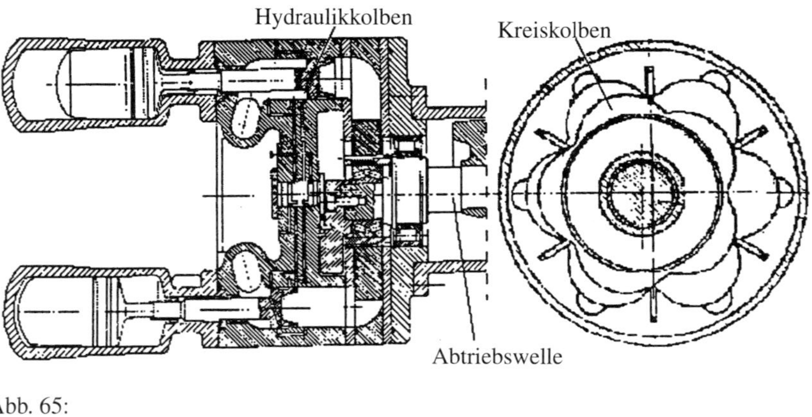

Abb. 65:
Doppeltwirkender Sechszylinder-Heißgasmotor mit hydrostatischem Kreiskolbentriebwerk.
Die Rollsockendichtung trennt den Hochdruck-Arbeitsraum von der Hydraulik.

4 Wärmequellen

Einer der größten Vorteile der Stirlingmaschine gegenüber anderen Verbrennungsmotoren liegt in seiner Vielstofffähigkeit. Der Stirlingmotor ist ein „Allesfresser". Er kann, je nach Brenner, mit allem betrieben werden, was eine Temperaturdifferenz hervorruft. Dabei darf jedoch nicht übersehen werden, dass bei sinkenden Verbrennungstemperaturen die Temperaturdifferenz und damit auch der thermische Wirkungsgrad sinkt. Im folgenden werden nun die wichtigsten Wärmequellen behandelt, mit denen Stirlingmotoren bereits getestet wurden.

4.1 Feste Brennstoffe

Die Vorteile der hier aufgeführten Festbrennstoffe liegen in der problemlosen und ungefährlichen Speicherung. Die erreichbaren effektiven Wirkungsgrade liegen jedoch meist etwas unter denen von flüssigen oder gasförmigen Brennstoffen. Die Anlagenkosten sind höher. Diese Unterschiede ergeben sich aus folgenden Gründen:

- Der Verbrennungsvorgang bei Festbrennstoffen läuft in mehreren Phasen ab. Zuerst erfolgt eine Erwärmung und teilweise Trocknung. Die leichterflüchtigen Bestandteile des Brennstoffs werden vergast und in einer nachfolgenden Verbrennungszone verbrannt. Bei weiter steigenden Temperaturen erfolgt die Oxidation des im Brennstoff enthaltenen Kohlenstoffs. Diese Abläufe zu beherrschen erfordert einen höheren baulichen und steuerungstechnischen Aufwand als bei gasförmigen oder flüssigen Brennstoffen.
- Die in den Brennückständen zum Teil in großen Mengen enthaltenen Aschen wirken sich negativ aus, sei es durch Schlackebildung auf dem Rost oder durch Ablagerungen auf Wärmetauschern. Häufig werden mechanische Reinigungs- und Austragvorrichtungen benötigt.
- Bei der Verbrennung von Feststoffen sollte eine bestimmte Verbrennungstemperatur (bei Kohle 1.100°C, bei Holz 1.500°C) nicht überschritten werden, da Schlackebildung aus verflüssigter Asche einsetzt, die zur Verkrustung des Erhitzers führt.
- Schwankende Brennstoffparameter (z.B. durch unterschiedliche Holzfeuchte), der sehr komplexe Ablauf der Verbrennung über mehrere Verbrennungsphasen sowie weitere Randbedingungen wie Ascheerweichung oder das träge Glutbettverhalten stellen konträre Anforderungen dar, die es weitaus schwieriger machen, den jeweils idealen Betriebspunkt zu finden als z.B. bei einem Brenner für Erdgas.
- Das Verschmutzungsproblem ist eine Ursache dafür, dass die Brennwertnutzung, also die Nutzung der Kondensationswärme des im Abgas enthaltenen Wasserdampfes, bei Feststofffeuerungen noch nicht Stand der Technik ist. Anders als beim sauberen Brennstoff Gas benötigen Brennwertwärmetauscher für Festbrennstoffe Reinigungsvorrichtungen.

- Im Hinblick auf die Emission von Feinstäuben sind Feststofffeuerungen seit einiger Zeit in die Kritik geraten. Hier kann es sein, dass der Gesetzgeber demnächst verschärfte Emissionsgrenzwerte erlässt. Die erhöhten Anforderungen auch bei Kleinanlagen werden nur mehr schwer durch ein verbessertes Verbrennungsmanagement einzuhalten sein, so dass wohl zusätzliche Maßnahmen ergriffen werden müssen. Gegenwärtige Entwicklungen zielen auf Rauchgaswäscher, Gewebe- oder Elektrofilter.

Noch dominiert bei den Festbrennstofffeuerungen die Rostfeuerung. Um Stirlingmotoren einzubinden, sind aber auch andere Techniken interessant. Beispielsweise erzeugen Feststoffvergaseranlagen ein Brenngas, das entsprechend aufbereitet und gereinigt, rückstandsfrei verbrannt werden kann. Das Problem der Verschlackung des Stirlingerhitzers kann damit elegant umgangen werden.

Wirbelschicht-Feuerung

Einen anderen Ansatz bietet die Wirbelschicht-Feuerung. Hierbei wird ein heißes Sandbett durch das Einblasen von Verbrennungsluft aufgewirbelt (fluidisiert). Es verhält sich dann annähernd wie eine Flüssigkeit. Brennstoffe werden direkt in diese Wirbelschicht gegeben und verbrennen darin ohne Flamme. Der Sand kann dabei eine katalytische Wirkung auf den Verbrennungsvorgang haben. Durch die hohe Dynamik in der Wirbelschicht werden Temperaturspitzen vermieden, was sich günstig auf Stickoxidemissionen auswirkt. Die hohe Dynamik begünstigt gleichzeitig auch den Wärmeübergang, beispielsweise direkt auf den Erhitzer eines Stirlingmotors. Die Gefahr des Verschlackens besteht nicht, da die Anlagen in der Regel deutlich unter den Temperaturen zur Ascheerweichung betrieben werden können. An der Technischen Universität München wurde eine solche Anlage im Technikumsmaßstab realisiert (Abb. 66). Bereits bei Wirbelbett-Temperaturen unter 600°C wurde mit dem "Viebach Stirling" ST05G eine elektrische Leistung von bis zu 430 Watt erreicht.

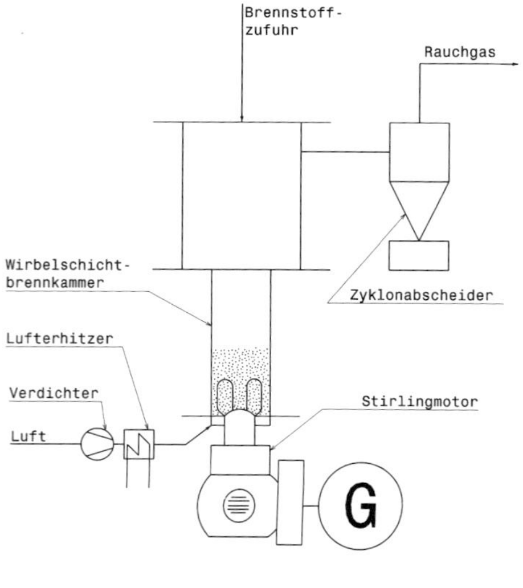

Abb. 66:
Aufbau einer Wirbelschicht-Feuerung
mit Stirlingmotor
Grafik: H. P. Lauber

Holz

Holz hat einen unteren Heizwert H_u = 10,5 - 15,5 MJ/kg und kann sehr schadstoffarm und vor allem schwefelfrei verbrannt werden. Gerade in ländlichen Gegenden, wo viel Schnitt- und Restholz anfällt und oftmals sowieso mit Holz geheizt wird, wäre es sinnvoll, den Wirkungsgrad von Holzfeuerungsanlagen mit Hilfe einer Stirlingmaschine zu steigern. Holz fällt in vielfältiger Form (als Sägespäne, Hackschnitzel, Äste) an. In Tokio wurde ein Stirlingmotor (P = 10 kW) mit Holzbriketts, die aus gepressten Rinden und Schnittholzchips hergestellt wurden, über eine spezielle Beschickungsanlage erfolgreich betrieben.

Auch W. Kufner hat in Zusammenarbeit mit der Firma Maurus eine solche Anlage gebaut. Ein ST 05 von D. Viebach läuft in Ingolstadt mit Biomassefeuerung (anfangs Holzhackschnitzel, neuerdings Pellets; näheres in Kapitel 7.1).

Das Ergebnis einer Recherche der Forschungsgesellschaft Joanneum, die sich mit der Technik von holzbefeuerten Anlagen beschäftigt, klingt vielversprechend: Holzbefeuerte Stirlingkraftwerke könnten unter der Voraussetzung, dass die notwendigen Entwicklungsarbeiten erfolgreich sind, im Leistungsbereich von 3 bis 200 kW_{el} wirtschaftlich eingesetzt werden. Die Stromerzeugungskosten liegen dabei unter denen eines Holzgas- oder Dampfkraftwerkes. Ein wichtiger Faktor ist auch, dass Holz ein nachwachsender Rohstoff ist (Stichwort: CO_2-neutrale Nutzung).

Kohle

Je nach Verfügbarkeit können alle Kohlesorten von der Weichbraunkohle bis zum Anthrazit (bis 95% reiner Kohlenstoff) verwendet werden. Der höchste Wirkungsgrad eines Stirling-Erhitzersystems auf der Basis von festen Brennstoffen ist mit einer Kohle-Wirbelschichtverbrennung erreichbar. Der Schwefel im Abgas muss allerdings als Nachteil gewertet werden.

Abb. 67:
Biomassefeuerung (Pellets) mit ST 05 G
Photo: H. Eckl

Biomasse

Unter Biomasse versteht man die gesamte durch Lebewesen aufgebaute Substanz. Dieser Sammelbegriff schließt also Holz, Kohle und Öl mit ein. Doch meist sind damit landwirtschaftliche Abfallprodukte oder speziell für die Verbrennung gezogene Gräser und Sträucher gemeint. Versuche ergaben, dass z.B. von Elefantengras ca. 20 - 25 Tonnen pro Hektar und Jahr geerntet werden können, was vom Energieinhalt ungefähr 8.000 l Heizöl entspricht. Ebenso könnte auch in der hiesigen Landwirtschaft anfallendes Brennmaterial wie Getreidehalme, Maisgräser oder Reisstroh, das normalerweise nutzlos verbrannt wird, sinnvoll genutzt werden.

Als Brennstoff interessant erscheint auch eine normalerweise in Asien beheimatete, bis zu 7 Meter hohe Schilfpflanze, die bereits bei München zu Versuchszwecken von Prof. Ständer angepflanzt wurde. Mit diesen Gräsern könnte grundsätzlich der gesamte Energiebedarf in Deutschland aus eigenen Ressourcen wirtschaftlich gedeckt werden. Der Heizwert ist dem von Holz vergleichbar. Bei einer Verbrennungstemperatur von 800°C setzt eine Schlackenbildung in der Asche ein, die aber durch eine geschickte Brennstoffführung verhindert werden kann.

Bei der Erzeugung von Biomasse zur Energiegewinnung ist darauf zu achten, dass dies unter ökologischen und nachhaltigen Bedingungen erfolgt. Ansonsten ist bei Monokulturen mit Dünger und Pestizideinsatz oder - gar noch Gentechnik – mit schwerwiegenden Folgen für die betroffenen Ökosysteme zu rechnen.

Torf

Torf hat einen unteren Heizwert von H_u = 0,9 - 1,2 MJ/kg (abbaufeucht) bzw. H_u = 13,2 - 16,2 MJ/kg (lufttrocken). Auch bei diesem Brennstoff ließe sich durch Einsatz der Stirlingmaschine in Wärme-Kraft-Kopplung die Energieausbeute gegenüber einer einfachen Verbrennung deutlich erhöhen. Aus ökologischen Gründen ist der Abbau der Torfmoore jedoch generell - also nicht nur zur Brennstoffgewinnung - abzulehnen.

Abb. 68:
Einfache Kraft-Wärme-Kopplung mit Biomasse zum Laden von Batterien.
Photo: W. Kufner

4.2 Flüssige Brennstoffe

Flüssige Brennstoffe können vollständiger verbrannt werden als feste, weil die chemische Umsetzung exakter gesteuert und die Verbrennungsreaktion bei höheren Temperaturen ablaufen kann. Somit sind hier auch höhere Wirkungsgrade erreichbar. Die flüssigen Brennstoffe sind zwar etwas gefährlicher im Umgang, lassen sich dafür aber sehr volumensparend und bequem speichern und mit geringem Aufwand sehr genau dosiert dem Brennraum zuführen. Verunreinigungen in der Flüssigkeit können meist recht einfach ausgefiltert werden.

Flüssige fossile Brennstoffe

Es können alle fossilen Brennstoffe eingesetzt werden, wobei die Wahl in erster Linie von den jeweiligen Einsatzbedingungen bestimmt wird. Der Umgang mit dem Brennstoff und der Stand der Verbrennungstechnik sind allgemein bekannt. Durch Fortschritte bei der Brennertechnik können allerdings immer noch Wirkungsgradverbesserungen erzielt werden. Generell lassen sich bei der kontinuierlichen Verbrennung (Stirlingmotoren) wesentlich bessere Abgaswerte erreichen als bei Motoren mit innerer Verbrennung (Otto-, Dieselmotoren). Zur Zeit werden die zur Neige gehenden flüssigen fossilen Brennstoffe allgemein bevorzugt, was global ökologisch bedenkliche Folgen zeigt.

Pflanzenöle

Der Verwendung von Pflanzenölen als Energieträger wird zunehmend Beachtung geschenkt. Es gibt zahlreiche Ölsaaten, deren Öl sich durch Pressen und Extrahieren (chemisch lösen) gewinnen lässt, um Verbrennungsmotoren und Heizanlagen zu betreiben. Hier kann der Einsatz von Stirlingmotoren durchaus sinnvoll sein.

Abb. 69
Mobile Demo-Einheit des WhisperGen DC mit Informationsstand an der Fachhochschule München.
Eine Studie zur Verwendung von Biokraftstoffen für den WhisperGen DC wurde vom Solarförderverein Bayern e.V. gefördert.
Photo: H. Klug

Die interdisziplinäre Projektgruppe Stirling an der Fachhochschule München beschäftigt sich intensiver mit diesem Thema (s. Abb. 69). Ein besonderes Augenmerk gilt es auf die ökologische und nachhaltige Gewinnung und Produktion von pflanzlichen Ölen zu richten! Die Böden und Äcker sollten weiterhin über Jahrzehnte bewirtschaftet werden können. Ein kurzfristiger Raubbau aufgrund hoher Renditeversprechen für Investoren schadet dauerhaft der Natur und dem Menschen.

Alkohole

Alkohole werden als Treibstoff immer häufiger vorgeschlagen. Sie haben den Vorteil, dass man sie aus nachwachsenden Rohstoffen gewinnen, sauber verbrennen und sehr gut speichern kann.

In Brasilien wird die Produktion von Energiealkohol inzwischen in großem Maßstab betrieben, so dass Alkohol als Treibstoff fächendeckend bezogen werden kann.

Sonstige Flüssigbrennstoffe

Die Firma United Stirling Schweden erprobte den außenluftunabhängigen Betrieb eines U-Bootes mit Wasserstoffperoxid als Oxidat und Dieselkraftstoff mit dem Stirlingmotor Typ 4-615.

Bei der Stirlingmaschine ist es auch kein Problem, pflanzliche Öle und Fette als Treibstoff zu verwenden. So wurde bereits mehrmals zu Demonstrationszwecken bei Philips ein Stirlingmotor abwechselnd mit Benzin, Alkohol, Diesel-, Schmier-, Salat- und rohem Erdöl ohne sichtbare Wirkungsgradschwankungen betrieben.

Ebenso denkbar sind sämtliche Arten von Flüssiggas.

4.3 Gasförmige Brennstoffe

Die Verbrennung erfolgt schneller als bei festen und flüssigen Brennstoffen, da die Vergasung entfällt. Entscheidend für die Güte der Verbrennung ist die Gas-Luft-Mischung, wobei nur ein geringer Luftüberschuss erforderlich ist (dafür jedoch anfällig für NO_x - Bildung). Allerdings kann man eine Gasverbrennung so exakt steuern, dass keine Schadstoffe anfallen. Mit der Regelungstechnik nach dem SCOT-Verfahren können sogar Gasgemische emissionsarm verbrannt werden. Die Strahlungszahlen der Gasflamme liegen in der Regel niedriger als bei festen und flüssigen Brennstoffen ($C \approx 2{,}3 \cdot 10^{-8}\ W/m^2\ K^4$ für gasförmige Brennstoffe). Das bedeutet, dass die Verbrennungsgase im allgemeinen langsamer abkühlen als bei anderen Brennstoffen.

Bio-, Klär- und Deponiegas

Biogas besteht zu 50 - 85% aus Methan und zu 15 - 50% aus Kohlendioxyd. Der durchschnittliche Heizwert beträgt 25 MJ/m^3. Daneben enthält es Spuren von Wasser, Schwefelwasserstoff (H_2S) und Ammoniak (NH_3). H_2S und NH_3 sind geruchsintensiv und wirken aggressiv und korrosiv.

Durch die exponentiell steigende Zahl an Biogasanlagen in Deutschland wird es immer interessanter, das erzeugte Biogas zu reinigen (d.h. CO_2, H_2S, NH_3 und Wasser zu entfernen) und es in das bestehende Erdgasnetz einzuspeisen. Eine erste derartige Anlage wurde Ende 2006 in der Nähe von München in Betrieb genommen. Jährlich können ca. 4 Mio. m³ Biogas in Pliening in das Leitungsnetz eingespeist werden. Nach und nach können so die Importe fossiler Energieträger verringert werden und die Versorgungssicherheit kann erhöht werden.
Deponiegase enthalten oft schwer definierbare und giftige Bestandteile. Auch hier könnte sich die Verbrennung bei niedriger Temperatur und Nutzung in Kraft-Wärme-Kopplung (KWK) mittels Stirlinganlage anbieten.

Sonstige Brenngase
Stirlingmotoren wurden bereits mit allen in Tabelle 4 aufgeführten Brenngasen betrieben. Für die Auswahl des Brennstoffes sind auch hier wieder Einsatzgebiet, Abgaszusammensetzung, Verfügbarkeit, Heizwert und Speichergelegenheit mitentscheidend.

Brennstoff fest	Heizwert H in MJ/kg	Brennstoff flüssig	Heizwert H in MJ/kg	Brennstoff gasförmig	Heizwert H in MJ/kg
Braunkohle	2,8 - 24,3	Benzin	42	Butan	124
Steinkohle	26,0 - 32,3	Diesel	38-43	Gichtgas	4,0
Anthrazit	30,0 - 31,4	Erdöl	41	Kohlenmonoxid	12,6
Holz:		Heizöl	41	Propan	93,4
Hackschnitzel	15,5	Petroleum	40,8	Stadtgas	15,9 - 20,5
Holzpellets	16,3	Pflanzenöle	35 - 37	Wasserstoff	10,8
		Teer	34	Erdgas	29-42
		Äthylalkohol	27	Biogas (50-85%)	22-39
		Methylalkohol	19,5		

Tabelle 4: Brennstoffe für Stirlingmotoren

4.4 Sonnenenergie

Die Idee, thermische Sonnenenergie durch Stirlingmotoren zu „veredeln", hat der Entwicklung von Stirlingmaschinen in den letzten Jahren wichtige Impulse gegeben. Die Wärmeübertragung an den Prozessraum kann dabei mit Spiegeln, Linsen oder mit einem Wärmerohr realisiert werden.

Solare Energieversorgungssysteme für Raumflugkörper
Trotz ihrer höheren Komplexität wäre eine solardynamische Anlage für Weltraumanwendungen denkbar, weil sie bei gleicher Masse durch ihren höheren Systemwirkungsgrad deutlich kleinere Kollektorflächen als eine photovoltaische Anlage benötigt. Dadurch wird der Treibstoffbedarf für den Aufbau der Station erheblich reduziert.

Terrestrische solardynamische Systeme

Die für kleine Solar-Stirling-Systeme im Leistungsbereich von 5 - 200 kW angegebenen Wirkungsgrade werden von anderen Anlagenkonzepten erst bei Leistungen von mehr als 10 MW erreicht. Es wurden bereits um 1992 Dish-Stirling Anlagen (z.B. Parabolspiegel) mit einem Jahresenergiewirkungsgrad von bis zu 27% als Prototypen gebaut. Ein Beispiel der Leistungsfähigkeit solardynamischer Systeme ist der Prototyp von

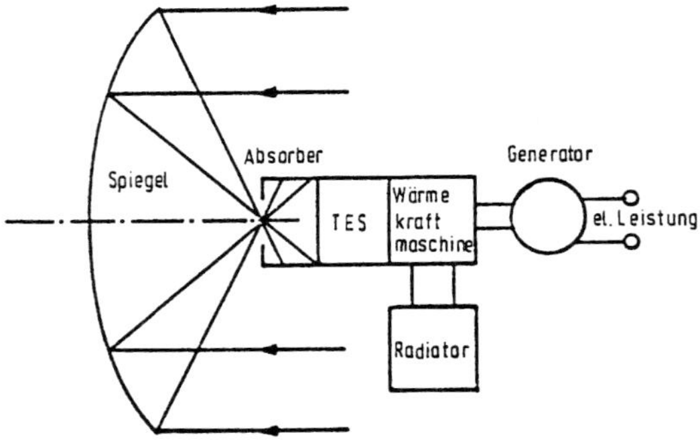

Abb. 70:
Schema eines solardynamischen Systems.

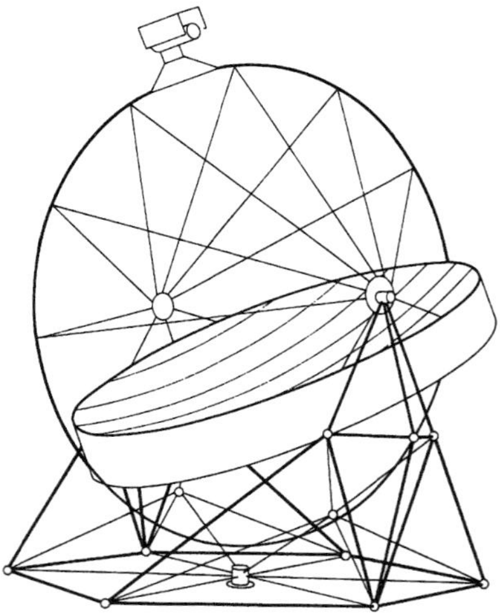

Abb. 71:
Dish-Stirling System von Schlaich & Partner

Technische Daten (Einstrahlung 1000 W/m²):

Konzentratordurchmesser	17 m
verfügbare therm. Leistung	142,6 kW
elektrische Leistung	54,5 kW
Netto-Netzeinspeisung	52,5 kW
Konzentratorwirkungsgrad	78,7 %
Receiververlust	36 kW
Stirling-Wirkungsgrad	42%
Generator-Wirkungsgrad	91%
Gesamtwirkungsgrad	15 - 18%

Abb. 72:
Dish Stirling System von Sunmachine.
Photo: Sunmachine

Schlaich & Partner. Bei dieser Anlage wurde ein Stirlingmotor vom Typ 4-275 von USAB eingebaut.
Ein neuartiges, hybrides Solar-Dish System, mit einem 4 m-Spiegel aus freitragenden, dreidimensional gebogenen Glasspiegelsegmenten und einer Leistung von 2,5 kW_{el} ist seit 1997 von Sunmachine entwickelt worden. Es ist möglich, dieses System rein solar zu betreiben, oder je nach Einstrahlung im Bereich von 0 - 100% mit einem Gasbrenner zuzuheizen. Dadurch ist das System rund um die Uhr und unabhängig von der Witterung zur Stromerzeugung einsatzbereit (Abb. 72).
Die BSR Solar Technologies entwickelte ein Solarkraftwerk das 24 Stunden am Tag elektrischen Strom aus Solarenergie erzeugen kann. Möglich ist dies mit der Mitteltemperatur-Stirlingmaschine Sunpulse (vgl. Seite 81, Kap 4.6 und Seite 166, Kap. 9.4), und einem thermochemischen Speicher. Der Erhitzer des Stirlingmotors wird bei Bedarf mit der Absorptionswärme des MgH_2 Speichers auf ca. 400°C erwärmt.

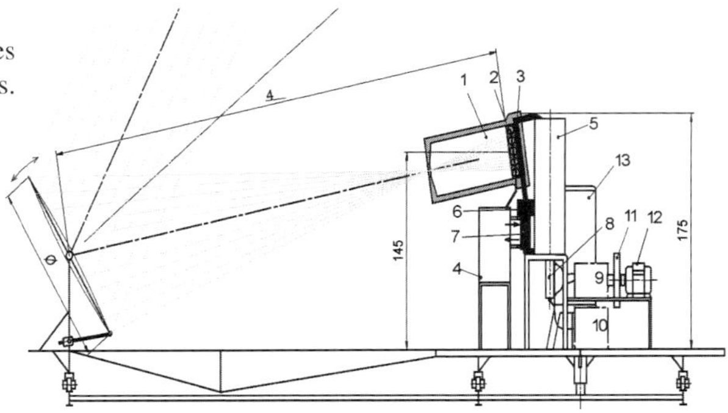

Abb. 73
Schematische Darstellung des 24-Stunden-Solarkraftwerkes.
Grafik: BSR Solar Technologies
1) Wärme-Falle
2) Hochtemperatur-Wärmespeicher
3) Wärmetauscher
4) Niedertemperatur-Wasserstoffspeicher
5) Stirlingmotor
6) Regenerator
7) Kühlsystem
8) Kompressor
9) Hydraulik-Block
10) Verdrängerantrieb
11) Schwungrad
12) Druckbehälter

Abb. 74:
Prototyp eines solaren Stirlingmotors mit thermochemischem Speicher
Photo: BSR Solar Technologies

4.5 Abwärmenutzung

Abwärme
Oft bleibt Abwärme ungenutzt. Zu beachten ist allerdings: Je geringer der Temperaturunterschied zwischen Wärmequelle und Umgebung ist, desto geringer ist der erzielbare Wirkungsgrad (siehe Carnot-Prozess, Seite 22 und Kap 9.5). Um hier eine sinnvolle Nutzung zu erreichen, muss die Energiebilanz genau betrachtet werden.

Beispiel: Hochofenabwärme
STM Power hat eine Anlage realisiert, bei der die industrielle Abwärme eines Hochofens zum Betrieb des STM 4-120 genutzt wird. Generell sind Energienutzungskaskaden vorstellbar, da Stirlingmotoren über einen breiten Temperaturbereich einsetzbar sind (Hoch-, Mittel-, Niedertemperatur-Stirlingmotoren).

4.6 Energie aus Niedertemperaturwärme

Die Stirlingmaschine ist in der Lage, aus Niedertemperaturwärme noch Nutzenergie zu erzeugen, in einem Maße wie keine andere Maschine dazu fähig ist. Die Weltrekordmaschine hat Prof. J. Senft (USA) gebaut: Sie läuft mit einem Temperaturunterschied von 0,7 Kelvin (s. Abb. 75). Der Niedertemperatur-Solar-Stirlingmotor von Herrn Weber aus Nürnberg (siehe Abb. 81) läuft bereits bei Temperaturdifferenzen von 7 K an. Der thermische Wirkungsgrad wird allerdings mit abnehmender Temperaturdifferenz immer kleiner. Vielfach ist jedoch die Verfügbarkeit, besonders in Entwicklungsländern, gegenüber dem Wirkungsgrad das wichtigere Kriterium.

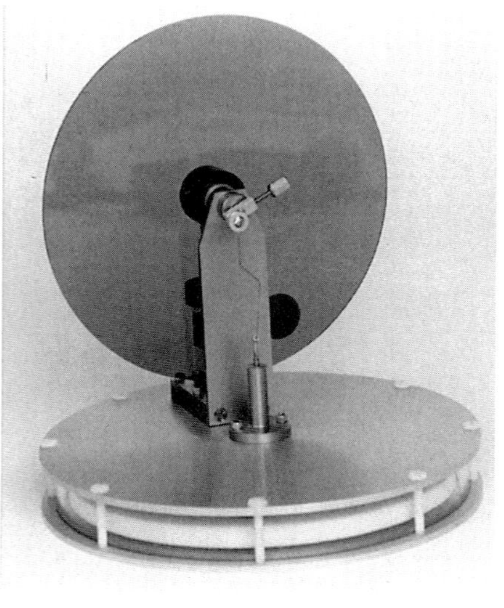

Damit sind viele Anwendungen denkbar, wie zum Beispiel die Energierückgewinnung aus Abwärme. Auch könnte Erdwärme dort, wo sich eine Großanlage nicht rentiert, noch sinnvoll genutzt werden. Ebenso sind Solaranlagen zur Stromerzeugung mit Wasser als Wärmeträger denkbar.
Seit vielen Jahren beschäftigt sich Hans-Josef Janetzko mit Niedertemperaturmaschinen. Er hat neben eigenen Prototypen auch die ersten Modelle des Sunwell, entwickelt von HTC in Schwerte, erworben.

Abb. 75:
Der Niedrigsttemperatur-Stirling N-92 von J. Senft. Photo: J. Senft

Abb. 76:
Prototypen des Sunwell von HTC.
Photo: H.-J. Janetzko

Abb.77:
Schematische Darstellung des Solar Power Village in Tamera. Grafik: BSR

1 Nahrung aus dem Gewächshaus
2 Heißölspeicher
3 Küche
4 Niedertemperatur-Stirlingmotor über Nr. 2 betrieben
5 Direkt solar betriebener NT-Stirlingmotor Sunpulse als Wasserpumpe
6 Wasserentkeimung
7 Wasserspeicher

Abb. 78 *(unten links)*
Sunpulse E 1kW
Grafik: BSR

Abb. 79 *(unten rechts)*
Der Solarstirling von Jameela Designs, UK

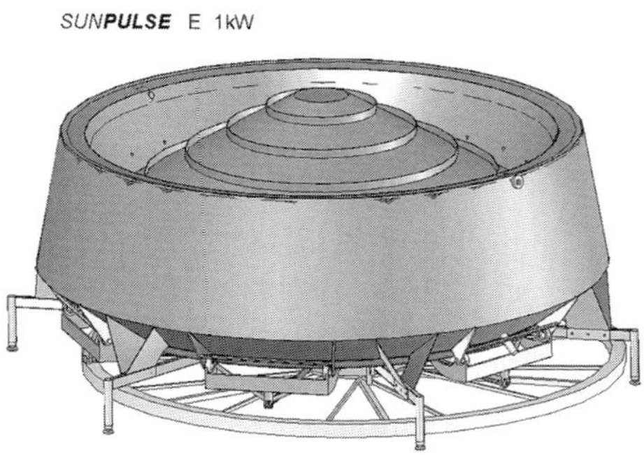

In der Firma BSR Solar Technologies in Lörrach betreibt seit 10 Jahren Bernd Johannhörster intensive Entwicklungsarbeiten an Niedertemperaturmaschinen. Ein weiterer Schritt sind Mitteltemperatur-Stirlingmaschinen (> 120°C bis ca. 300°C), deren Entwicklungsgeschichte gerade begonnen hat.
Die weiteren Schritte gehen in Richtung kompakterer, leistungsfähiger Maschinen, um Strom zu erzeugen. Anstatt eines integrierten Flachkollektors haben die neuen Stirlingmotoren Lamellenwärmetauscher, die durch ein Wärmeträgerfluid auf über 150°C erwärmt werden. Bei ähnlichen Geometrien wie in Abb. 73 und 74 dargestellt, werden die Maschinen 1 kW bei 12% Wirkungsgrad erreichen. In Kombination mit einem Wärmespeicher kann die Anlage bei Bedarf rund um die Uhr betrieben werden.

"Solar power village"
Im Süden Portugals liegt Tamera. Dort entsteht ein Ökodorf mit reneneratíver Energieversorgung. Eine Komponente in dem Gesamtkonzept ist ein Niedertemperatur-Stirlingmotor (Nr. 5) in der Abb. 77 zum Antrieb der Wasserpumpe (Nr. 6).
Näheres siehe http://www.tamera.org/index.php?id=131 oder www.sunvention.com

Abb. 80:
Solarskulptur Sunwash des Künstlers Oliver Hein im Stadtpark Burghausen.
Photo: O. Hein

Maße: 3,10 m hoch
Menge Silikonöl: 820 Liter
Schwingungsfrequenz der Arbeitssäule: 0,4 Hz
Dieser Stirlingmotor kann jederzeit besichtigt werden. Bei Sonnenschein lässt sich das Funktionsprinzip sehr gut studieren.

Abb. 81:
Einer der ersten Solar-Stirlingmotoren von E. Weber für geringe Temperaturdifferenzen (z.B. Sunwell 100).
Zu sehen ist der große mechanische Aufwand.
Photo: E. Weber

Abb. 82:
Prototyp eines Solar-Stirlingmotors von E. Weber auf der Basis von schwingenden Wassersäulen. Ein Schwungrad ist hier nicht erforderlich, um eine Wasserpumpe zu bauen. Dieser Prototyp ist fertig entwickelt und kann in Serie gebaut werden.
Photo: E. Weber

Abb. 83:
Sunpulse®, Niedertemperatur-Stirlingmaschine als Wasserpumpe.
Photo:
BSR Solar Technologies

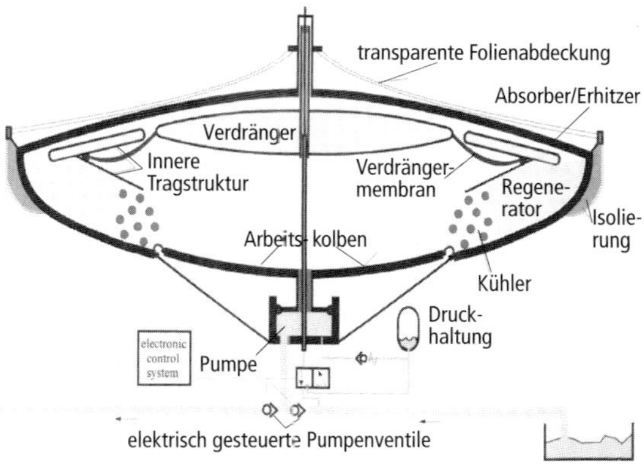

Abb. 84:
Der Sunpulse® von BSR zum Wasserpumpen (Schnittbild).
Photo:
BSR Solar Technologies

Solarskulptur Sunwash von Oliver Hein
Im Sommer 2004 wurde im Stadtpark von Burghausen (Bayern) der gläserne Niedertemperatur-Stirlingmotor von dem Künstler Oliver Hein in Betrieb genommen. Über Röhrenkollektoren wird die Wärme in den Arbeitsraum eingebracht (siehe Abb. 80). Flüssigkeitssäulen beginnen, zu schwingen. O.Hein entwickelte zusammen mit Stirling-Spezialisten diese "Liquid Piston"-Technik nach Colin D. West weiter. Als Arbeitsmedium wird Silikonöl verwendet, das sich nicht verfärbt und bei tiefen Temperaturen nicht gefriert.

4.7 Thermische Energiespeicher (TES)

Jedes Material, das Wärme für eine akzeptable Zeit speichert und auch hinreichend schnell wieder abgeben kann, ist als Medium für einen thermischen Energiespeicher geeignet. Die Speicher-Temperatur für solche Energiespeicher, die auch als Wärmeakku oder als Thermikbatterie bezeichnet werden, sollte nach Möglichkeit zwischen 600 und 1000°C liegen. Abb. 85 zeigt schematisch einige Möglichkeiten der Energieumwandlung mit Speicher und Stirlingmotor. Bei den thermischen Energiespeichern unterscheidet man Latentwärmespeicher (Aggregatzustand und Volumen ändern sich) und Wärmespeicher, bei denen sich nur die Temperatur ändert.

Elektrische Erhitzung	→		→	Stirling-	→	Nutzenergie-
Solare Erwärmung	→	TES	←	maschine	←	abgabe
Verbrennung	→					

Abb. 85: Kopplung von Stirlingmotoren mit thermischen Energiespeichern und -quellen.

Wünschenswerte Eigenschaften von thermischen Energiespeichern:

- hohe spezifische Wärmekapazität und Energiedichte,
- chemische Stabilität,
- metallurgische Kompatibilität mit verfügbaren Containermaterialien,
- geringe Toxizität und Unbrennbarkeit,
- gute Verfügbarkeit und niedriger Preis.
- hoher Ladewechselwirkungsgrad (das ist das Verhältnis von nutzbarer Wärme zu zugeladener Wärme beim Ladungswechsel).

Unter diesen Gesichtspunkten wurden einige Speichermaterialien untersucht. Einen praktischen Versuch startete GM in den 60er Jahren mit einem 10-Jahres-Test einer TES-Stirling Kombination und verglich die Ergebnisse mit denen eines Batterie-elektrischen Antriebssystems in einem Stadtbus. Das Speichermaterial war Aluminiumoxyd. Tabelle 5 nennt einige Ergebnisse dieses Systemvergleichs.
Ferner entwickelte General Motors ein Antriebssystem für U-Boote. Als Speicher fungierte ein Behälter mit Lithium-Salz, in den die Erhitzerrohre direkt eingelassen waren.

	TES-Stirling System	Batterie-elektrisches System	Verhältnis TES/Batterie
Reichweite (km)	75	75	1
Antriebssystem Masse (kg)	4.301	16.430	0,26
Antriebsystem Volumen (m^3)	2,52	7,65	0,33
Gesamtgewicht (kg)	15.185	27.315	0,56

Tabelle 5: Stadtbus Charakteristik (Angabe GM)

Material	Volumen (l)	relativ zu LiF	Masse (kg)	relativ zu LiF
Lithiumfluorid	0,87	-	1,56	-
Lithiumhydrid	0,89	1,02	0,48	0,31
Lithiumhydroxid	0,76	0,87	1,11	0,71
Silber-Zink Batterie	7,62	8,76	16,0	10,26

Tabelle 6: Energiespeicherdaten nach G. T. Reader

Zusammenfassend lässt sich feststellen, dass diese Art einer Sekundärwärmequelle für einige Anwendungen hevorragend geeignet ist, aber nur wenig Vorteile gegenüber fossilen Treibstoffsystemen hat. Auch ist hier noch erhebliche Entwicklungsarbeit zu bewältigen.

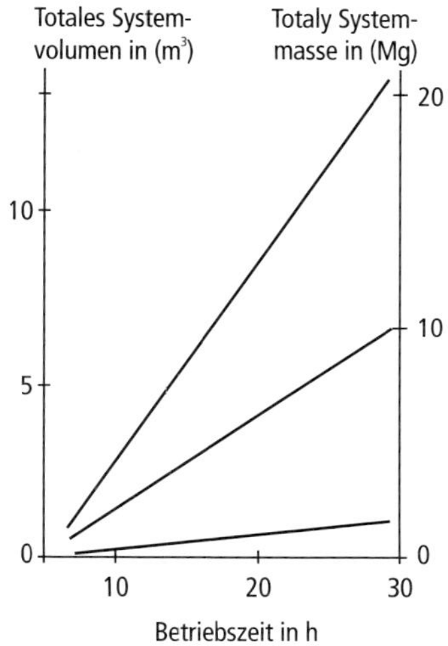

Abb. 86: Vorausberechnungen eines TES-Stirling-Systems von General Motors. (nach G.T. Reader)

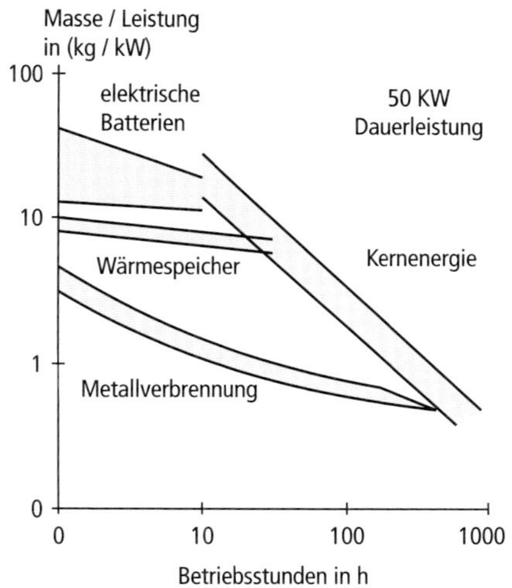

Abb. 87: Vergleich verschiedener Speicherarten für einen 50 kW-Motor im U-Boot-Betrieb (nach G.T. Reader).

4.8 Thermochemische Speicher

Diese Speicher lassen sich mit den thermischen Energiespeichern (TES) vergleichen. Sehr vielversprechend erscheinen die von der BASF entwickelten Magnesiumhydridspeicher (MgH). Bei diesen neuen Speichern wird Wasserstoff je nach Ladungsniveau zwischen der Nieder- und Hochtemperaturspeichereinheit verschoben. Es wurde bereits mit einem Verbund aus Stirlingmotoren und MgH-Speichern experimentiert. Der Vorteil dieser Speichertechnik liegt im Gegensatz zu den TES in der fast verlustfreien Speicherung der Wärme in Form von chemischer Energie. Nachteilig sind die Verfügbarkeit des Materials und der Preis.

4.9 Energie aus radioaktiven Isotopen

Für einige Einsatzgebiete (Hochseebojen, Unterwasseranlagen und Raumfahrt) wird auch der Einsatz von Atomenergie erwogen. Auf diesem Gebiet laufen seit vielen Jahren intensive Forschungsvorhaben.
Bei der Entwicklung eines künstlichen Herzens wurde Plutonium 238 verwendet. Für einen thermomechanischen Generator eines wartungsfreien Langzeiteinsatzes in Hochseebojen wurde das Radioisotop Strontium 90 vorgesehen. Gegenwärtig werden aus Gründen der Sicherheit und der Sozialverträglichkeit Radioisotope als Wärmequelle für Stirlingmotoren nur in den Bereichen Militär und Raumfahrt benutzt und angeboten.

4.10 Metallverbrennung

Bei der Metallverbrennung wird ein Alkalimetall (Lithium oder Natrium) als Kraftstoff eingesetzt, das mit Seewasser (auch unter Luftabschluss) oxidiert wird. Die entstehende Wärme treibt den Stirlingmotor an. Diese Wärmequelle wird meist dann angewendet, wenn die Konstruktionsvorgaben in erster Linie geringe Emission und Verzicht auf fossile Kraftstoffe, aber auch eine längere Betriebszeit verlangen.
Falls kein Seewasser zur Verfügung steht, kann das Metall auch mit anderen Oxidantien verbrannt werden. Dafür wird meist eine Mischung von Lithium und Schwefelhexafluorid (SF_6) verwendet, die eine sehr hohe Reaktionsentalphie ohne die unerwünschten großen Abgasvolumen liefert. Allerdings gibt es, wie bei Lithiumsalz als thermischem Energiespeicher, ein Container-Materialproblem. Lithium ist in flüssiger Form bei 800°C, wie es eine Stirlingmaschine fordert, äußerst korrosiv. Dafür muss eine spezielle Stahl-Nickel-Legierung (rostfreier Stahl) benutzt werden. Erste positive Versuchsergebnisse lassen eine breite Anwendung möglich erscheinen. Allerdings ist die Metallverbrennung ökologisch sehr bedenklich (wg. Entstehung von Sondermüll).

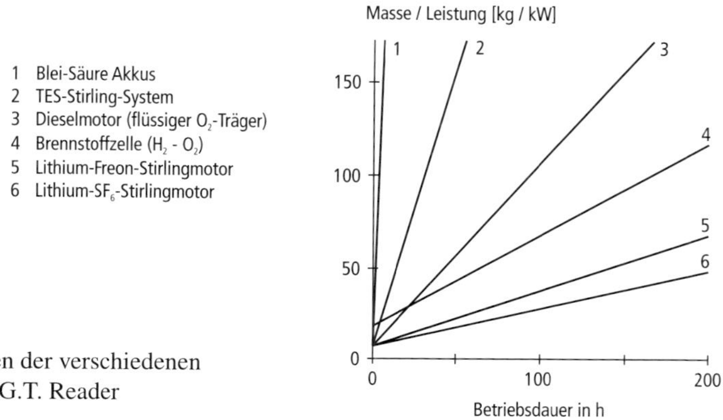

Abb. 88:
Gegenüberstellungen der verschiedenen Speicherarten nach G.T. Reader

1 SF-Speicher (SF ist flüssig)
2 Wärmetauscher
3 Natriumdampfleitung
4 U-Boot-Rumpf
5 Natrium-Kondensator
6 Stirlingmotor
7 Abtriebswelle
8 Reaktorkessel mit festem Lithium
9 Flüssigmetallpumpe
10 Erhitzerrohre des Stirlingmotors

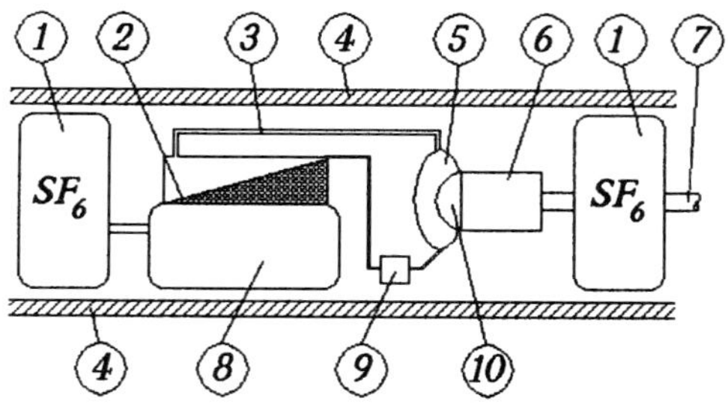

Abb. 89:
Anordnung eines Metallverbrennungssystems, entwickelt von GM für einen U-Boot-Antrieb.

Die chemische Reaktionsformel lautet:

$$8\ Li + SF_6 \rightarrow 6\ LiF + Li_2S + \text{Wärme}$$

Bei einem Schnellstart konnte mit diesem System innerhalb einer Sekunde eine Temperatur von 700°C im Reaktorkessel erreicht werden. Die Verbrennungsprodukte sind ebenfalls Schmelzflüssigkeiten, die zum Vorteil der meisten Anwendungen das gleiche Volumen wie der Brennstoff einnehmen.

5 Allgemeine Probleme der technischen Realisierung

Im 19. Jahrhundert wurde die Heißluftmaschine aufgrund damals unlösbarer Probleme bzw. mangels geeigneter Techniken und Materialien von Verbrennungs- und Elektromotoren immer mehr verdrängt. Die entscheidenden Probleme, über die man damals nicht hinweg kam, waren die Abdichtung von trockener heißer Luft und die Vermeidung des Durchbrennens der Feuertöpfe (Zylinder auf der heißen Seite).
Inzwischen sind neue Ideen und Werkstoffe verfügbar, mit denen es möglich ist, wirtschaftlich arbeitende Stirlingmaschinen zu bauen. Trotz allem sind die typischen Probleme, die bei der Konstruktion dieser Maschinen bzw. bei der Realisierung des Stirlingprozesses auftreten, teilweise noch immer vorhanden.

5.1 Dichtungen

Die Dichtelemente haben die Aufgabe, zu verhindern, dass einerseits das unter höherem Druck stehende Arbeitsgas entweicht und andererseits das Schmieröl in den Arbeitsraum gelangt, wo es die Wärmetauscher verschmutzen würde. Zudem müssen die Arbeitsräume getrennt und die Maschine nach außen abgedichtet werden. Für die verschiedenen Aufgaben sind entsprechend verschiedene Dichtungen zuständig.

5.1.1 Kolbenstangendichtung

Bei Motoren kleinerer Leistung entspricht im allgemeinen der Druck im Kurbelgehäuse dem minimalen Arbeitsgasdruck. Da bei niedrigen Leistungen auch die Druckdifferenzen nicht zu groß werden, ist die Abdichtung zwischen Kurbel- und Arbeitsraum nicht sehr problematisch. Bei Motoren größerer Leistung sind die Arbeitsdrücke sehr hoch (bis 200 bar); ein Kurbelgehäuse, das unter so hohem Druck steht, würde eine sehr große und schwere Bauweise notwendig machen. Deshalb wird hier der Arbeitsraum gegen Atmosphärendruck abgedichtet.
Man unterscheidet bei kinematischen Maschinen zwischen zwei Dichtungsgrundformen:

Die Rollsockendichtung
Sie besteht aus einer gummiähnlichen Membran aus Polyurethan- oder Viton-Gummi. Da diese Rollsocke selbst keine großen Druckdifferenzen aufnehmen kann, befindet sich auf der Unterseite Stützöl, das dafür sorgt, dass Druckdifferenzen von weniger als 4,5 bar auftreten. Der Druck des Stützöls wird über ein Regelventil geregelt. Ein Pumpring pumpt das Lecköl nach. Diese Lösung hat aber den Nachteil, dass die Dichtlei-

stung im Stillstand noch nicht beherscht wird. Angaben über die Lebensdauer einer Rollsockendichtung reichen von 5.849 h bei 40°C (GM) bis 25.000 h bei 25°C (Philips).
Ein Bruch der Rollsocke hätte zur Folge, dass der Arbeitsraum mit Öl verschmutzt. Alle Wärmetauscher (Erhitzer, Kühler und Regenerator) müssten danach vollständig gesäubert werden, um ihre Leistungsfähigkeit wiederherzustellen. Trotz intensiver Entwicklungsarbeit liegen noch keine befriedigenden Ergebnisse vor.

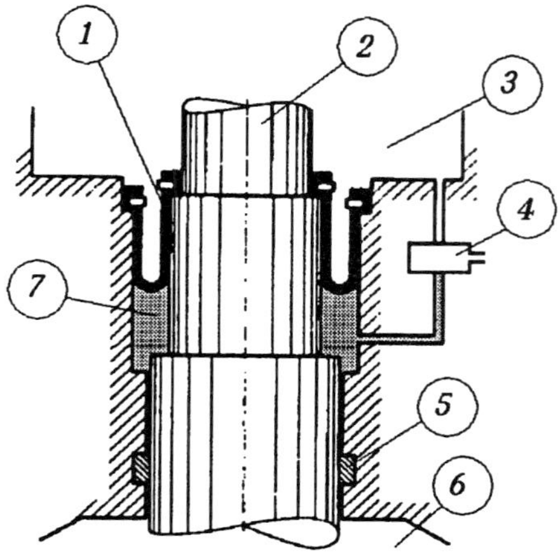

Abb. 90: Die Rollsockendichtung.

1 Rollsockendichtung
2 Kolbenstange
3 Arbeitsgas
4 Regelventil
5 Pumpring
6 Kurbelgehäuse
7 Stützöl

Gleitdichtungen
Hierbei handelt es sich um ein Dichtungssystem, das aus mehreren Einzeldichtungen aufgebaut ist. Das Problem besteht darin, einen Kompromiss zwischen guter Abdichtung einerseits und möglichst geringen Reibungsverlusten andererseits zu finden.
Die Dichtungssysteme bestehen meist aus einer O-Ring-Dichtung und einem Ölabstreifring. Es sind hier sehr viele Dichtungskombinationen möglich (z.B. Gleitring mit Rollsocke). Ein weiteres Problem der Gleitdichtungen ist die Leckage von Arbeitsgas, insbesondere von Wasserstoff. Daher ist besonders bei Wasserstoff ein Arbeitsgas-Nachfüllbehälter erforderlich.
Erschwerend bei der Konzeption von Dichtungssystemen ist der Umstand, dass der genaue Mechanismus ölgeschmierter Dichtungen bis heute nicht vollständig beschrieben werden kann und dadurch praktische Versuche unumgänglich sind.

5.1.2 Kolbendichtungen

Diese müssen in erster Linie den Expansions- vom Kompressions- bzw. vom Pufferraum trennen und dürfen nur geringe Reibungsverluste erzeugen. Die Kolbendichtungen müssen trocken laufen, weil Öl in den Arbeitsräumen die Wärmetauscher ver-

schmutzen würde. Mögliche Dichtungen sind Labyrinth-, Grauguss-, Kunststoff- und Keramikringe.
Neben der Verschleißfestigkeit muss bei der Konzeption und Materialwahl der Dichtung auch der Wärmeübergang zwischen Kolben und Zylinder berücksichtigt werden, ebenso wie die Stärke der Kolbenseitenkräfte.

5.1.3 Abdichtung von Freikolbenmotoren

Diese Motoren besitzen meist keine mechanische Verbindung nach außen und können somit hermetisch abgedichtet werden. Auch sind die Seitenkräfte der Kolben in der Regel nur sehr gering. Damit bereitet die Abdichtung von Freikolbenmaschinen nach außen technisch kaum Probleme.

5.2 Arbeitsdruck

Die Leistungsabgabe ist proportional zu den Druckunterschieden beim Durchlaufen des Kreisprozesses. Außerdem ist bei höheren Drücken der Wärmeübergang Wand - Gas bzw. Gas - Wand besser.
Daher wird, um größere Leistungen zu erreichen, der Druck des Arbeitsmediums erhöht. Mit einer Druckregelung kann damit z.B. auch eine Leistungsregelung erfolgen. Der relativ zum Umgebungsdruck hohe Arbeitsdruck (bis 250 bar) erfordert besondere konstruktive Maßnahmen zur Abdichtung nach außen.

5.3 Wärmetauscher

Im Stirlingmotor kommen im allgemeinen drei Arten von Wärmetauschern zum Einsatz. Der Erhitzer, der Regenerator und der Kühler unterliegen zwar meist dem gleichen Druck, aber nicht den gleichen Temperaturbelastungen.

1. Der Erhitzer
Die Leistung eines Stirlingmotors ist proportional zur Stärke des zugeführten Wärmestroms:

$$Q = U \cdot \Delta T \quad \text{mit}$$

Q spezifischer Wärmestrom (Wärmestromdichte) in W/m^2
ΔT Temperaturdifferenz in K und
U Wärmedurchgangszahl in $W/(m^2 K)$,

wobei die Wärmedurchgangszahl U durch die Leitfähigkeit des Materials und die beiden Wärmeübergänge, im allgemeinen Konvektionen (Konvektion = Wärmeübertragung an strömendes Fluid) beeinflusst wird:

$U = 1/(1/\alpha_1 + d/\lambda + 1/\alpha_2)$

mit

$\alpha_{1,2}$ Wärmeübergangszahl in $W/(m^2 K)$
d Wanddicke in m und
λ Wärmeleitfähigkeit in $W/(m \cdot K)$

Beispiel: $\lambda = 40\ W/(m \cdot K)$ (Stahl legiert bei 750 °C); $d = 0{,}005\ m$;
$\alpha_1 = 60\ W/(m^2 \cdot K)$; $\alpha_2 = 90\ W/(m^2 \cdot K)$;
$T_{Flamme} = 800°C$ $T_{Expansionsraum} = 700\ °C$

$$U = 1/(1/60 + 0{,}005/40 + 1/80) = 34{,}139\ W/(m^2 \cdot K)$$

$$Q = U \cdot \Delta T = 34{,}139 \cdot (800 - 700) = 3414\ W/m^2$$

Ergebnis: Die Wärmestromdichte $Q = 3414\ W/m^2$ bedeutet, dass unter den oben genannten Voraussetzungen durch eine Fläche von 1 m^2 eine Wärmemenge von 3,4 kW übertragen werden kann bzw. dass ein Motor in der Größenordnung von 3 kW eine Erhitzeroberfläche von mindestens 1 m^2 haben muss.

Dieses Ergebnis gilt nur in der Näherung, denn die Krümmungen der Zylinderwand und der Rohre wurden hier nicht berücksichtigt (außen ist mehr Fläche als innen).

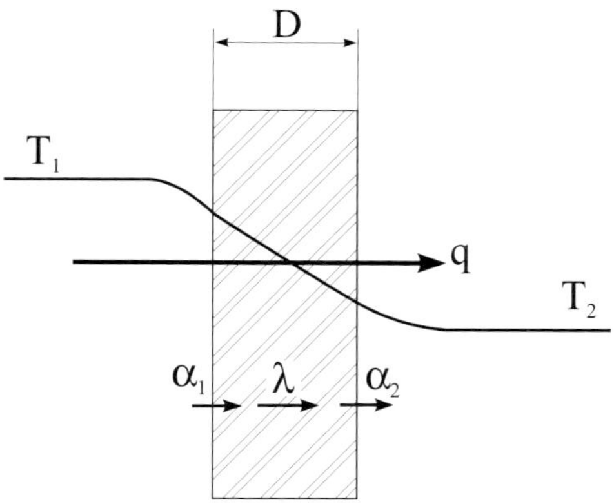

Abb. 91:
Zweifacher konvektiver Wärmeübergang Gas-Wand und Wand-Gas beim Wärmestrom durch eine Wand.

Die Grenzen der Wandtemperatur sind durch die Temperatur der Energiequelle und durch die Materialbelastbarkeit gegeben.
Die Wärmeleitfähigkeit λ nimmt mit zunehmender Materialtemperatur ab.
Zu dem konvektiv an das Arbeitsgas übertragenen Wärmestrom, wie er mit obiger Formel beschrieben wird, kommt noch ein geringer Anteil an Wärmestrahlung.

Um größere Leistungen zu übertragen, werden höchste Ansprüche an das Wärmetauschermaterial gestellt. Ein großer Wärmestrom wird häufig durch Erhitzerröhren aus legierten Stählen (z.B. X 12 55 CrCoNi 2120) realisiert, wobei darauf geachtet werden muss, die Toträume so klein wie möglich zu halten.
Die Brenner und Wärmetauscher machen derzeit ca. 50% der Gesamtkosten moderner Stirlingmotoren aus. Eine Senkung der Kosten und die Erhöhung der Arbeitsgastemperaturen wird von Keramikmaterialien erwartet.
Eine weitere Möglichkeit der Wärmeübertragung in den Expansionsraum bietet das Wärmerohr. Ein Wärmerohr nutzt im allgemeinen die Verdampfungswärme einer Flüssigkeit; dabei wird an einem Ende des Rohres (wo die Wärme zugeführt wird) ein Stoff (häufig Natrium) bei 650 - 1250°C verdampft, der am anderen Ende die Wärme durch Kondensation wieder freisetzt.

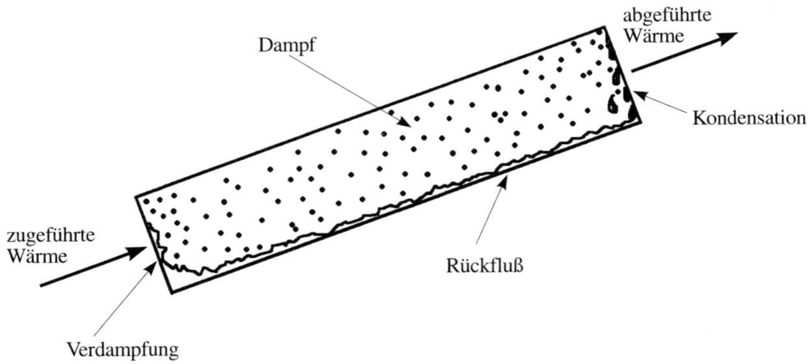

Abb. 92: Funktionsprinzip eines Wärmerohrs (Heat-Pipe).

2. Der Regenerator

Beim Regenerator sind die Funktionen Heizen und Kühlen zeitlich getrennt. Er besteht aus einem porösen oder faserigen Material, das in der Lage ist, ohne große Strömungsverluste schnell und viel Wärme zu speichern und genauso schnell wieder abzugeben. Ohne Regenerator müsste der Erhitzer die vier- bis fünffache Wärmelast zusätzlich zu- und der Kühler dieselbe wieder abführen (siehe auch: Kap. 7.3: Arbeiten der University of Canterbury, NZ).
Um auf das oben aufgeführte Beispiel zurückzukommen: Ohne Regenerator stünden nur 0,8 kW Leistung zur Umwandlung in mechanische Arbeit zu Verfügung, obwohl 3,4 kW zugeführt würden.
Die erreichbaren Regeneratorwirkungsgrade liegen zwischen 90 - 99%.

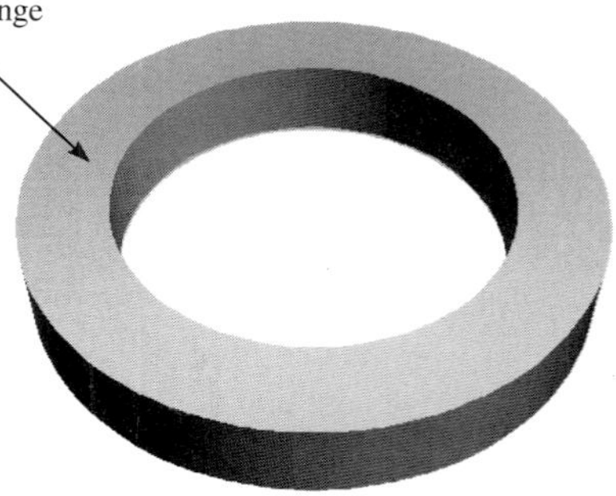

Abb. 93:
Beispiel einer
Regeneratorausführung.

5.3.3 Der Kühler

Für ihn gelten im Prinzip die gleichen Strömungs- und Wärmeübergangsbedingungen wie beim Erhitzer, nur bei einer bedeutend niedrigeren Temperatur. Es kann daher im Vergleich zum Erhitzer auf weniger hochwertige Materialien zurückgegriffen werden. Beim Stirlingmotor wird im Vergleich zum Dieselmotor, der viel Wärme über den Abgasstrom abgibt, etwa die doppelte Wärmemenge im Kühler abgeführt. Daher haben auch die Kühleinrichtungen relativ große Abmessungen und das Abführen der Wärme aus dem Arbeitsgas bereitet oft Probleme, vor allem weil gleichzeitig Toträume vermieden werden müssen.

Motoren niedriger Leistung besitzen meist eine Luft- oder Verdunstungskühlung. Für Leistungsmotoren über 50 W ist eine Wasserkühlung mit ausreichender Strömung (Pumpe) angebracht.

5.4 Arbeitsmedium

Im Stirlingmotor werden zumeist Luft, Helium, Stickstoff oder Wasserstoff als gasförmige, aber fast nie Wasser oder Wassergemische als flüssige Arbeitsmedien eingesetzt.

Auswahlkriterien sind:

- Kosten, Verfügbarkeit und Wirtschaftlichkeit,
- Sicherheit während und außerhalb des Betriebes,
- Anwendungsgebiet und Leistungsdichte des Motors.

Gewünscht sind:

- eine hohe spezifische Wärmekapazität,
- niedrige Dichte und Viskosität zur Verminderung der Strömungsverluste,
- hohe Wärmeleit- und Wärmeübertragungsfähigkeit, um viel Wärme umzusetzen.

1. Luft

Luft (79% Stickstoff, 20% Sauerstoff) ist das billigste Gas und wird heutzutage nur noch bei Motoren mit relativ kleinen Leistungen (bis 1000 W) und Drehzahlen verwendet. Diese Motoren können sehr einfach mit geringem Kosten- und Materialaufwand gebaut und gewartet werden.

2. Stickstoff

Die Stoffeigenschaften von Luft und Stickstoff sind sehr ähnlich. Reiner Stickstoff ist ein nicht reaktives Gas (Inertgas) und nicht korrosiv. Mit einem Molekularsieb lässt sich Stickstoff leicht aus der Umgebungsluft gewinnen und bei Leckagen im Motor ersetzen.

3. Wasserstoff

Wasserstoff ist das Gas, das die oben genannten Forderungen am besten erfüllt und wird daher hauptsächlich in Motoren hoher Leistungsdichte eingesetzt (Hochleistungsmotoren über 50 kW). Wasserstoff hat aber die Nachteile, dass er leicht entflammbar ist, zu Materialversprödung führt (besonders bei hohen Temperaturen) und außerdem durch viele Materialien diffundiert. Dadurch wird die Konstruktion dieser Motoren um ein Vielfaches aufwendiger.

4. Helium

Helium wird als Kompromiss zwischen den Vorzügen von Wasserstoff und der Sicherheit von Luft angewendet, ist aber relativ teuer und nicht unbegrenzt verfügbar.

5. Wasser

Wasser als flüssiges Arbeitsmedium zu verwenden, ist mit erheblichen Schwierigkeiten verbunden, da dabei mit großen Drücken zu rechnen ist. Malone konstruierte 1931 drei Maschinen, die mit einem Arbeitsdruck unter 700 bar betrieben wurden. 1993

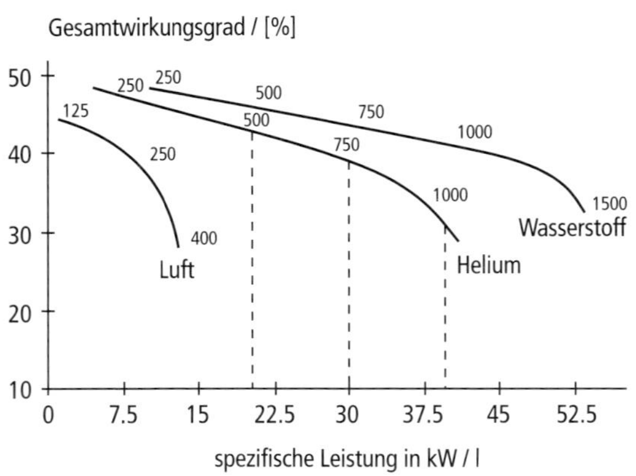

Abb. 94:
Gegenüberstellung der erreichbaren Wirkungsgrade mit verschiedenen Arbeitsmedien. Diese Versuchsergebnisse von Philips wurden an einem Motor mit Rhombengetriebe mit folgenden Daten ermittelt:

- $T_o = 700°C$
- $T_u = 25°C$ (Wassertemperat.)
- 85% Betriebswirkungsgrad
- Leistung P = 165 kW
- Ladedruck p= 110 bar.

wurde auf dem ISEC in Eindhoven von P. Fette ein System mit flüssigem Arbeitsmedium vorgestellt, das im Niedertemperaturbereich arbeitet.
Die Wärmeübertragung funktioniert bei Flüssigkeiten wesentlich besser als bei Gasen.

6. Zusammengesetzte Arbeitsmedien
Laut H. Budliger haben Gasgemische teilweise bessere Eigenschaften als die Reingase. Als Beispiel könnten Helium und Kohlendioxyd gemischt werden. Es entsteht ein Gas mit einem Molgewicht von 12, das sich sehr gut als Arbeitsmedium eignet.
Auch laufen derzeit Versuche, verschiedene Stoffe zu Arbeitsmedien zu kombinieren, die in verschiedenen Aggregatzuständen vorliegen (hierbei wird im Regenerator kondensiert bzw. verdampft).

5.5 Materialien

Ein wirtschaftlicher Erfolg ist beim Stirlingmotor nur dann zu erreichen, wenn die Material- ebenso wie die Dichtungsprobleme gelöst werden. Sehr viele Motorkonstruktionen scheiterten am verwendeten Material, vor allem im 19. Jahrhundert. Die sehr hohen Ansprüche an die Werkstoffe lassen sich erst heute durch den Einsatz von hochwertigen Legierungen und von Keramiken befriedigen. Die Verwendung dieser Materialien ist größtenteils aber noch in der Entwicklung.
Die kritischen Bauteile sind die Wärmetauscher und die Dichtungen, wobei an die Materialien für Erhitzer und Kolbendichtungen die höchsten Anforderungen gestellt werden.

Anforderungen an den Erhitzer:
- Hohe Wärmeleitfähigkeit und hoher Wärmeübergangskoeffizient, um einen kleinen Totraum zu erhalten,
- hohe Temperaturbeständigkeit, um eine höhere Temperaturdifferenz und damit einen besseren Wirkungsgrad für den Kreisprozess ebenso wie für die Verbrennung zu erreichen,
- Verträglichkeit mit dem Arbeitsmedium und den Verbrennungsgasen,
- Druckbeständigkeit.

Anforderungen an die Kolbendichtungen:
- Trockenlauf mit geringem Abrieb und niedrigen Reibungsverlusten,
- geringe axiale Wärmeleitfähigkeit, um zwischen dem heißen und kalten Raum möglichst wenig Wärme ungenutzt zu verlieren,
- große radiale Wärmeleitfähigkeit, um auf der kalten Seite mit weniger Wärmetauscherfläche (Totraum) auszukommen.

Für den Einsatz von Keramik bei Stirlingmotoren ist noch viel Entwicklungsarbeit zu leisten, andererseits sind aber auch sehr überzeugende Ergebnisse zu erwarten.

5.6 Temperatur- und Leistungsregelung

Der Wärmeübergang vom Verbrennungs- zum Arbeitsgas durch den Erhitzerkopf ist ein relativ träger Vorgang, der für schnelle Leistungsänderung ungeeignet ist. Zudem wird eine konstante Erhitzertemperatur angestrebt, um auch bei Teillasten einen hohen Motorwirkungsgrad zu erreichen. Die Leistung wird am häufigsten mit Hilfe der Mitteldruck- oder der Totraumänderung gesteuert.

Temperaturregelung
Die Temperaturkontrollsysteme der regelbaren Stirlingmaschinen sind grundsätzlich ähnlich und fast bei allen Bauformen vorhanden, um trotz des unterschiedlichen Wärmestromes die Temperatur im Erhitzer auf dem gleichen Niveau zu halten. Hierzu wird der Luft- und Brennstoffstrom reguliert. Dabei befindet sich ein Temperaturfühler im Erhitzer, in dessen Abhängigkeit ein Kontroll- und Regelsystem die zugeführte Brenngemischmenge bestimmt.

Leistungsregelung durch Mitteldruckänderung
Die Leistungsabgabe ist direkt proportional zum mittleren Druck des Arbeitsgases. Für die Leistungsregelung sind eine pneumatische Regeleinrichtung, Ventile, ein Vorratsbehälter bzw. Speicher und meistens auch ein Kompressor notwendig. Damit kann vom Leerlauf innerhalb ca. 20 - 30 Sekunden auf Vollast gefahren werden (Bei einer Kurzschlussschaltung, die meist eingebaut ist, wurden sogar bis zu 0,3 s erreicht.) Der Nachteil dieser Regelung ist der relativ zu anderen Einrichtungen große Aufwand.

Leistungsregelung durch Totraumänderung
Durch Variation der Totraumgröße kann die Druckamplitude verändert werden (bei gleichem Mitteldruck). Ausgeführt wurden bisher nur stufenweise Leistungsänderungen durch Zuschalten von weiteren Räumen. Es wäre aber auch eine stufenlose Totraumveränderung denkbar. Die Nachteile dieser Regelung sind die schweren Motorausführungen.

Leistungsregelung durch Änderung des Phasenwinkels
Durch spezielle Getriebe kann der Phasenwinkel zwischen dem Verdränger- und dem Arbeitskolben stufenlos und schnell von 0 bis 360° verschoben werden. Wird der Winkel größer als 180°, so ändert der Kreisprozess seine Drehrichtung und der Motor wird zur Wärmepumpe, wobei der Wärmefluss vom Kühlwasser in Richtung des Erhitzers fließt. Leider sind relativ komplizierte und somit teure Getriebe die Voraussetzung für eine solche Regelung. Diese Art der Leistungsregelung kann nicht für doppeltwirkende Motoren verwendet werden.

Leistungsregelung durch Änderung des Kolbenhubs
Durch das Verkleinern des Kolbenhubes wird auch das Hubvolumen verkleinert, der relative Totraum vergrößert und damit die Amplitudenhöhe des Druckes (d.h. die Leistung) verringert. Diese Regelart wird von Freikolbenmotoren und Motoren mit regelbarer Schiefscheibe erfolgreich verwendet.

6 Einsatz der Stirlingmaschine (Stand von 2007)

Die Stirlingmotoren finden aufgrund ihrer Vorzüge bereits heute in vielen Bereichen beispielhafte Anwendung. Im Prinzip könnten die meisten Verbrennungsmotoren unter 300 kW pro Zylinder durch Stirlingmaschinen ersetzt werden. Doch hier spielen wirtschaftliche, anwendungsspezifische und emotionale Überlegungen eine große Rolle. Die Schwerpunkte der Entwicklungsarbeiten liegen derzeit in den USA, Japan, Europa und Neuseeland. Die Arbeiten werden von zahlreichen kleinen privaten Firmen, öffentlichen Forschungseinrichtungen, dem Militär und Großkonzernen getragen. Tabelle 7 gibt einen Überblick über den derzeitigen Entwicklungsstand und die Anwendungsbereiche.

Anwendungsbereiche		Entwicklungsstand: Serienmodelle	Vorserienmodelle	Prototypen, Pilotprojekte	praktische Forschung	theoretische Forschung	Studien
Pkw-,Lkw-Antrieb				X			
Schiffsantriebe, Unterseefahrzeuge	bis 250 kW	X					
	Über 250 kW			X			
Lokomotiven							X
Raumfahrt	bis 5 kW	X					
	über 5 kW					X	
Bergbau				X			
Generatorantrieb	bis 15 kW	X	X				
	über 15 kW	(X)	X				
Vuilleumiermaschinen			X				
Einfachmotoren für Entwicklungsländer			X				
künstliches Herz				X			
Kältemaschinen		X					
Modell- und Lehrmotoren	bis 200 W	X					

Tabelle 7: Anwendungsbereiche und Entwicklungsstand der Stirlingmotoren.

6.1 Wärmepumpen und Kaltwassersätze

Legt man den einfachen Stirlingprozess zugrunde, so dient dieser im Rechtslauf als Heißgasmotor und im Linkslauf - von außen angetrieben - als „Wärmemengentransportmaschine". Abb. 95 zeigt vier Betriebsweisen und die zugehörigen p-V-Diagramme der Kreisprozesse.

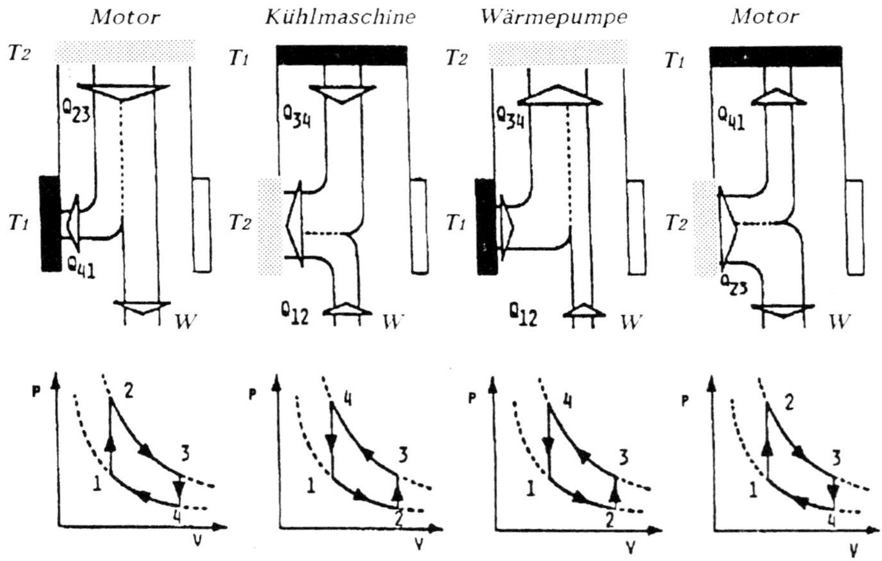

Abb. 95: Zusammenstellung der Einsatzmöglichkeiten der Stirlingmaschine.

6.1.1 Kältemaschinen nach dem Stirlingprozess

Werden die verschiedenen Kälteerzeugungssysteme miteinander verglichen, so erkennt man, dass die Stirling-Kälteerzeuger bisher erst bei Temperaturen unter ca. 170 K (ca. -100°C) sinnvoll eingesetzt werden. Oberhalb dieser Temperatur weisen die Verdampfungskälteanlagen noch die besseren relativen Wirkungsgrade auf.

Die Giffard-Kaltluftmaschine und Maschinen gleichen Typs nutzen einen einfachen physikalischen Grundsatz: Kompression erzeugt Wärme, Expansion erzeugt Kälte. Die erste Kaltluftmaschine wurde 1849 von Gorrie gebaut. Die richtige Entwicklung begann jedoch erst nach 1870 mit dem französischen Ingenieur Giffard.

Diese Maschinen wurden zuerst auf Fischkuttern eingesetzt. 1881 wurden die Schiffe mit Bell-Coleman-Kaltluftmaschinen (4°C) ausgerüstet.

Neuere Untersuchungen zeigen allerdings, dass auch mit Stirlingmaschinen bei Temperaturen von knapp unter 0°C sehr gute Wirkungsgrade erzielbar sind. Angesichts der Umweltschäden durch die FCKW's in herkömmlichen Kältemaschinen könnte sich der Stirlingmaschine dadurch ein neues großes Anwendungsgebiet eröffnen (vgl. Kap. 8.3: Erwartungen)
Die Kälteerzeuger, die bei sehr tiefen Temperaturen (T < 100 K) arbeiten, werden oft auch als Cryogenerator oder Cryocooler bezeichnet. Bereits um 1874 wurde eine derartige Maschine beschrieben, die zehn Jahre arbeitete. Doch zur Bedeutung gelangte diese Art der Kälteerzeugung erst, als Philips das Stirlingkonzept im 20. Jahrhundert wieder aufgriff. 1953 wurde die erste Philips-Stirlingkältemaschine zur Luftverflüssigung vorgestellt.
Inzwischen hat Philips über 3.000 Kälteerzeuger nach dem Stirling-Prinzip in unterschiedlichen Baugrößen verkauft. Diese Anlagen werden in der Industrie, Forschung und Medizin eingesetzt, um Gase zu verflüssigen oder um supraleitende Magneten zu kühlen. Kleinere Anlagen mit einer Kälteleistung von 60 W erreichen Temperaturen bis zu 15 K. Bei einer Verwendung von Erdgas oder Wasserstoff als Automobiltreibstoff werden kleinere und größere Anlagen zur Gasverflüssigung und Kühlung benötigt.
In den USA werden von Firmen wie Texas Instruments (TI), Sunpower oder CTI-Cryogenics kleinere Kälteerzeuger nach dem Stirlingprinzip hergestellt, die z.B. in Nachrichtensatelliten zur Kühlung von Verstärkern oder von Infrarotstrahlungsempfängern eingesetzt werden.

Im folgenden sollen einige Modelle genannt werden:

- Die CM-2 von CTI ist eine γ-Bauart und hat eine Leistung von 1 W bei 80 K und erreicht Temperaturen von 20 K. Dieses Modell wird im System XM-1 für die Erzeugung von Infrarotbildern im Panzer M-60 benutzt. CTI schätzt, dass für die US-Army mehr als 20.000 Maschinen dieser Art hergestellt werden.
- Die CM-4 und CM-5 von CTI sind Hybridmaschinen mit 60 und 30 W Eingangsleistung; sie wiegen 2 bzw. 1,1 kg, benötigen weniger als 10 min. zur Erreichung von 80 K und müssen lediglich alle 500 h überholt werden. Die Kälteleistungen bei 80 K und 25°C Umgebungstemperatur betragen 1 bzw. 0,25 W.
- In Israel arbeiten das Weizmann Institute of Science, die Bar-Ilan Uni und die Ricor Ltd. ebenfalls an kleinen Stirling-Kälteerzeugern. Bei Ricor sind seit 1982 einige hundert Kälteerzeuger als Hybridmaschinen mit einer Kälteleistung von 0,25 W gebaut worden.
- Die Sunpower Inc. hat Duplex-Freikolbenmaschinen, die als Kälteerzeuger arbeiten, im Programm. 1989 entwickelte Sunpower einen Hochleistungs-Cryocooler, der bei einer maximalen Eingangsleistung von 20 kW eine Kälteleistung von 1,5 kW bei 77 K erreicht. Die Lebensdauer liegt bei 100.000 h. Das Gewicht beträgt 350 kg, die Höhe 868 mm und der Durchmesser 660 mm.

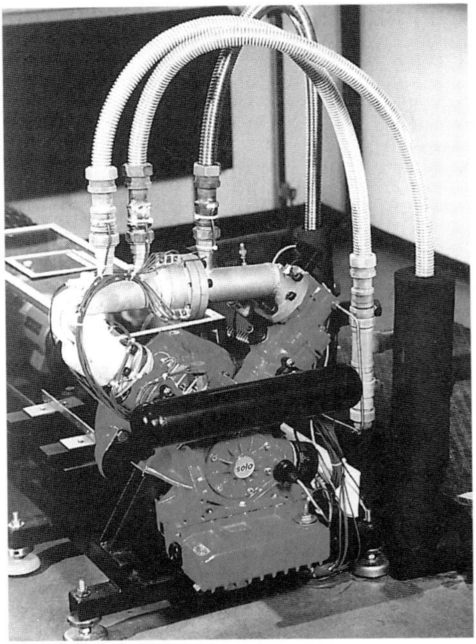

Abb. 96:
Der Solo 161 im Einsatz als Kältemaschine.
Photo: Solo

Abb. 97:
Twinbird TB-40.
Photo: Twinbird

- Die Zusammenarbeit von Sunpower mit Global Cooling auf dem Gebiet eines kleinen Freikolben-Stirlingkühlers mit 40 W führte inzwischen zu ersten in Serie gefertigten Kühlgeräten für Haushaltsgeräte und mobile Anwendungen. Insbesondere im Teillastbetrieb weist der Stirlingkühler deutlich bessere Leistungsziffern als vergleichbare Kompressorgeräte auf. Erhätlich ist u.a. eine energiesparende Kühlbox der Firma Coleman. Hersteller des Stirlingmotors ist der japanische Konzern Twinbird. (Abb. 97)
- An der Universität Essen wurde der Solo 161 als Pilotanlage aufgebaut, um damit Kälte bis –200°C zu erzeugen. Anwendungsmöglichkeiten werden in der Lösemittel-Rekondensation, der Methanverflüssigung und anderen industriellen Nutzungen gesehen.

6.1.2 Stirlingmotor treibt Wärmepumpe an

Die Wärmepumpen werden dabei gewöhnlich mit dem Rankineprozess verwirklicht, wobei diese aus einem Verdichter, einem Kondensator, einer Drossel und einem Verdampfer bestehen, in dessen Kreislauf sich als Kältemittel noch meist eines der umstrittenen FCKW's befindet.

Firma	Leistung in kW	Merkmale
General Electric Co.	$3_{\text{Verdichter}}$ bei 60 bar	Freikolbenmotor
MTI	10_{Heiz}	Freikolbenmotor, Amortisationszeit 3 Jahre
Philips	3_{mech}	γ-Bauart, Heizzahl = 1,5
Philips	$5{,}25_{\text{mech}}$	β-Bauart
Mitsubishi, Toshiba	3_{mech}	
Asin Seiki, Sanyo	30_{mech}	NS 30 A, Taumelscheibentriebwerk, Heizzahl = 1,63
SPS	15_{mech}	V160, α-Bauart

Tabelle 8: Stirlingmotoren, die für den Antrieb von Wärmepumpen konzipiert wurden.

6.1.3 Fremdmotor treibt Stirlingwärmepumpe an

Viele Stirlingkältemaschinen werden von Fremdmotoren angetrieben. Auf diesem Gebiet wird in letzter Zeit wieder verstärkt geforscht und gebaut.
Für den praktischen Einsatz als *Wärmepumpe* ist mir - von Studien abgesehen - keine vergleichbare Ausführung bekannt. Der Grund dafür ist, dass der Rankine-Verdampfungsprozess im Temperaturbereich der Wärmepumpe die höheren Leistungsdichten erreicht.
Der Vorteil einer Stirlingmaschine liegt darin, dass auf chemische Kältemittel völlig verzichtet werden kann.

6.1.4 Stirlingmotor treibt Stirlingwärmepumpe an

Hier könnten auch die im nächsten Kapitel beschriebenen Vuilleumiermaschinen stehen, doch diese Aggregate verdienen einen Sonderstatus.
Ansonsten sind mir lediglich Studien bekannt, die diese Konfiguration mit den Daten einer durch Gas- bzw. Elektromotoren angetriebenen Rankine-Wärmepumpe vergleichen. Tabelle 9 zeigt einige Aspekte aus einem MAN-Forschungsbericht.
Die Aussagen der Tabelle 9 können etwa folgendermaßen zusammengefasst werden:
Der Bauaufwand ist beim Gasmotor mit Rankine-Wärmepumpe in etwa der gleiche wie beim Elektromotor mit Rankine-Wärmepumpe. Beim Stirlingmotor mit Stirling-Wärmepumpe aber größer und beim Freikolben-Stirlingmotor mit Stirling-Wärmepumpe geringer.

Typ	Gasmotor mit Rankine-Wärmepumpe	Stirlingmotor mit Stirling-Wärmepumpe	Elektromotor mit Rankine-Wärmepumpe	Stirlingmotor mit Stirling-Wärmepumpe
Leistungsbereich	100 - 1000 kW		10 - 40 kW	
Bauweise	Verbindung mit der Welle			Freikolben
Bauaufwand	Bezug	größer	Bezug	kleiner
Wartung	Bezug	kleiner	Bezug	kleiner
Umweltbelastung	Bezug	kleiner	Bezug	kleiner
Heizzahl	1,83	1,53	0,98	1,52

Tabelle 9: Systemvergleich von Stirling-Wärmepumpe und Rankine-Wärmepumpe

6.1.5 Wärmemaschine nach dem Vuilleumier-Prinzip

Das Prinzip wurde bereits in Kapitel 2.8 beschrieben. Im folgenden werden die technischen Daten einiger Vuilleumier-Maschinen angegeben.

• BSR Solar Technologies in Lörrach entwickelte zusammen mit Sunpower eine 10 kW Duplexmaschine mit einer Heizzahl von 1,5 bei 0°C Außentemperatur und 50°C Heiztemperatur, wobei der Wartungszyklus ca. 10.000 h betragen soll.

• In seiner Promotionsarbeit konzipierte N. Richter am Lehrstuhl von Prof. S. Schulz in Dortmund eine 90°-V-Zylinder-Vuilleumiermaschine, die mit 100 bar Systemdruck und einer Heizleistung von 4,5 kW die gepumpte Wärme von 0°C auf 50°C anheben soll. Er kommt bei seinen Berechnungen auf ein Wärmeverhältnis von 1,87 und ein sehr günstiges Teillastverhalten.

• In seiner Diplomarbeit beschreibt A. Müller die experimentelle und theoretische Untersuchung der Vuilleumier-Wärmepumpe/Kältemaschine von F.X. Eder (München). Es handelt sich hierbei um eine 90°-V-Bauanordnung mit einer Heliumaufladung von 40 bar. Bei der ausgeführten Maschine wurde ein Wärmeverhältnis von ca. 1,5 gemessen. Für die optimierte Maschine wurde bei einer Drehzahl von 192 U/min ein Wärmeverhältnis von 1,92 errechnet. Zur Klimatisierung lässt sich diese Maschine unverändert mit einer Kühlleistungsziffer von 1,25 bei einem Temperaturhub von 30 K einsetzen.

• Parallele Entwicklungen laufen an der TU of Denmark unter H. Carlsen, der mit seinem Team eine ähnliche Maschine auslegte und baute.

• Eine kleine 90°-V-Zylinder-Vuilleumier-Kältemaschine für die Anwendung in Satelliten und Raumschiffen wurde in Japan bis 1988 von Electrotechnical Lab. und Mitsubishi Electric Co. konstruiert, gebaut und erfolgreich getestet. Die Kälteleistung beträgt 1,8 W und die Erhitzerleistung 130 W bei 80 K. Die heliumaufgeladene Maschine hat einen Mitteldruck von ca. 30 bar, eine Drehzahl von 540 U/min, einen Schalldruckpegel (in 1 m Entfernung) von 55 dB(A) und wiegt 6 kg.

• Von Ivo Kolin wurde 1991 ein Vuilleumier-Flachplattenmotor vorgestellt. Bei verschiedenen Institutionen wurden Tests absolviert. Diese Maschine arbeitet mit Luftdruck und hebt bei einer Heiztemperatur von 95°C die Kühlung von 15°C auf 30°C an.

In Japan sind die Entwicklungsarbeiten für Vuilleumier-Wärmepumpen sehr weit fortgeschritten. Das Aggregat von Sanyo hat 4 kW Kälteleistung und 6 kW Heizleistung.

6.2 Der Stirlingmotor (Heißgasmotor)

6.2.1 Stirlingmotor als Fahrzeugantrieb

Um einen Überblick über die Erfolge auf diesem Gebiet geben zu können, ist es notwendig, die wichtigsten Bemühungen aufzulisten.

Zeit	Hersteller	Leistung kW	Fahrzeug	Sonstiges
1964	GM	22	Corvair-Pkw	Wärmeenergie aus TES (Aluoxyd)
1968	GM	10	Opel Kadett	Hybridantrieb mit E-Motor
1971	GM+Philips	200	DAF-Bus	Stm.Bez.:4-235
1972	Ford	62-126	Ford Torino	bis 1978 wurden mehrere getestet
1972	Ford+USAB	30-40	Ford Pinto	bis 1974 getestet
1972	Ford+USAB	30-40	Ford Taunus	bis 1974 getestet
1977	MTI Ltd.	34	Opel Rekord 21	
1982	MTI+AMG	40	AMG-Spirit	bis 1985 getestet
1982	MTI+AMG	40	AMG-Concorde	bis 1985 getestet
1985	MTI	62,3	ChevroletCelebrity	siehe unten
?	USAB	70	LKW	Schallemission=76 dB(A)
?	Aisin Seiki	50	Corolla-Pkw	bereits einige ausgerüstet
1988	Toyota	45		Testfahrzeug in Tokyo

Tabelle 10 : Versuche mit Stirlingmotoren in Autos

1982 untersuchte eine Studie der NASA den Benzinverbrauch und die Spriteinsparung, die mit einem 39 kW Freikolben-Stirlingmotor (Wirkungsgrad = 43%) mit hydraulischem Abtrieb und einem pneumatischen Akku möglich sind. Das 1.633 kg schwere Auto beschleunigte von 0 auf 100 km/h in 16 s und verbrauchte im Schnitt 4,6 l Benzin auf 100 km (Autobahn 4,1 l; Stadt 5,0 l).

Im folgenden sind die Testergebnisse des MOD II-Motors aufgeführt, die stellvertretend für den Stand der Technik der Stirlingmotoren im Pkw-Antrieb gesehen werden können.

Testfahrzeug 1985:	4-türiger Chevrolet Celebrity mit Stufenheck
Antrieb:	Mod II-Stirlingmotor, 62,3 kW Leistung bei 4.000 U/min; 212,2 Nm Drehmoment bei 1.000 U/min
Gesamtgewicht:	1.740 kg; Testgewicht: 1433 kg
Verbrauch (in l/100 km):	7,1 (Stadt); 4,05 (bei 90 km/h); 5,7 (kombiniert)
Beschleunigung:	12,5 s von 0 auf 100 km/h
Wirkungsgrad:	38,5% bei 1.200 U/min (26,7 kW) im optimalen Bereich
Wirkungsgrad bei Vollast:	28,2% bei 4.000 U/min (62,3 kW)

Im allgemeinen kann gesagt werden, dass ein Stirlingmotor im momentanen Entwicklungsstadium als Kfz-Antrieb keine Kraftstoffersparnis gegenüber vergleichbaren Dieselmotoren bringt, wobei sich die Anschaffungskosten eines Pkw's um rund 10 - 20% erhöhen würden. Die Vielstofffähigkeit ist bei Stirlingmotoren einer der größten Vorteile, und die Lärm- und Schadstoffemissionen sind so gering, dass keine zusätzlichen emissionsreduzierenden Maßnahmen erforderlich werden.
In Amerika gelten wesentlich schärfere Abgaswerte als in Europa. Daher werden die Forschungsarbeiten fortgesetzt, jedoch mit Schwerpunkt auf Hybridfahrzeuge.

6.2.2 Schiffe

Obwohl über Tests von Stirlingantrieben in Schiffen nicht sehr viel bekannt wurde, wird dieser Einsatzbereich günstiger zu erschließen sein als der Automobilbereich. Zum einen sind hier nicht so hohe Drehzahlen erforderlich und daher hohe Wirkungsgrade verbunden mit einer höheren Lebensdauer erreichbar. Zum anderen kann das Seewasser als konstante Kühlquelle mit niedriger Temperatur benutzt werden, was zu einer weiteren wesentlichen Wirkungsgraderhöhung führt.

Überseeboote
Die Ericsson-Maschine wurde bereits 1853 während einer 73 Stunden dauernden Fahrt getestet. Dabei diente die 220 kW-Maschine, die ursprünglich auf 440 kW ausgelegt war, als Antrieb für ein 2000 Tonnen-Schiff. Das Schiff sank während eines Sturms in der Hafeneinfahrt von New York.
Ericsson selbst beschäftigte sich bald darauf mit neuen Konstruktionen.

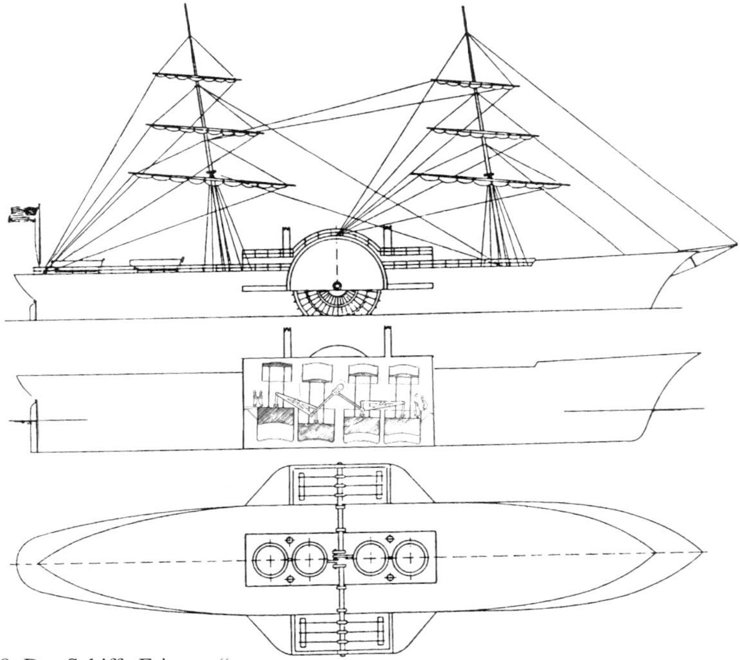

Abb. 98: Das Schiff „Ericsson“.

Das Schiff „Ericsson“ in Betrieb
Im Jahre 1853 beauftragte der Marineminister Hochwohlgeboren John P. Kennedy den US Flottenkommandanten Joshua Sands, an der Probefahrt des Wärmeschiffes „Ericsson“ teilzunehmen und das Schiff im praktischen Einsatz zu begutachten.

Nachfolgend Ausschnitte des übersetzten Originalberichts:

Washington, Mittwoch, 23. Februar 1853
...Zu meinem Erstaunen stellte ich fest, dass während der gesamten, ununterbrochenen Probefahrt von 70 Stunden die Maschine nicht ein einziges Mal aussetzte, dass es bei der gleichmäßigen Bewegung der Schaufelräder keine einzige Unterbrechung gab.
...Alles war so sicher verankert, als ob das Schiff noch im Dock lag. Der Kolben bewegte sich vollkommen gleichmäßig und ruhig, während das Schiff rollte und schlingerte. Ich hatte viel über die große Hitze gehört, die auf die Maschine einwirkt, und ich ging deshalb häufig in die Kohlenbunker. Zu meiner Überraschung stellte ich fest, dass die Bunkerräume so kühl waren wie ein Keller. Auch versetzte es mich in Erstaunen, dass nur ein einziger Heizer jeweils im Einsatz war, und dass dieser von Zeit zu Zeit eine geringe Menge Kohle einschippen musste. Ich erfuhr, dass es Vorschrift war, jede der acht Feuerstellen alle 80 Minuten mit jeweils 65 (englische) Pfund Kohle zu versorgen.
...Das Wetter war während der ganzen Fahrt so schlecht, dass man zu keiner Zeit viel Nutzen von den Segeln gehabt hätte.

...und der Druck von Kapitän Ericsson strikt auf acht Pfund festgelegt worden war. Die Geschwindigkeit während des Sturmes betrug im Durchschnitt sechs und eine halbe Umdrehung des Rades pro Minute. Wenn der Wind abnahm, zeigte das Log sechs bis sieben Knoten an.
...möchte ich betonen, dass das Ergebnis insgesamt zufriedenstellend war.
...finde ich, dass die Probefahrt der „Ericsson" den Erfolg des neuen Arbeitsprinzips endgültig bestätigte; ich hoffe, der Tag wird nicht mehr fern sein, dass die Einführung dieser Maschine als Antriebskraft für unsere Kriegsflotte die Schiffe von der drohenden Gefahr befreit, durch einen Zufallstreffer in den Dampfkessel in die Luft gesprengt zu werden, vielleicht gerade in einem Augenblick, wo der Sieg bereits unser ist.
Ich verbleibe, Sir, mit dem Zeichen vorzüglicher Hochachtung Ihr ergebener Diener
Joshua Sands, US Flottenkommandant

An den hochwohlgeborenen Herrn Marineminister John P. Kennedy
New York Daily Times (jetzt New York Times) - 1. März 1853 S.6

Auch Philips hatte einige Motorboote mit Stirlingantrieben ausgerüstet. Die zu Vorführzwecken umgebaute 10 m-Yacht wurde 1959 von einem 30 kW Einzylinder-Beta-Motor mit Rhombengetriebe angetrieben.
United Stirling baute 1971 einen 75 kW Stirlingmotor mit 3000 U/min in eine 10 m-Yacht ein, der deutlich leiser war als die Nebengeräusche wie Propeller, Kühlwasserpumpe und Getriebe.
GM sah während der Lizenznahme von Philips einige Motoren für diesen Bereich vor. Es handelte sich dabei sowohl um Außenbordmotoren mit geringer Leistung, als auch um Motoren mit TES-Systemen und Metallverbrennung mit bis zu 110 kW Leistung.

Stromversorgung auf Yachten
Neben dem direkten Schiffsantrieb kann ein Stirlingaggregat an Bord nützliche Dienste verrichten. Don Clucas aus Neuseeland entwickelte den „WhisperGen" als Batterieladegerät und Heizung für Yachten und kleinere Schiffe. Dieses Gerät wird seit dem Jahr 2000 in Europa vertrieben; in den ersten sieben Jahren konnten 600 Stück verkauft werden. Das Aggregat wird mit Diesel betrieben und liefert 12 V oder 24 V Gleichspannung (s.a. Kap. 6.2.4 und 7.2).

Unterseeboote
Bei U-Booten kommen verstärkt die Vorteile des leisen, vibrationsarmen Laufes und der Kompatibilität mit den bestehenden Systemen zum Tragen. Im nichtnuklearen Antriebssystem hat der Stirlingmotor einen Vorsprung vor seinem Hauptkonkurrenten, dem Elektroantrieb (Gewicht, oberflächenunabhängige Betriebsdauer). Die Kosten für einen Stirlingmotor betragen, relativ zu den Gesamtkosten des Bootes, lediglich 1%.
GM machte Studien über einen 375 kW leistenden Motor für Torpedos.
Seit 1970 arbeitet USAB an U-Boot-Antrieben mit Stirlingmotoren. USAB entwickelte gemeinsam mit Sub Power AB für die Royal Swedish Navy und für die französi-

sche Firma Comex aus Marseilles ein Antriebssystem für ein 500 Mg Boot (SAGA I), das eine Einsatzzeit von 2 Wochen in 300 m Tiefe erlaubt. Das Hybridsystem besteht aus zwei V4-275R-Stirlingmotoren, zwei Generatorsets mit je 100 kW_{el} und einem Batteriesystem.
Neben diesen größeren Projekten wurden auch zwei kleinere Motoren von USAB, der V160 mit 4 - 7 kW_{el} und der 4-95 mit 35 kW_{el}, für Unterwasseranwendungen angepasst.

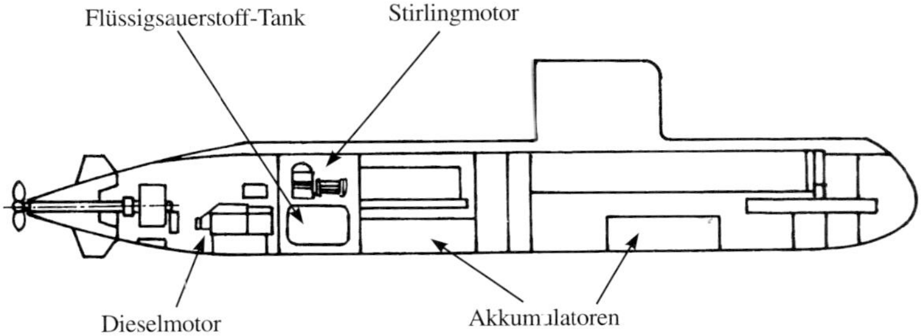

Technische Daten:
28 m lang; 7,4 m breit; 545 Mg Wasserverdrängung; 600 m Arbeitstiefe;
7 Leute Besatzung
2 Stirlingmotoren V 4-275 R mit je 75 kW (Arbeitsgas Helium) bzw. 100 kW (Arbeitsgas H_2) Leistung bei 2.200 U/min;
2 Generatorsets mit jeweils maximal 100 kW_{el} und 200 kW_{therm}; 600 kg Gewicht; Zeit von Standgas auf volle Leistung: 10 s. Das System wurde seit 1985 erfolgreich getestet.

Abb. 99: Das U-Boot „SAGA 1“.

Kockums
In Schweden rüstet Kockums U-Boote mit Stirlingmotoren in Leistungsklassen von 30 bis 70 kW aus. Die Lebensdauer ist mit 30 Jahren angegeben. Im militärischen Alltag können somit Erfahrungen gesammelt werden. An der Herstellung der Motoren ist die Fa. Volvo beteiligt.
In den U-Booten der Baureihen HMS Näcken, Gotland und Södermanland (Abb. 100) sind Module mit Stirlingmotoren einsetzbar. Abb. 101 zeigt das AIP-System (Air Independent Propulsion: Luftunabhängiger Antrieb). Das Modul ist 1,8 m lang, 1,4 m breit und 1,6 m hoch. Es hat ein Gewicht von 2800 kg. Der Stirlingmotor Mk III, wie ihn Abb. 102 zeigt, läuft mit 2000 U/min, leistet 70 kW_{el} und ist mit Helium als Arbeitsgas gefüllt. Der Dieselbrenner wird unter Druck mit reinem Sauerstoff betrieben. Der Druck entspricht stets dem jeweiligen Umgebungsdruck unter Wasser. Die Abgase können so in großen Tauchtiefen ohne den Einsatz eines Kompressors ins Meereswasser geleitet werden. Das Modul übernimmt die Energieversorgung in den Zeiten, in denen der Hauptantrieb abgeschaltet ist.

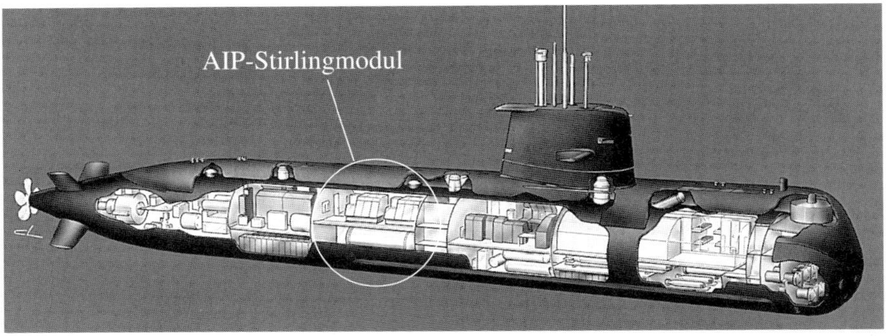

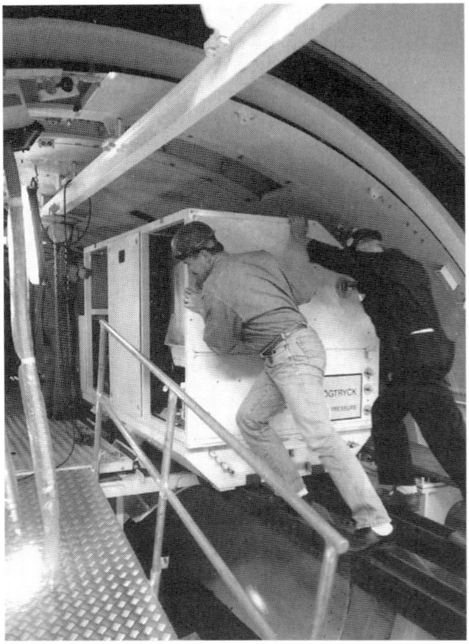

Abb. 100 *(oben)*: U-Boot der Baureihe Gotland mit Kennzeichnung des AIP-Systems.
Abb. 101 *(unten links)*: Das AIP-Stirling-Modul beim Einbringen in das U-Boot
Abb. 102 *(rechts)*: Der Motor "V4-275R Mk III" von Kockums. *Alle 3 Photos: Fa. Kockums*

Darüber hinaus werden U-Boote für nichtmilitärische Zwecke wie beispielsweise zur Inspektion und Reparatur von Unterseepipelines entwickelt und erprobt.

6.2.3 Pumpen und Verdichter

Prinzipiell können natürlich alle Stirlingmotoren mit mechanischem Abtrieb zum Antrieb von Pumpen und Verdichtern verwendet werden. In diesem Kapitel soll es jedoch nur um solche Stirlingmotoren gehen, die speziell für den Antrieb von Pumpen entwickelt wurden. Die bereits erwähnte Freizylinder-Stirling-Wasserpumpe wird von Sunpower angeboten. Sie ist wartungsfrei und kann mit allen Brennstoffen wie auch mit Solarenergie betrieben werden. Die 7,74 kg schwere Stirling-Pumpe liefert 200 W Leistung, das heißt, sie pumpt 20 l Wasser in einer Sekunde einen Meter hoch. Die maximale Förderhöhe beträgt 5 m.

Seit 1964 sind in den USA Forschungsarbeiten zur Entwicklung von künstlichen Herzen im Gange, wovon sich zwei Projekte mit den von Stirlingmotoren angetriebenen Blutpumpen befassen. Das Herzunterstützungssystem von Nimbus (früher Aerojet Liquid Rocket Comp.) wurde bereits in Tiere implantiert und getestet. Hierbei wirkt der Arbeitskolben eines kleinen Freikolbenmotors als Pumpe für eine Hydraulikflüssigkeit, die von 1 bar auf ca. 14 bar verdichtet wird. Diese Flüssigkeit treibt wiederum die Blutpumpe an.

Zum Antrieb des Stirlingmotors von JCGS (Joint Center of Graduate Study der Uni of Washington) wird ein thermischer Energiespeicher aus LiF/NaF/MgF_2-Salz benutzt, der elektrisch erhitzt wird. Die Speicherkapazität reicht für acht Stunden aus. Die Aufladezeit dauert eine Stunde. Das System erreicht bei einer thermischen Leistung von 21 W einem Wirkungsgrad von 16% und gibt dann 3,3 W Leistung an die Pumpe ab. Gekühlt wird dieses 1,2 kg schwere System durch das Blut.

In jüngster Zeit wurde von Dr. Martini und seiner Forschungsgruppe in den W. Douglas Laboratorien in den USA ein mit nuklearer Kraft angetriebenes Kunstherz entwickelt. Die Douglas-Version arbeitet mit Xenon oder Argon als Arbeitsgas. Als Wärmequellen kommen die Radioisotope Plutonium-238 (Pu), Promethium-147 (Pm) oder Thulium-171 (Tm) zum Einsatz. Gekühlt wird auch diese Pumpe durch das Blut. Während des Zyklus wird dem Blut insgesamt Wärme in Höhe von 40 - 80 kJ/h zugeführt. An der Weiterentwicklung eines Kunstherzens mit einer Wartungsfreiheit von 10 Jahren arbeitet momentan auch die Infinia Corp. in den USA. Prototypen sind bereits in Versuchstieren erfolgreich im Einsatz.

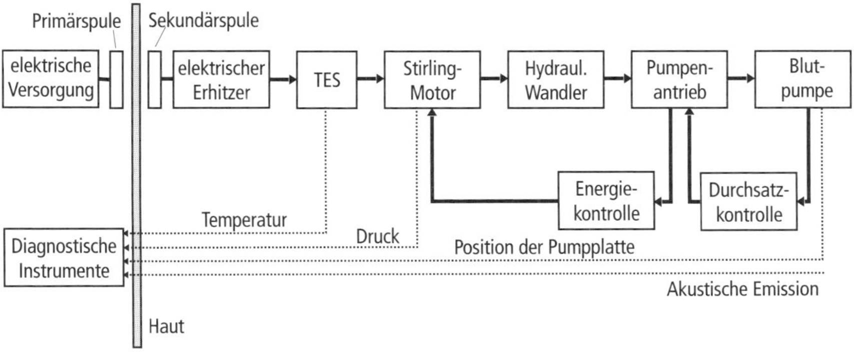

Abb. 103: Blockdiagramm des Herzunterstützungssystems von JCGS.

6.2.4 Stromerzeugung

Transportable Anlagen

Auf Grund der Zuverlässigkeit, der Eignung für viele Brennstoffe, der geringen Lärm- und Schadstoffemission sowie der niedrigen Infrarotemission ist vor allem das Militär an diesen Anlagen interessiert.

Das Stromaggregat mit dem V160 von SPS wurde speziell auf die Anforderungen der US-Army zugeschnitten und von verschiedenen Forschungseinrichtungen getestet. Dieses System wiegt 550 kg, leistet 5 kW_{el} bei 50 Hz und 6 kW_{el} bei 60 Hz. Der maximale Schalldruckpegel (in 1 m Entfernung) beträgt 65 dB(A).

Speziell für die schwedische Fernmeldeverwaltung wurde der V160-Mehrzweck-Versorgungsanhänger gebaut. Dieses Gerät erzeugt neben 5 kW_{el} auch Warmluft mit einer Leistung von ca. 12 kW bei einer maximalen Lufttemperatur von 75°C und treibt obendrein noch eine Tauchpumpe an. Einschließlich des Zubehörs (Warmluftaggregat, Anhänger, Tauchpumpe, Beleuchtung, Fernbedienung und Sicherheitsausrüstung) wiegt das auf einem Anhänger installierte Gesamtsystem 700 kg.

Für die US-Army entwickelte MTI Freikolben-Stirlingmotoren mit Permanentmagneten als Generatorsets in den Leistungsklassen 1,5; 3; 5 und 10 kW_{el}. Die Firma Sunpower entwickelte einen 3 kW_{el}-Freikolben-Stirlingmotor mit Lineargenerator für die US-Army, der mit 30 bar Luftaufladung einen Systemwirkungsgrad von 17% aufweist. Das gesamte System wiegt 170 kg und nimmt ein Volumen von 0,37 m^3 ein.

Auch STM ist an der Entwicklung transportabler Stirlingmotor-Generatorsets beteiligt. Als Motor wird der STM 4-120 mit 40 kW Leistung und 85 kg Gewicht benutzt.

Mit nicht unerheblicher staatlicher Unterstützung arbeitet auch *Sunpower* derzeit an Stromerzeugern für die US-Armee. Ein kleiner mit Diesel betriebener Freikolbenmotor soll den rapide gestiegenen Strombedarf der von den Soldaten getragenen elektronischen Ausrüstung decken helfen. Bei einem Gewicht von nur 1,7 kg und einem beachtlichen Wirkungsgrad von 18% erreicht Sunpowers "Wearable Power Source" 35 Watt elektrische Nettoleistung (Abb. 104). Interessant dürften hier die zu erwartenden zivilen Abwandlungen z.B. in Form von Ladegeräten für Mobilcomputer werden.

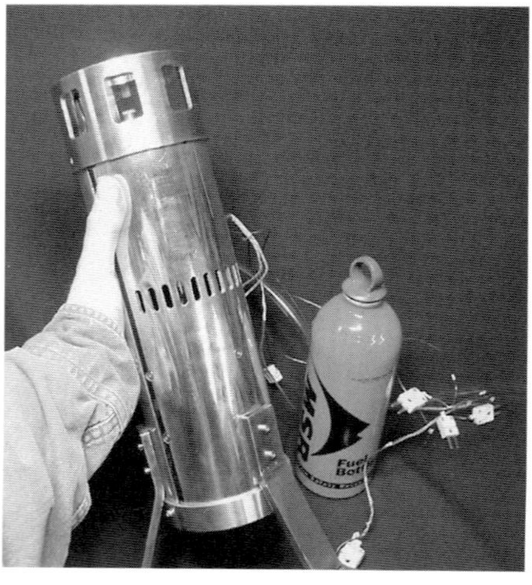

Abb.104
Tragbarer Stromerzeuger (Wearable Power Source). Photo: Sunpower

Stationäre Anlagen
Alle oben genannten transportablen Anlagen lassen sich auch stationär verwenden. Dabei können konstruktive und fertigungstechnische Vereinfachungen zum Tragen kommen, die zu einfacheren und schwereren, aber billigeren Stirlingmotoren führen. Verschiedene Studien belegen, dass sich in einem Leistungsbereich unter 400 kW ein Stirlingmotor wirtschaftlicher betreiben lässt als eine Dampfturbinenanlage. In einer vom BMFT geförderten Studie von MAN wurde für ein 20 kW-Freikolbenstirling-BHKW (Blockheizkraftwerk) ein Gesamtwirkungsgrad von 81% ermittelt. Dabei fielen 75% in Form von thermischer (Heizwasser bei 90°C) und 25% in Form von elektrischer Energie an. USAB baute ab 1981 ein Generatorset mit ihrem P 40-Stirlingmotor für Test- und Demonstrationszwecke. Die Anlage leistet 28 kW_{el}, wiegt 1.000 kg, hat einen Gesamtwirkungsgrad von 28% und nimmt ein Volumen von 1,5 m^3 ein.
Am weitesten fortgeschritten sind die Arbeiten bei Solo in Sindelfingen. Seit 2003 ist das Stirling- Modul 161 zur Serienreife entwickelt. Ende 2006 wurden allein von der Gas-BHKW-Variante 3 Stück pro Woche gebaut (näher beschrieben in Kap. 7.2).
Eine ausführliche Beschreibung der Nutzmotoren, hauptsächlich aus dem europäischen Raum, befindet sich in Kap. 7.1

Solar-Dish-System
Wie in Kap. 4.4. erwähnt, gibt es bereits mehrere Anbieter dieser Systeme. Der Gesamtwirkungsgrad (Sonneneinstrahlung zu Strom) liegt durchweg bei über 20%. Die Abwärme bleibt häufig ungenutzt und wird über Lüfter abgeführt. Abb. 105 zeigt beispielsweise den Solo 161 in dieser Ausführung.

Abb. 105
Solo 161 mit 10 kW_{el} in der Solar-Dish-Ausführung.
Photo: Solo

6.2.5 Kombination von stationärer und mobiler Verwendung

(Ein Beitrag von Ferdinand Waldkircher, München)

Stirlingmaschinen, kombiniert mit anderen Aggregaten, sind gut geeignet, um sehr effiziente Blockheizkraftwerke und Antriebssysteme für verschiedene Anwendungen zu schaffen.

Der Elektro-Hybrid-PKW

Der vorliegende Fall ergab sich durch die Erfahrungen im siebenjährigen Einsatz eines Elektro-PKW (1968 - 1975) im Kurzstreckenbetrieb. Bei Fahrten in den Kindergarten, zur Schule sowie zur Arbeit kann ein Elektro-PKW von Vorteil sein, wenn verschiedene Erfordernisse berücksichtigt werden. Nur mit Batterie betriebene Fahrzeuge scheiden wegen des zu hohen Gewichtes und fehlender Energiereserven aus. Es wird deshalb ein Hybridantrieb empfohlen, der bei Normalbetrieb den Energiebedarf deckt. Eine zusätzliche, kleine Stirlingmaschine wie der WhisperGen kann für stete Ladung und für die im Fahrzeug benötigte Wärme, auch vor Fahrtantritt sorgen. An Steigungen kann dann ein vielfaches an Energie aus der Batterie zugeführt werden, die großenteils bei der Talfahrt zurückgewonnen wird. Das zusätzliche Gewicht des WhisperGen von ca. 80 kg wird durch Einsparungen bei den Batterien wettgemacht.

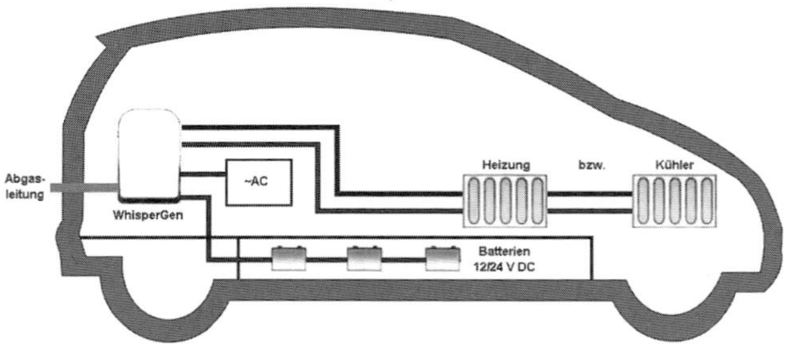

Abb. 106
Der WhisperGen im Elektro-PKW zur Stromerzeugung und Heizung.
Graphik: F. Waldkircher

Hybridantrieb für das Boot

Ein weiteres Projekt war die Umstellung eines 7 m langen Tourenbootes (2000 kg) auf Elektroantrieb. Durch Modifikation des Rumpfes und die Entwicklung optimal angepasster Antriebstechnik einschließlich einer neuen Antriebsschraube konnte der Leis-

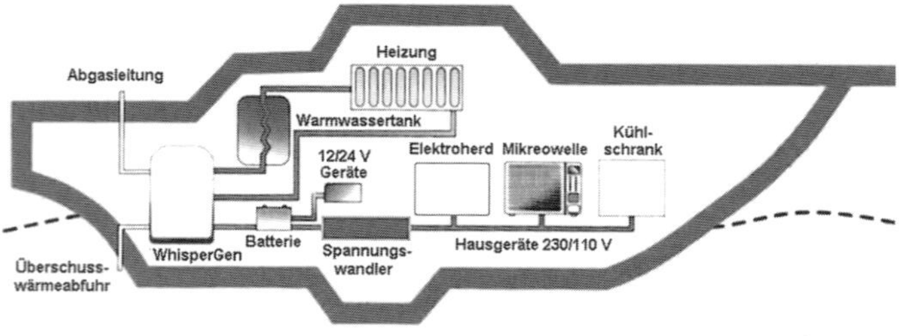

Abb. 107
Der WhisperGen im Boot zur Stromversorgung, Warmwasserbereitung und Heizung

Vorlage: Prospekt WhisperGen

tungsbedarf auf 1 kW reduziert werden. Wie beim Elektro-PKW war auch hier ein Konzept zur Deckung des Energiebedarfes zu entwickeln. Da für diesen niedrigen Leistungsbereich damals (1994) noch keine Stirlingmaschine zur Verfügung stand, kam zunächst ein kleiner Einzylinder-Diesel (5 kW) als Generator zur Anwendung, der bei niedriger Drehzahl ca. 1,5 kW Dauerleistung abgab. Dadurch konnte die Batteriekapazität auf 100 Ah (24 V) reduziert werden.

Kleinst-Blockheizkraftwerk

Als ruhig laufender Generator kann der WhisperGen natürlich auch in ein Haus eingebaut werden, wobei hier der Einsatz als Blockheizkraftwerk im Inselbetrieb erprobt wurde. Diese Anwendung des WhisperGen ergab sich einige Jahre nach der Umstellung der Heizung eines Zweifamilienhauses von Ölbetrieb (40 kW) auf Gasbrennwerttechnik (11 kW). Besonderer Wert wurde auf die Wärmeisolation im Haus gelegt. Dadurch konnte der mittlere Jahresverbrauch von 4700 l Heizöl auf 1142 m³ Gas reduziert werden. Der WhisperGen als Mikro-Kraft-Wärme-Kopplung liefert bei 750 W elektrischer Leistung ca. 5 kW Wärmeenergie, die nun im vorgenannten Haus den

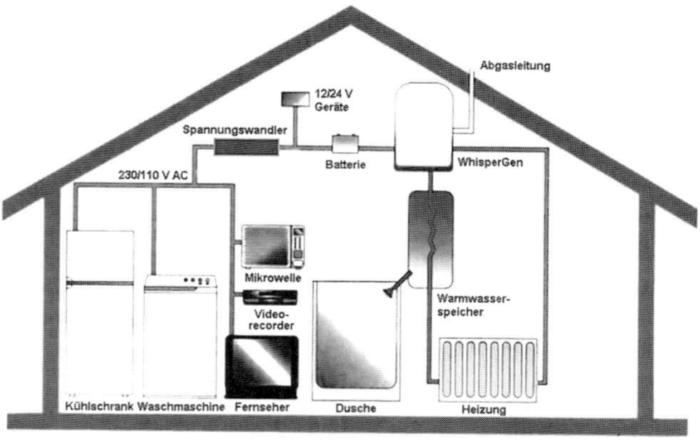

Abb: 108:
Der WhisperGen im Haus zur Stromerzeugung und Heizung (Inselbetrieb)

Vorlage:
Prospekt WhisperGen

Energiebedarf bis zu –6°C Außentemperatur abdeckt. Ein Wärmespeicher von ca. 800 l liefert bei Bedarf weitere Wärme. Die elektrische Energie wird in einer Batteriebank mit 24 V und 500 Ah (Panzerbatterien) gespeichert, die zusätzlich über eine Photovoltaikanlage mit maximal 12 A versorgt wird. Die Insellösung wurde aus dem Grund gewählt, weil für den späteren Einbau in ein größeres Boot Erfahrungen gesammelt werden sollten. Durch einen 6 kW-Wechselrichter kann über eigens dafür installierte Steckdosen an vielen Stellen im Haus normaler Netz-Wechselstrom (ohne Probleme mit der Einspeisevergütung) genutzt werden.

Pickup-System

Da sowohl Boot als auch PKW in diesen Beispielen in der Garage neben dem Haus stehen, bietet sich eine intelligente Kombination der Energieversorgung an. Wenn ähnlich wie bei S-Bahn oder LKW geeignete Steckkombinationen von Hydraulik und Strom eingesetzt werden, steht einer mobilen BHKW-Einrichtung nichts mehr im Wege. Da während des vier- bis sechswöchigen Bootsurlaubes im Haus kaum Energiebedarf besteht, soll das BHKW im Pickup-Prinzip vom PKW ins Boot übergehen. Der gesamte Energieverbrauch während der Bootsfahrten mit einer durchschnittlichen Fahrzeit von ca. vier Stunden pro Tag ist bei einem Ölverbrauch von 0,6 l pro Stunde abgedeckt (Tankinhalt von 60 l Diesel reicht meist für den ganzen Urlaub).

Nachhaltige, solare Energie-Infrastruktur
In seinen Veröffentlichungen zeigt T. Engel (vgl. www.dgs.de/1752.0.html) auf, dass die bisherige fossile und nukleare Energie-Infrastruktur (Abb. 109) den Herausforderungen einer nachhaltigen und 100%ig solaren Energie-Infrastruktur mit dem üblichen, linearen Denken und Handeln nicht mehr gewachsen ist. Nicht Produktfixierung, sondern Verbundlösungen sowie eine verstärkte Betrachtung der vielfältig zusammenhängenden Funktionen werden in vielen Bereichen der Wirtschaft immer mehr gefordert (z.B. Systemstudien mit dem Sensitivitätsmodell Prof. Vester®, www.frederic-vester.de)

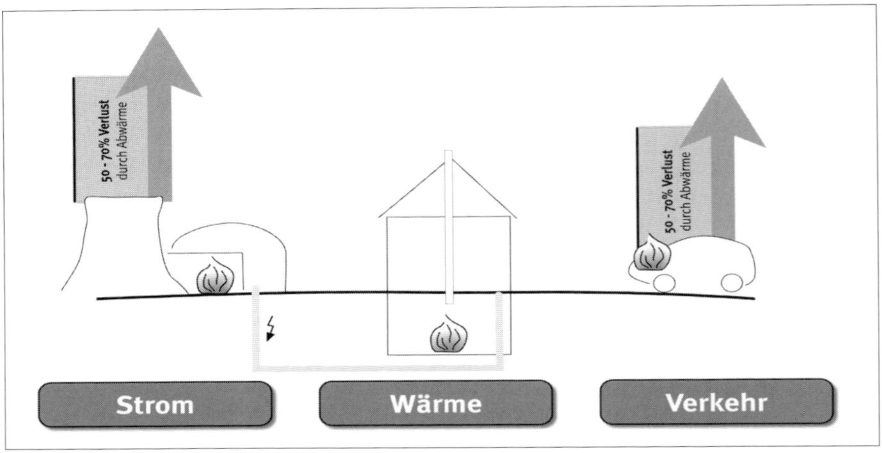

Abb. 109: Energiestruktur des 20. Jahrhunderts. Grafik: T. Engel – DGS e.V.

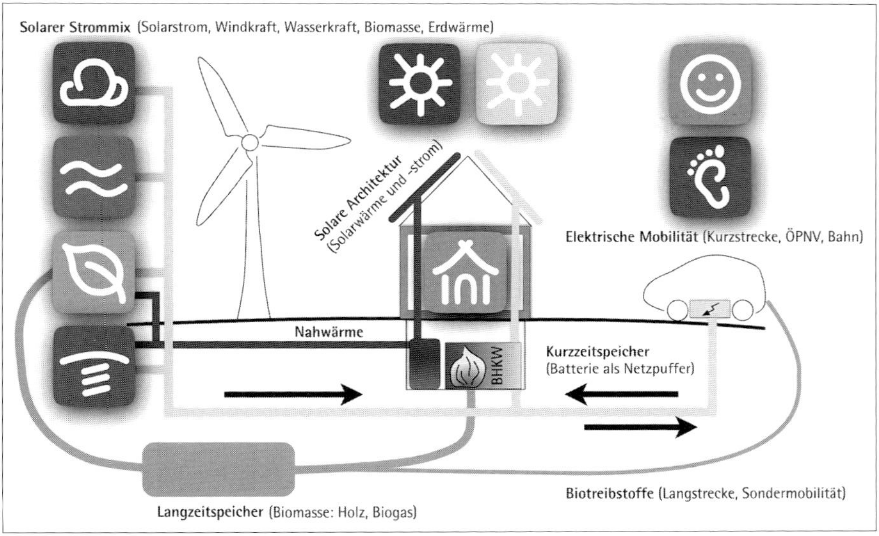

Abb. 110: Intelligente Energienutzung des 21. Jahrhunderts. Grafik: T. Engel – DGS e.V.

7 Marktübersicht und Forschung

7.1 Nutzmotoren

Im folgenden Teil wird auf die bisher realisierten Entwicklungen und Anwendungen der Stirling-Maschinen einzelner Hersteller und Forschungsinstitute eingegangen. Häufig liegen diese im Bereich der Kraft-Wärme-Kopplung (KWK), die wie folgt definiert ist:
„Die Kraft-Wärme-Kopplung (KWK) ist durch die gleichzeitige Bereitstellung von mechanischer bzw. elektrischer Arbeit und nutzbarer Wärme eine effiziente und bewährte Energiespartechnik. Als Antrieb für die KWK geeignet sind alle Wärmekraft- und Verbrennungskraftmaschinen. Der Energiespareffekt entsteht dadurch, dass die Abwärme der Wärmekraftmaschine, die bei der Umwandlung der eingesetzten Primärenergie in mechanische bzw. elektrische Arbeit zwangsläufig entsteht, nutzbar gemacht wird. In Großkraftwerken bleibt diese Abwärme häufig ungenutzt. Nach einer Aussage des Umweltbundesamtes erfüllt eine solche zentral ausgerichtete Struktur nicht die Kriterien der Nachhaltigkeit." Die KWK wird heute als Schlüsseltechnologie zum Klimaschutz angesehen.

Bei einer dezentralen Energieerzeugung kann die Abwärme vor Ort genutzt werden. Insofern ist die unmittelbarer Nähe der Kraft-Wärme-Kopplung zum Verbraucher sehr gut geeignet für die Nahwärme- und Stromversorgung von Krankenhäusern, Freizeitzentren, Hallenbädern, Kaufhäusern bis hin zu Einzelobjekten. Die kleinste dezentrale Kraft-Wärme-Kopplungseinheit steht als Mikro-KWK im Einfamilienhaus. Als Brennstoffe kommen hauptsächlich Heizöl und Erdgas, aber auch regenerative Energieträger wie Holzpellets, Pflanzenöle oder Biogas in Betracht. Wie in Abb. 112 dargestellt ist, sind die Energieverluste über das Abgas bei BHKW sehr gering.

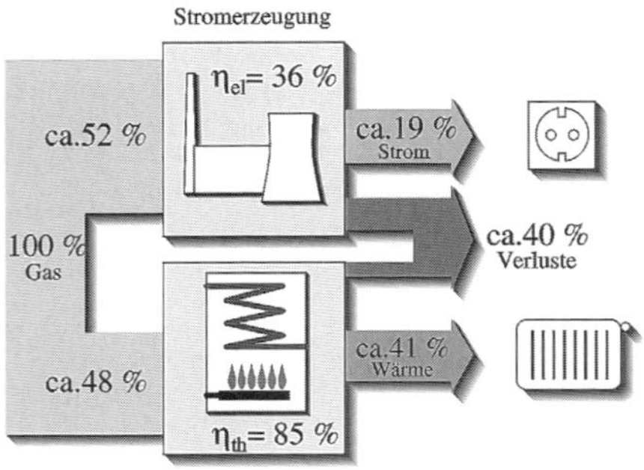

Abb. 111
Zentrale Energieerzeugung im Großkraftwerk. Graphik: ASUE

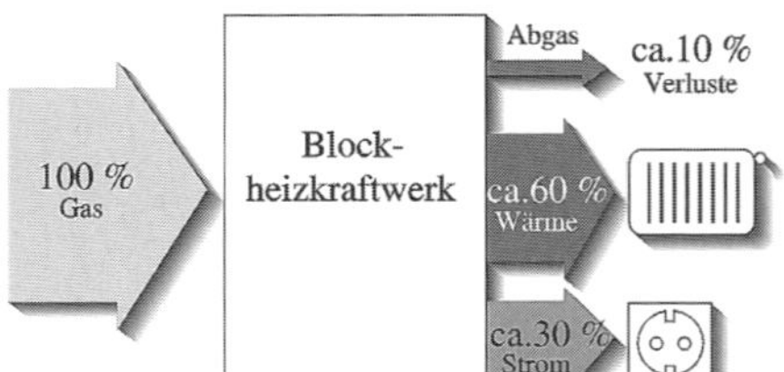

Abb. 112
Dezentrale Energieerzeugung im Blockheizkraftwerk. Graphik: ASUE

Entwickler / Hersteller	Land	Leistung (elektrisch)	Bemerkung
BBT (Bosch Buderus)	D	0,5 kW	Vorentwicklung
BSR Solar Tech.	D	5 kW	Prototyp
Disenco Ltd.	UK/Can	3 kW	Pilotanlagen
Enatec	NL	1 kW	Feldtest
Enerlyt	D	0,8 kW	Prototyp
Hoval	FL	1 kW	Pilotanlagen
Joanneum Research	A	30 kW	Pilotanlage
Kockums	S	30 – 70 kW	siehe Kap. 6.2.2
Kramer / Moch	D	< 1 kW	Prototyp
Kufner	D	< 300 W	siehe Kap. 7.4
Lohrmann	D	2,58 W	Langzeittest
Magnet Motor	D	1 kW, 10 kW, 40 kW	Prototyp
Microgen	UK	1 kW	Pilotanlagen / Feldtest
SPM	AT	1 kW	geschlossener Feldtest
Stirling Danmark	Dk	9 kW, 35 kW, 75 kW	Pilotanlagen
Stirling Engineering	D	0,75 – 8 kW	Prototypen
Stirling Systems AG	CH	1,1 kW, 98 V	Feldtest/ Serie
Sunmachine	D	3 kW	Pilotanlagen
Tedom	CZ	7,9 kW_{mech}	Prototyp
Viessmann	D	1 kW	Studie

Tabelle 11: Entwickler im europäischen Raum

Heute beschäftigen sich etliche Firmen mit der Stirlingmotoren-Technologie und treiben damit die Entwicklung ständig voran. Im folgenden soll der derzeitige Stand der Technik (2007) in Text und Bild vorgestellt werden.
Viele Entwickler führen bereits Langzeittests oder Feldtests mit ihren Prototyp- bzw. Vorserien-Motoren durch. Einige Firmen haben die Markteinführung in nächster Zeit angekündigt, wirklich ausgereifte Produkte sind bisher nur schwer erhältlich. Wer zu früh auf den Markt geht, riskiert, dass enttäuschte Kunden zurückbleiben. Vielfach sind aktuelle Informationen zu den Firmen im Internet zu finden. (siehe auch Adressenverzeichnis in Kap. 9.3). Die Daten zu den einzelnen Motoren werden in Kapitel 9.4 genannt. In Tabelle 11 sind die Entwickler in Europa zusammengefasst.

Einzelvorstellung der Firmen und Entwickler

Bosch Buderus Thermotechnik (BBT) überraschte 2005 auf der Messe ISH in Frankfurt mit dem Entwicklungsmuster eines kompakten Gas-Zentralheizungsgerätes mit Stirling-Generator für Ein- und Zweifamilienhäuser. Das Herzstück, eine Freikolben-Stirlingmaschine, stammt wie bei der Enatec-Anlage (siehe unten) von Infinia (USA). Gegenwärtig läuft eine zweite Vorentwicklungsphase, in der Alternativkon-

Abb. 113:
Gas-Brennwerttherme mit Stirlinggenerator von BBT. Photo: M. Sandler

Abb. 114:
Der PCP-1-130 GP von Sigma, Norwegen. Photo: Sigma

zepte für unterschiedliche Märkte und Länder abgeleitet und bewertet werden sollen. Erste Kleinserien sind frühestens 2009/2010 geplant.

BSR Solar Technologies widmete sich bisher Hoch- und Mitteltemperaturmotoren wie der Phoenix-Kraft-Wärme-Kopplung mit 5 kW_{el} und hydraulischer Auskopplung der kinetischen Energie. Aktuell setzt man bei BSR verstärkt auf Projekte mit Niedertemperatur-Stirlingmotoren. Diese bilden die Schlüsselkomponente eines neuen ganzheitlichen Konzepts zur ressourcenschonenden Versorgung dörflicher Gemeinschaften mit Energie und Wasser, vornehmlich in südlichen Entwicklungsländern. Im "Solar Power Village" (s.a. Kap.4.6.) wird Wärme aus Beschattungseinrichtungen von Gewächshäusern genutzt, um beispielsweise Kochstellen zu heizen oder mittels Stirlingmotoren Wasserpumpen und Getreidemühlen zu betreiben und Strom zu erzeugen. Pflanzenöl-Heißölspeicher ermöglichen den Betrieb der Anlagen auch in der Nacht oder bei geringerem Sonnenenergieangebot. Ein Bestandteil dieses Konzepts ist der Stirling-Stromerzeuger Sunpulse E, der bei einer Arbeitsgastemperatur von 150°C einen Wirkungsgrad von 12% erreichen und bis zu 1,5 kW elektrischer Leistung erzeugen soll (vergleiche Kap.4.6).

Die 2006 mit einem Team von in der Finanzwelt wohlbekannten Direktoren gestartete *Disenco Plc* zielt mit ihrer 3kW$_{el}$-Mikro-Kraft-Wärme-Kopplungsanlage in den hart umkämpften Markt der Gas-Brennwertgeräte für Einfamilienhäuser. Im Gegensatz zu den Mitbewerbern setzt Disenco jedoch nicht auf die Freikolbentechnik sondern auf herkömmliche Kurbelkinematik. Ähnlich wie Elektrohausgeräte soll die komplette Einheit in der Einbauküchenzeile Platz finden können. Das Lastenheft weist deshalb auch entsprechend sportliche Eckdaten auf: geringste Schallemissionen, ein Gewicht von 60kg und eine Lebensdauer über 15 Jahre. Erreicht wird der flüsterleise Lauf durch den Einsatz von Ausgleichswellen. Der eingesetzte Motor basiert übrigens auf einer Vorläuferentwicklung. Es handelt sich um den bereits 1997 in Norwegen vorgestellten Sigma-Stirling (Abb. 114), hinter dem u.a. die Firma Kockums und die schwedische Lund-Universität stehen. Nach Firmenaussagen befinden sich seit Anfang 2007 fünf Maschinen im Feldtesteinsatz, bis Ende 2008 soll deren Zahl auf zehn ansteigen.

Die niederländische Entwicklergemeinschaft *Enatec* hat sich Schützenhilfe aus den USA geholt und eine Micro-Kraft-Wärme-Kopplung mit einem 1 kW Stirlingmotor entwickelt (Abb. 115). Zum Einsatz kommt der Freikolbenmotor RG 1000 von Infinia Corporation (früher STC). Zusätzlich ist ein Spitzenlastbrenner mit 24 kW eingebaut – eine schöne Lösung, die schon mehrfach auf Messen gezeigt wurde. Aktuell befinden sich 12 Anlagen auf Prüfständen im Dauerbetrieb, 8 davon beim Entwicklungspartner Rinnai, einem japanischen Hersteller von Gasgeräten. Ab Oktober 2007 soll das Produkt an ausgewählte Testkunden gehen. Für Mitte 2008 sind erste Schritte in Richtung Markteinführung geplant.

Das Potsdamer Planungs- und Gutachterbüro *Enerlyt* startete 1998 in der eigenen Forschungs- und Entwicklungs-Abteilung Arbeiten an einem Stirlingprojekt (Abb. 117). Entsprechend dem mit Energieeinsparung und Umweltschutz überschriebenen Firmenleitbild soll ein verbesserter thermodynamischer Kreisprozess realisiert werden und somit gegenüber konventionellen Stirlingmotoren eine höhere Arbeitsausbeute und Effizienz erreicht werden. In die Entwicklung flossen zahlreiche eigene Patente ein. Konsequenter Weise wird dieser Enerlyt-2-Zyklen-Heißgasmotor zunächst mit einem Rapsölbrenner betrieben. Feuerungen für andere Biobrennstoffe sollen folgen. Ein erster Prototyp mit einer elektrischen Leistung von 0,8kW existiert bereits, mit einer Kleinserie wird für das Jahr 2009 gerechnet.

Mehrere Pilotanlagen der von Dr. Bernd Kammerich entwickelten Stirlingmaschine (Abb. 118) werden derzeit im Rahmen einer Kooperation mit dem Heizkesselhersteller *Hoval* aus Liechtenstein im Feldversuch erprobt. Nach Abschluss dieser Tests bis Mitte 2008 will Hoval eine erste Kleinserie auflegen. Der mit Stickstoff aufgeladene 1-Zylinder-Beta-Motor mit 1kW$_{el}$ Leistung soll dann als "Zusatzkomponente" des Stückholzkessels "Agrolyt" vertrieben werden.

Abb. 115:
Mikro-BHKW von Enatec (ohne Verkleidung). Photo: Enatec

Abb. 116: 30 kW-Biomasse-Stirlingmotor (ohne Verbrennungskanäle) von Joanneum Research. Photo: Joanneum Research

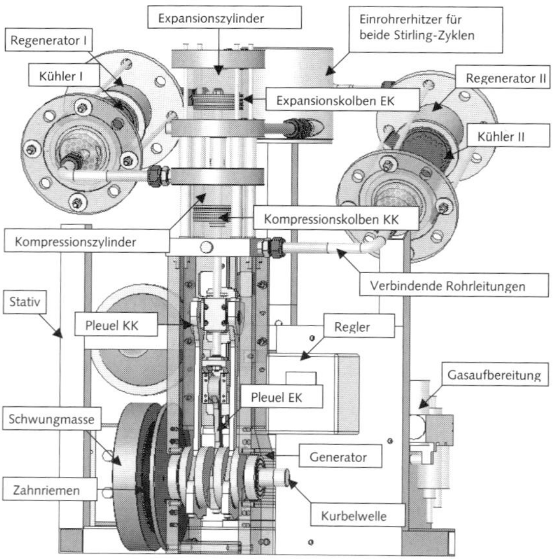

Abb. 117:
Enerlyt 2-Zyklen Heißgasmotor
Grafik: Enerlyt

Abb. 118:
Stückholzkessel mit add-on-Stirling auf der Rückseite angebaut. Photo: Hoval

Abb. 119:
Stirlingmotor von Kramer & Moch
Photo: U. Moch

Abb. 120:
TEK 40 von Magnet Motor
Photo: Magnet Motor

Das Forschungszentrum *Joanneum Research* in Österreich hat sich ebenfalls mit einer speziellen Entwicklung zur Nutzung von Biomasse befasst. Der dort gebaute Stirlingmotor leistet 30 kW_{mech}. Das Gerät wird in einem Biomasse-Fernheizwerk eingesetzt, das nun weitgehend stromautark ist. Für die Auslegung war entscheidend, dass die Anlage wirtschaftlich betrieben werden kann (Abb. 116).

In Berlin arbeiten zwei erfahrene Stirlingmotoren-Entwickler *Klaus Kramer* und *Uwe Moch* an einem 1 kW Stirlingmotor. Beide haben Erfahrung mit dem Viebach-Stirling. Der Motor ist für 15 bar Druck (Helium oder Stickstoff) und eine Dauerleistung von 500 W ausgelegt (max. 1000 W). Die Komponenten sind zunächst für Inselbetrieb und 24 V konzipiert. Noch befindet sich die Entwicklung im Prototypenstatus.

Magnet Motor hat drei Prototypen entwickelt (Leistung 1, 10, 40 kW). Mit dem TEK 40 wurden im Großraum München fünf Pilotanlagen aufgebaut (Abb. 120). Aus diesem Pilotbetrieb liegen umfangreiche Betriebserfahrungen auch für den Betrieb mit Biogas und Holzfeuerungen vor. Magnet Motor verfolgt die Entwicklung der TEK-Module gegenwärtig nicht weiter.

Im Jahr 1998 übernahm *Mayer & Cie.* in Albstadt die Entwicklung des LS 1-100 vom früheren Hersteller Herrmann (Schwerte) und führte diese weiter. Gebaut wurden 5 Prototypmotoren LG 1-100 (wie in Abb. 121 dargestellt), die bis Ende 2002 im Testbetrieb über 25.000 Stunden liefen. Im Jahr 2003 wurde die Entwicklung aus finanziellen Gründen eingestellt.

Der "MicroGen" von *BG Group* (British Gas), eine 1,1 kW_{el} Kraft-Wärme-Kopplung wurde in Zusammenarbeit mit Sunpower (Abb. 122), USA entwickelt. Erste Feldtests mit Vorserienmodellen verliefen erfolgreich. Dieses Gerät wird zur Wärmenutzung mit drei verschiedenen Brennergrößen (15 kW_{th}, 24 kW_{th}, 36 kW_{th}) ausgestattet. Die geräuscharme Mikro-KWK (31 dB(A)) soll wie eine Gastherme in Wohnungen an die Wand montiert werden. Der Microgen ist so ausgelegt, dass er bei Netzausfall im Inselbetrieb weiter Wärme und Strom bereitstellen kann. Leider hat die BG-Group im März 2007 die Entwicklung gestoppt und alle 230 Beschäftigten entlassen. In einer Auffanggesellschaft sollen die Arbeiten mit einigen wenigen Mitarbeitern fortgesetzt werden.

Der österreichische Newcomer *Stirling Power Module (SPM)* arbeitet an einem 1 kW_{el} Motor in Siemensanordnung (Abb. 124). Das robuste luftaufgeladene Modul mit direkt angekoppeltem Generator wurde speziell für die Biomasseverstromung entwickelt. Hierzu wurde der Erhitzer auf den in Europa meistverkauften Holzpellet-Heiz-

Abb. 121:
LG 1-100 von Tim Lohrmann.
Photo: Tim Lohrmann

Abb. 122:
Freikolbenstirling von Sunpower.
Photo: Sunpower

Abb. 123:
Stirling-Gasbrennwerttherme Microgen,
Photo: Microgen Energy Ltd.

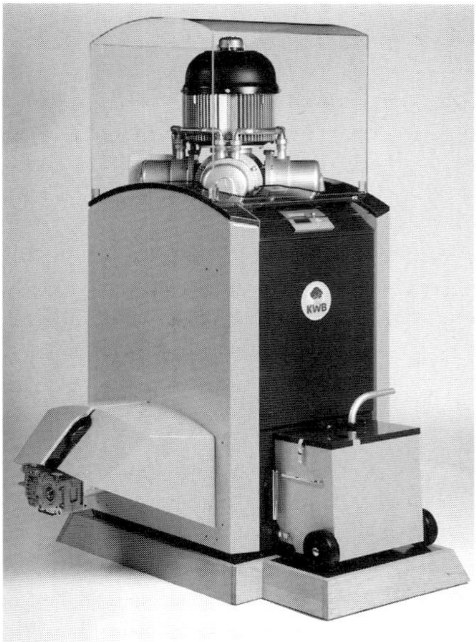

Abb. 124:
SPM-Modul auf einem Pelletkessel von
KWB, Photo: SPM

kessel zugeschnitten. Der Kessel, der in ähnlichen Ausführungen unter anderem von den Herstellern KWB und Ökofen angeboten wird, kann mit dem SPM auch nachgerüstet werden. Gegenwärtig wird ein geschlossener Feldtest mit 20 Anlagen vorbereitet.

An der Technischen Universität von Dänemark entwickelte Prof. Henrik Carlsen zusammen mit Industriepartnern einen speziell auf die Verwendung von fester Biomasse optimierten Stirlingmotor in Siemensbauweise. Als *Stirling Danmark* wagt das Team nun den Markteintritt. Zusammen mit dem Vorarlberger Heizanlagenhersteller Mawera (gehört jetzt zu Viessmann) und den österreichischen Biomassespezialisten von Bios-Energiesysteme wurden erste Pilotanlagen in Deutschland, Österreich und der Schweiz realisiert. Die Motorenpalette reicht inzwischen von der 9 kW-Beta-Einzylindermaschine über eine 4-Zylindermaschine in Siemensanordnung mit 35 kW bis hin zur mächtigen Doppel-Siemensmaschine mit 75 kW, die momentan in Oberlech in einer Hackschnitzel-Heizanlage arbeitet.

Stirling Systems AG hat sich zum Ziel gesetzt bis Ende 2008 das Stirling Energy Module (SEM) zu optimieren und zur Serienreife zu bringen. Die mit Erdgas betriebene Mikro-KWK-Einheit SEM basiert auf einem von der Firma SIG (Schweiz) im Rah-

Abb. 125: SM 34 von Stirling Danmark.

Abb. 126: Blick auf den Erhitzer des SM 34.

Abb. 127: Der SM 38 ist aus zwei SM 34 aufgebaut, Alle 3 Photos: Carlsen

men eines strategischen Projektes erstellten Funktionsmuster einer 1,1 kW-Freikolbenmaschine. Heute erreicht das SEM einen elektrischen Wirkungsgrad von 18%. Seit 2005 befinden sich fünf Prototypen im Dauertest bei verschiedenen europäischen Energieversorgern. Mit möglichen Partnern für die Serienfertigung laufen nach Angaben von Stirling Systems derzeit Gespräche.

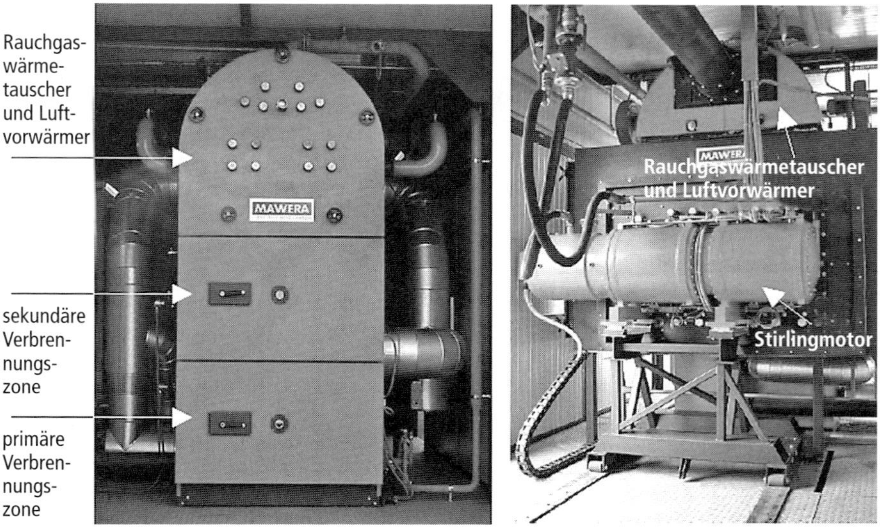

Abb. 128: Der SM 38 in einem Biomasseheizkessel von Mavera, Photo: Carlsen

Abb. 129:
SEM-Modul von Stirling Systems,

Abb. 130: SEM in der Seitenansicht,
Beide Photos: Stirling Systems

STM Power aus den USA entwickelt seit über 20 Jahren Stirling-Maschinen und führt damit die langjährigen Arbeiten des Philips Konzerns auf diesem Gebiet fort. Die Wurzeln reichen bis in die 40er Jahre zurück, als van Weenen den Heißluftmotor "Typ 19" gebaut hat.
Dr. R. J. Meijer, der inzwischen verstorbene Gründer von STM Power, hatte sein Leben lang Entwicklungen in der Stirlingmotor-Technologie geleitet und damit einen enormen Erfahrungsschatz für das Unternehmen gesammelt. Seine Erfahrungen fließen nun in die Serienproduktion des STM 4-260 ein, den es als PowerUnit® in mehreren Leistungsgrößen gibt. Zuletzt konzentrierten sich die Arbeiten auf ein BHKW-Modul mit einer Nenn-Wellenleistung von 53,3 kW, das neben Erdgas auch für den Betrieb mit Deponie-, Klär- und Biogas aus Vergärungsprozessen geeignet sein sollte. Weltweit sind heute zahlreiche Pilotanlagen anzutreffen, der Schritt in Richtung einer Serienfertigung scheint jedoch auch STM noch Probleme zu bereiten.

Nach der Niedertemperaturmaschine Sunwell (siehe Kap. 4.6) ist der mit Stickstoff aufgeladene 3 kW_{el}-Hochtemperatur-Stirlingmotor von *Sunmachine* (Abb. 132) das jüngste Kind des Teams um den Nürnberger Entwickler Eckhart Weber. Die wichtigste Variante, die Sunmachine Pellet verfügt über eine integrierte Feuerung mit patentiertem Sturzbrandbrenner für Holzpellets. Wärmetauscher zur Verbrennungsluftvorwärmung und Brennwertnutzung sollen einen für diesen Brennstoff bisher nicht er-

Abb. 131
55 kW_{el}-Power Unit® von STM Power, USA in der produktionshalle. Photo: STM Power

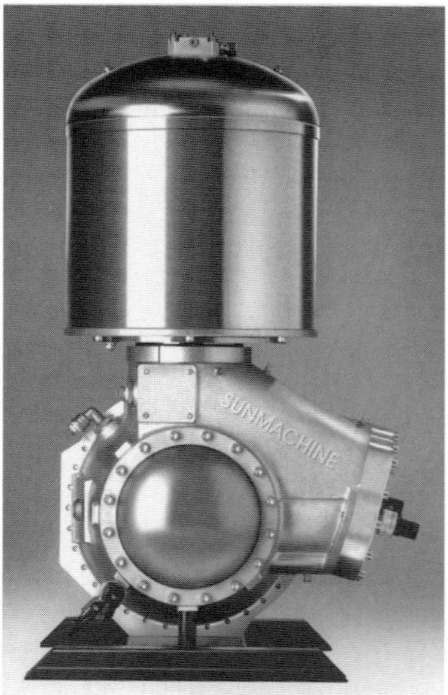

Abb. 132
Motor STA 520-32 von SUNMACHINE
Photo: Sunmachine

reichten Verstromungswirkungsgrad möglich machen. In Vorbereitung ist daneben eine weitere Variante, die Sunmachine Solar.

Das hybride Solar-Dish-System hat einen Spiegel (4 m Ø) und einen Gasbrenner. Diese Energiezentrale kann anstelle von mehreren energieerzeugenden Komponenten eingesetzt werden. Beispielsweise sind 10 m² Sonnenkollektoren, eine 25 m² Photovoltaik-Anlage, ein 3 kW_{el} Stromaggregat und ein Gas-Brennwertkessel damit ersetzbar. Der Gasbrenner sorgt dafür, dass der STA 520-32 unabhängig von der Sonneneinstrahlung, d.h. auch nachts oder bei Regenwetter betrieben werden kann.

Die Vertriebsgesellschaft Sunmachine.com in Wildpoldsried begann mit dem Vorliegen erster Pilotmaschinen aktiv mit der Vergabe von Gebietslizenzen im europäischen Raum. Durch das finanzielle Engagement der Lizenznehmer soll das Projekt wirtschaftlich gestärkt durch die Feldtestphase bis hin zur Serienreife gebracht werden.

Der tschechische Hersteller von Bussen, LKWs und Dieselmotoren *Tedom,* zu dessen Produktspektrum auch Dieselmotor -BHKW gehören, arbeitet an einem Motor in Alpha-Bauweise, der auslegungs- und bauartbedingt dem V160 (siehe Kap. 7.2) ähnelt, jedoch eine eigenständige Neukonstruktion darstellt. Einsatzgebiet soll primär die Kraft-Wärme-Kopplung sein. Das Projekt startete 2002 mit Unterstützung durch das tschechische Wirtschaftsministerium. Heute arbeiten 4 feste, sowie weitere 10 freie Mitarbeiter an der Optimierung des ersten Prototyps, der am Prüfstand über eine Zeitdauer von 180 Betriebsstunden vermessen wurde und dabei eine Leistung von 7,9 kW erreichte. Ziel ist ein Produktionsstart ab 2009.

Auf der ISH 2007 stellte *Viessman* eine Studie für eine Gasbrennwerttherme mit Stirlingmotor vor. Die vorläufigen Kenndaten lauten: 1kW_{el} und 3-5 kW_{th} (modulierend), mit einem 16 oder 24 kW Spitzenlastbrenner (η_{el} = ca. 18%).

Der Klassiker „ST 05 G" von Dieter Viebach

Ein für Selbstfertiger verfügbarer Stirlingmotor wurde bis 2005 als Zeichnungssatz mit Gussteilen (Abb. 133 bis 135) von D. Viebach angeboten (siehe Adressenverzeichnis). Dieser Motor leistete als Prototyp 0,5 kW. Auch die doppelte Leistung kann mit einigen Veränderungen erreicht werden. Bereits über 110 Gussteilbesitzer betreiben einen regen Erfahrungsaustausch über den Bau von Stirlingmotoren auf dieser Basis. Es gab einen Wettbewerb, der zahlreiche Varianten und abgewandelte Bauformen hervorgebracht hat. Erste Pilotanlagen als Kleinst-BHKW bauten Uwe Moch in Hannover (mit Flüssiggas), Hubert Eckl in Ingolstadt (mit Holzhackschnitzel bzw. Pellets), und der AK Stirling in München (mit Erdgas). Abb. 136 zeigt den Motor von Martin Glasel aus Böhmfeld mit der dazu entwickelten Steuerungselektronik. D. Viebach sucht inzwischen einen Nachfolger für den Vertrieb des Gussteilesatzes.
Wie bei den Wärmequellen in Kap. 4.1 dargestellt, wird die Nutzung von Holz erheb-

liche Bedeutung für den Einsatz von Stirlingmotoren haben. Hier noch ein Anlagen-Portrait zu dem "Stirling-Blockheizkraftwerk mit Holzpellet-Feuerung für das Einfamilienhaus" von Hubert Eckl in Ingolstadt:
"Anfang der 90er Jahre waren keine Stirlingmotoren im unteren Leistungsbereich erhältlich. Daher hatte Dieter Viebach einen Demonstrationsmotor entwickelt. Das Angebot bestand aus einem Zeichnungssatz und den notwendigen Gussteilen. Reger Erfahrungsaustausch unter den Motorbauern wurde durch Rundschreiben und eine Internetseite ermöglicht – die "vernetzten" Motorbauer konnten so durch viele kleine

Abb. 133
Stirlingmotor ST05 von Viebach.
Photo: D. Viebach

Technische Daten

Gewicht (Aluguß)	ca. 20 kg
Hub	75 mm
Arbeitsmedium	Luft / Stickstoff
Betriebsdruck	bis 10 bar
Leerlaufdrehzahl	ca. 800 U/min
Drehmoment	8 Nm
Leistung (Ziel)	500 W

Abb. 134 *(unten links)*
Der Stirlingmotor ST05G-G mit Generator im Druckgehäuse. Photo: D. Viebach

Abb. 135 *(unten rechts)*
Der Alu-Rohgussteilesatz für den Motor ST05G von Viebach. Photo: D. Viebach

Abb. 136:
Der Viebach-Motor von M.Glasel mit aufgebauter Steuerungselektronik. Photo: H.Eckl

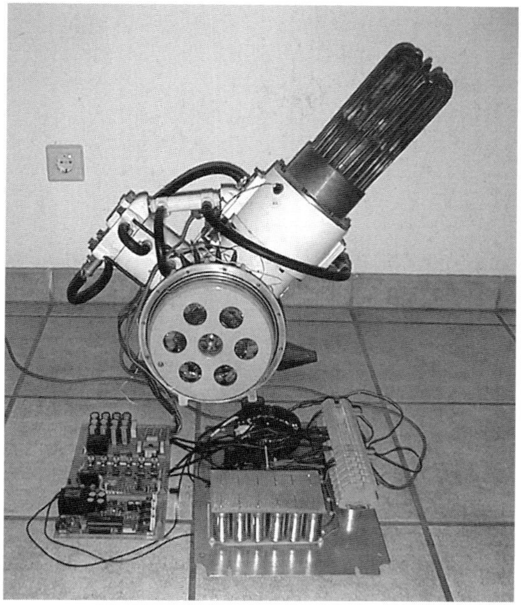

Verbesserungen die Lebensdauer und die Leistung dieses Motors deutlich steigern.
Von seiner Dimensionierung her eignet sich der "Viebach-Motor" ideal zur Kraft-Wärme-Kopplung im Einfamilienhaus. Im kontinuierlichen Betrieb lassen sich täglich 7 kWh elektrischer Energie erzeugen, ausreichend für einen 4-Personen-Haushalt. Die anfallende Abwärme deckt den Grundwärmebedarf während der ganzen Heizsaison ab. Alle regenerativen Brennstoffe können zum Einsatz kommen, besonders naheliegend aber ist Holz.
Im Frühjahr 1993 begann der Bau einer Holzhackschnitzelfeuerung, und nach und nach entstand ein Konzept für ein kleines Blockheizkraftwerk (Mikro-BHKW) im Keller eines Einfamilienhauses. Durch ein Photovoltaik-Förderprogramm der Stadtwerke Ingolstadt wird auch der BHKW-Strom kostendeckend vergütet, da eine regenerative Energiequelle genutzt wird. Innerhalb der letzten sechs Jahre wurden zahlreiche Optimierungen an der Anlage durchgeführt. Heute existieren eine Holzpelletfeuerung und ein Wärmetauscher zur Luftvorwärmung, der in einer hochtemperaturisolierten Brennkammer untergebracht ist. Als Generator kommt nun eine permanent erregte Synchronmaschine zum Einsatz – gestartet wird der Motor mittels eines selbst entworfenen Umrichters. Die Steuerung der Anlage erfolgt durch einen Microcontroller in Verbindung mit einem Handheld-Computer (bei der Auslegung der Steuerelektronik wurde auf minimalen Energieverbrauch geachtet).
Der größte Entwicklungsaufwand lag nicht beim Stirlingmotor selbst, sondern bei den übrigen Anlagenbestandteilen wie Feuerung, Wärmetauschern, Generator und Steuerung. Dennoch ist das Stirling-BHKW eine kleine überschaubare Einheit geblieben.
Eine solche Biomasse-Kraft-Wärme-Kopplung, die den Grundbedarf an Strom und Wärme abdeckt, kann einen beachtlichen Beitrag zu einer nachhaltigen Energieversorgung leisten. Dass es funktioniert und Sinn macht konnte hier in Privatinitiative gezeigt werden."

Sonstige Entwicklungen

Aufbauend auf dem Gussteilesatz entstand eine α-Maschine ST-A-96/80 (Dr. Bernd Kammerich, Dortmund) und die β-Version STB-393 (S. Viebach, Kolbermoor). E. Weber baute eine Solarversion auf. Der AK Stirlingmotor München hat den Viebach-Motor als Kältemaschine betrieben und konnte damit Temperaturen von unter –100°C erzeugen.

Als weitere Entwicklung ist noch der Stirlingmotor ST5 mit Winkel-Hebelgetriebe zu nennen. Er wurde Ende der 80er Jahre in einer einmaligen Serie von 100 Stück in Madras produziert. US-Ingenieure bauten im Auftrag der indischen Regierung diesen Kurbelwellenmotor, der mit Holzschnitzeln befeuert wird. Der Motor hat eine Leistung von 3,5 kW, läuft mit einer Drehzahl von 600 U/min und wird mit dem Arbeitsmedium Luft bei einem Druck von 5 bar betrieben. Es ist eine Anlage bekannt, die in einem landwirtschaftlichen Betrieb eingesetzt wurde. Andere Motoren befinden sich in wissenschaftlichen Instituten.

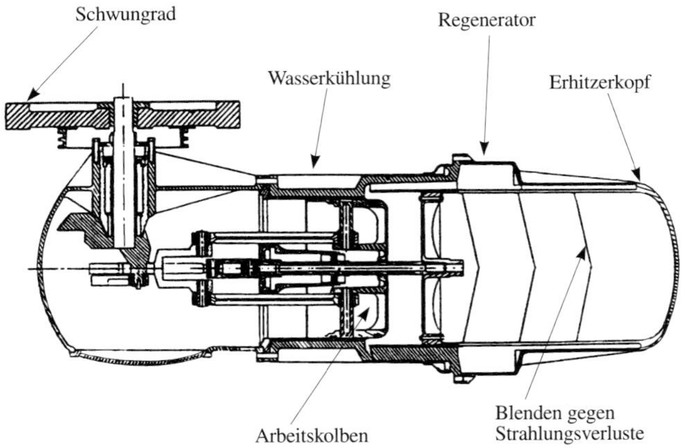

Abb. 137
Der ST5 im Schnitt, wie er im Ökozentrum Langenbruck (Schweiz) erprobt wurde.

Der hier abgebildete Motor (Abb. 137) wurde von Ingenieuren des Ökozentrums Langenbruck (Schweiz) weiterentwickelt. Er ist dort eine der Komponenten in der Energieversorgung für das Hauptgebäude. Zu den Erzeugungsanlagen für Raumwärme, Brauchwarmwasser und Strom gehört neben Holzhackschnitzelkessel und Stirlingmotor auch eine Kraft-Wärme-Kopplung mit Dieselmotor.

Der ST5 wurde auch in Bangladesh gebaut und eingesetzt [Lit. 151].

Es können nicht alle aktuellen Entwicklungen an dieser Stelle behandelt werden. Schwerpunktmäßig wurden die europäischen Aktivitäten aufgezeigt. Der amerikanische Entwickler Dekaresearch (USA) tauchte z.B. mehrfach in der deutschen Presse auf, genauere Angaben zum Entwicklungsstand waren jedoch nicht in Erfahrung zu bringen.

7.2 Von der Kleinserie zur Großserie

Seit 2002 läuft bei der *Solo Stirling GmbH* aus Sindelfingen die Fertigung des Solo 161 in Kleinserie. Den Schwerpunkt bilden Motoren mit Brennern für Gasbetrieb, aber auch Aggregate für die Solar-Dish-Version werden gefertigt. Der Preis für das Solo Stirling 161 microKWK-Modul für den Gasbetrieb lag im Frühjahr 2007 bei circa 25.000 € (ohne MwSt). Die Lieferzeit wurde mit ca. 6 - 8 Wochen angegeben. Ende 2006 wurden drei Maschinen pro Woche gebaut. Auch hier zeigt sich, dass der Weg in eine Serienfertigung mit steigenden Stückzahlen sowohl mit finanziellen als auch immer neuen technischen Schwierigkeiten verbunden sein kann. Die Entwicklung einer Version für feste Biomasse verzögert sich daher.

In Neuseeland hat *Whisper Gen Ltd.* bis Anfang 2007 etwa 1.500 bis 2.000 Motoren hergestellt. Die Fertigungskapazität in Christchurch liegt heute bei 2000 Einheiten im Jahr. Die DC-Version für 12 V oder 24 V Gleichstrom mit Diesel als Brennstoff wird für ca. 13.400 € (ohne MwSt) angeboten. Nach dem europäischen Markt wird nun auch der japanische, amerikanische und asiatische Markt erschlossen. Bei weiter steigenden Produktionszahlen ist zu erwarten, dass die Preise sinken werden.
Die AC-Version für 230 V Netzeinspeisung mit Gasbetrieb wird nach dem Feldtest in England (Winter 2002/2003) im Laufe des Jahres 2003 auf dem westeuropäischen Markt eingeführt. Beide Versionen haben zwischenzeitlich das CE-Zeichen erhalten.

Die beiden Firmen werden hier näher vorgestellt.

Solo Kleinmotoren GmbH, Sindelfingen

Im Jahr 2002 hat Solo Kleinmotoren die Produktion des microKWK-Moduls Solo Stirling 161 aufgenommen. Abb. 138 zeigt es in seiner aktuellen Ausführung. Über 10 Jahre wurde an der technischen Optimierung der ursprünglich fertigen schwedischen Entwicklung V160 gearbeitet und der Motor zur Serienreife entwickelt. Allein die Neuentwicklung und Anpassung des Gasbrenners mit Brennraum an den Erhitzer nahm mehrere Jahre in Anspruch.
Die Mühen haben sich gelohnt, denn auf der Internationalen Handwerksmesse München im Frühjahr 2003 erhielt Solo den Bundesinnovationspreis (Bundespreis für hervorragende innovatorische Leistungen für das Handwerk in der Kategorie Technologie und Umwelt).

Die Schadstoffemissionen erdgasbetriebener Maschinen sind ausgesprochen gering. Es wird jedoch angestrebt, durch Weiterentwicklung des Brenners die Abgaswerte noch weiter zu senken. Verglichen mit den gemäß TA Luft zulässigen Werten für BHKW mit konventionellen Motoren (mit Katalysator und Lambdasonde ausgestattet) sind die Emissionen des Stirlingmotors an NO_x und CO sehr gering. Um dies zu erreichen,

Abb. 138:
Das microKWK-Modul Solo Stirling 161 (offen).
Photo: Solo

wurde ein FLOX®-Brenner (FLammenlose OXidation) eigens für diese Anwendung entwickelt. Dabei galt es zwei gegensätzliche Effekte zu beherrschen. Durch eine intensive Abgasrückführung innerhalb des Brennraumes werden Temperaturspitzen vermieden, welche die Entstehung von thermischen Stickoxiden begünstigen würden. Damit gleichzeitig Kohlenmonoxid und Kohlenwasserstoffe (HC) vollständig ausbrennen können, muss die Wandtemperatur des Brennraumes andererseits hoch genug sein. Da die fossilen Brennstoffvorräte auf der Erde endlich sind und immer teurer werden, rückt die Nutzung nachwachsender (regenerativer) Brennstoffe stärker in den Vordergrund. Bei Solo soll diese Variante zukünftig kommerziell verfügbar sein. Mit der Biogaseinspeisung ins Erdgasnetz kann jedes Gasmotor-BHKW auch regenerativ betrieben werden.

Die technischen Daten zum Solo 161 finden sich in Kap. 9.4. An der KWK-Einheit ist bemerkenswert, dass sie modulierend arbeitet. Hierzu werden der Arbeitsgasdruck und die Brennerleistung variiert. Elektrisch stehen dann 2 bis 9 kW zur Verfügung und thermisch 8 bis 24 kW. Somit kann das Aggregat einen größeren Leistungsbereich abdecken, häufige Start-Stopp-Phasen vermeiden, mehr Laststunden fahren und letztendlich auch mehr Geld verdienen (Abb. 140).

Für die Planung eines Blockheizkraftwerkes bietet Solo eine eingehende technische Beratung und Prüfung an (siehe hierzu auch www.stirling-engine.de). Die Anwendungsbereiche liegen in Gewerbebetrieben, Hotels, Schwimmbädern und Wohnanlagen ab einer bestimmten Größe. Die Wirtschaftlichkeit muss für den jeweiligen Betreiber objektbezogen berechnet werden.
Ein Stirling-BHKW muss in der passenden Leistungsgröße ausgewählt werden, um es mit optimalen Laufzeiten nutzen zu können.

Abb. 139:
Schadstoffemissionen an NO_x, CO, Partikeln / HC von konventionellen Ottomotoren und Stirling-BHKWs (in mg/m³).
Graphik: Solo

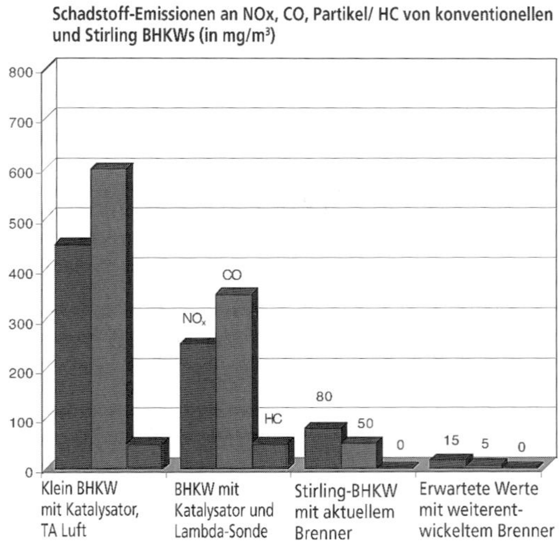

Die Wirtschaftlichkeit eines Stirling-BHKW ist generell von einigen Rahmenbedingungen abhängig:

- energiepolitische Ziele in Deutschland, Europa und weltweit (Klimaschutz)
- gesetzliche Bestimmungen zur Stromvergütung bei der Netzeinspeisung,
- einzelne Verträge mit den Stromversorgern,
- objektbezogene Berechnungen zu vermiedenem Bezug von Fremdstrom und
- steigende Energiepreise.

Generell kann gesagt werden, dass sich bei geeigneten Objekten die Investition im Laufe der Lebensdauer eines solchen Aggregates bezahlt macht. Im Gegensatz dazu amortisiert sich ein Heizkessel während seiner Nutzungszeit nicht. Bei höheren Stückzahlen und der Konkurrenz durch mehrere Hersteller können Stirling-Blockheizkraftwerke in den nächsten Jahren günstiger gekauft werden als dies jetzt noch der Fall ist.

Mitte 2007 hat die Stirling System AG die Rechte und Patente von Solo Stirling GmbH übernommen. Die Produktion neuer 9 kW-Einheiten ist bis zum 2. Quartal 2008 geplant.

Abb: 140: Das Solo Modul in einer Heizzentrale. Photo: Solo Stirling

WhisperGen Ltd., Neuseeland

Diese Firma hat ihren Sitz in Christchurch, Neuseeland. Die Zahl der Beschäftigten liegt bei ca. 130 Personen. Anteilseigner sind u.a. zu 33% der führende Stromverteiler "Orion New Zealand Limited", und zu 25% der größte neuseeländische Stromversorger "Meridian Energy Limited".
Hier wird der WhisperGen® produziert, eine kleine, kompakte KWK-Einheit, die für mobile und stationäre Einsätze entwickelt wurde. Der WhisperGen hat eine elektrische Leistung von 750 – 1200 W. Die thermische Leistung beträgt ca. 7 - 8 kW. Es gibt die beiden Versionen DC (Gleichstrom 12 oder 24 Volt) und AC (Wechselstrom 230 V 50/60 Hz). Als Brennstoffe werden bisher Heizöl, Diesel und Gas verwendet. Brennstoffe wie Biogas, Biodiesel und Pflanzenöl werden an verschiedenen Instituten und Hochschulen getestet. Bisher wurden für Europa 600 WhisperGen DC und ca. 1000 WhisperGen AC gebaut.
Ein mehrjähriger Feldtest mit einigen hundert Maschinen in England ist abgeschlossen und ausgewertet. E.On (UK) hat im Jahr 2004 über 80.000 WhisperGen AC bestellt. Dieser Auftrag war der Einstieg in die kommerzielle Vermarktung als Mikro-BHKW in Europa. Seit sieben Jahren sind dutzende AC-Maschinen in Europa bei verschiedenen Energieversorgern (Strom / Gas) auf den Prüfständen. Das Institut für Solare Energieversorgungstechnik ISET der Universität Kassel hat 2003 einen Stirlingmotor zur Untersuchung der Biogasnutzung erworben. Ferner betreibt die Hochschule für Technik und Architektur Luzern einen Prüfstand für Mikro-KWK-Anlagen und hat eine Vermessung des WhisperGen vorgenommen.

(1) Brennkammer
(2) Erhitzer
(3) Kühler
(4) Taumelscheibentriebwerk
(5) hermetisch geschlossener Generator
(6) Mikroprozessorsteuerung
(7) Anzeigeelement
(8) Gehäuseabdeckung

Abb. 141:
Der WhisperGen® von Whisper Gen Ltd.
Photo: WhisperGen Ltd.

Abb. 142: Don Clucas von WhisperGen Ltd. präsentiert auf dem Internationalen Stirlingforum 2004 in Osnabrück die Wechselstromversion des WhisperGen. Photo: P. Beck

Abb. 143:
WhisperGen AC; Design Mark V
Photo: Gasag, Berlin

Als ganz besondere Einsatzbeispiele für den WhisperGen sind zu nennen: Unabhängige Stromversorgung in einem Krankenwagen sowie auf einer zeitweise unbemannten Forschungsstation in der Antarktis. Über den Einsatz auf Yachten und im Freizeitbereich wurde bereits in den Kapiteln 6.2.2, 6.2.4 und 6.2.5 berichtet.
Seit Beginn der Markteinführung im Bootsbereich wird daran gearbeitet, den WhisperGen in Europa zu produzieren. Für Herbst 2007 ist die Bekanntgabe des Standortes und des Produzenten für die Massenfertigung geplant. Die Fertigungsbänder sollen im Frühjahr / Sommer 2008 anlaufen. Der offizielle Start des Vertriebes für den WhisperGen AC in Deutschland ist im Herbst 2008 vorgesehen. Die Fertigungskapazitäten sollen bei 30.000 Einheiten pro Jahr liegen.
Einige Stadtwerke in Deutschland haben mit kleineren Feldversuchen des WhisperGen AC begonnen (Auswahl) :

- Eon Ruhrgas: mehrere Testgeräte
- Stadtwerke Saarbrücken (& Partner): 3 Testgeräte
- Technische Werke Ludwigshafen : 1 Testgerät
- MVV Energie Mannheim: 20 Anlagen in Mannheim, Solingen und Kiel
- Gasag, Berlin: 20 Anlagen in Berlin
- Fa. Wagner & Co: 15 Anlagen

Abb. 144:
Pilotinstallation mit WhisperGen AC und Dampfmotor LION (Fa. OTAG).
Photo: ISET

In weiteren Forschungsprojekten z.B. im Rahmen von DINAR untersucht das ISET in Kassel wie kleine Stromerzeuger (z.B. WhisperGen AC oder Lion von OTAG) sinnvoll in das Niederspannungsnetz integriert werden können. Getestet wir dabei BEMI, ein Bidirektionales Energiemanagement Interface (http://www.projektdinar.de/).

Hier ein Bericht von Kuno Kübler von seinem Besuch im Jahr 2002 in Neuseeland: “Eine Reihe neuseeländischer und australischer Firmen liefern die Einzelteile für den Motor. Nach Durchlaufen der Eingangskontrolle gehen die Teile ins Lager. An mehreren Arbeitsständen wird der WhisperGen zusammengebaut. An einem speziellen Arbeitsplatz werden unter Reinraumbedingungen die Arbeitskolben, die in Tüten abgepackt bereit liegen, eingesetzt. Nur so ist gewährleistet, dass die Dichtungen nicht durch Verunreinigungen vorzeitig verschleißen.

Abb. 145:
Überblick über die Fertigungshalle,
Photo: Kübler, 2002

Abb. 146:
Vorbereitung auf die Gehäusemontage.
Photo: Kübler, 2002

Die Qualitätskontrolle ist durchgängig. Viele Einzelteile sind so vorgefertigt, dass es den Eindruck erweckt, als wäre es ein leichtes Spiel sie zusammenzufügen. Die Steuerung ist komplett fertig, nur die Kabel müssen miteinander verbunden werden. Jeder WhisperGen hat seinen Arbeitsbogen, in den alle Daten eingetragen werden.
Der WhisperGen läuft noch nicht vom Fließband. Vielmehr leisten kleine Arbeitsgruppen bisher noch viel Handarbeit. Wie wird wohl die erste Fabrik aussehen, in der der WhisperGen tatsächlich am Band hergestellt wird? Und wo wird sie errichtet? Noch ist dies eine Frage der Zukunft, aber bereits in 12 bis 24 Monaten wird wohl Genaueres darüber bekannt sein.
Das fertige Aggregat kommt auf den Prüfstand und läuft dort 100 Stunden, bevor es für den Versand verpackt wird. Es wird daran gearbeitet, diesen Prüfzyklus auf ca. 10 Stunden zu verkürzen.
Für die AC-Version gibt es einen eigenen Prüfraum. Dort sind besondere Sicherheitseinrichtungen vorhanden, da Gas als Brennstoff verwendet wird.

Der Bereich Forschung und Entwicklung wird noch ein Schwerpunkt für die nächsten Jahre sein. Der Technische Direktor Don Clucas leitet die Entwicklungsabteilung. Clucas berichtete, dass gerade die Brennerentwicklung noch längst nicht abgeschlossen ist, denn es gibt zahlreiche Anfragen für Biogas-, Biodiesel- oder Pflanzenölbrenner.
In einem Container neben dem Fertigungsgebäude sind verschiedene Prüfstände (Klimakammer, Dauerlauftest, Schwingungsverhalten) untergebracht. Eine Maschine läuft hier Tag und Nacht und hatte zuletzt (Sommer 2002) über 15.000 Stunden an Laufzeit erreicht. Danach wurde sie durch ein neueres Modell ersetzt. Mittlerweile sind mehrere hunderttausend Stunden an kumulierter Betriebszeit zusammengekommen.
An einem anderen Teststand wird die Maschine für die mobile Anwendung untersucht, wo Schwingungen auftreten und zu Störungen führen können. Es sind viele Tests erforderlich, bevor ein neues Anwendungsgebiet erschlossen werden kann. Dies

Abb. 147:
Prüfstand für den DC-WhisperGen.
Photo: Kübler, 2002

Abb. 148:
Prüfstand für den AC-WhisperGen.
Photo: Kübler, 2002

war auch vor dem Einsatz in der Antarktis-Forschungsstation der Fall. Zur Erweiterung der Produktpalette wird an einem Aggregat mit 3 kW gearbeitet, ein Prototyp ist bereits vorhanden."

In den Jahren 2001 bis 2007 wurden etliche Pilotobjekte mit dem WhisperGen DC ausgerüstet und erprobt, in Frankreich, in der Schweiz und in Deutschland. Der WhisperGen DC wird dabei stationär zur Hausheizung und Stromerzeugung eingesetzt. Ein Steckbrief der Pilotanlagen mit dem WhisperGen DC findet sich jeweils in den Übersichten.

Beispiel	**W. Haus in Kallern, Schweiz**	**Ian McNulty, Südfrankreich**
Zweck	Energieversorgung eines Einfamilienhauses	Versorgung eines Landhauses mit Heizung u. Warmwasser sowie mit Strom im Inselbetrieb
Photovoltaik	4,7 kW (Netzeinspeisung)	1,5 kW
Sonstiges		1 kW Windgenerator 15 kW Dieselgenerator
Batteriebank	100 Ah	2300 Ah
Wechselrichter	650 W (für WhisperGen DC)	3 x 3000 W
Solaranlage	16 m²	
Pufferspeicher	1000 Liter	2000 Liter
Einbau des	WhisperGen DC im Jahr 2001	WhisperGen DC im Jahr 2003
Mehr Info im Internet	www.whispergen.com/content/library/AP39_Self_Sufficient_Home_Switzerland.pdf	www.whispergen.com/content/library/AP48_Self_Sufficient_Home_French_Riviera.pdf

Tabelle 12a: Daten von Pilotinstallationen des WhisperGen DC

Walter Haus in der Schweiz beschreibt seine Motivation wie folgt:
"Der Grundgedanke war, mein 25 Jahre altes Haus zu einem Solarhaus umzubauen mit eigener Energieversorgung. Mit der Photovoltaik-Anlage produziere ich von März bis Oktober mehr als ich selber verbrauche. Die restlichen 4 Monate sind typische Heizmonate, somit lag es nahe mit der Heizung auch gleichzeitig noch Strom zu produzieren. Der WhisperGen DC läuft ca. 1200 Stunden und produziert in den vier Monaten 780 - 1000 kWh an Strom. Dies reicht aus, um über das ganze Jahr gesehen eine positive Bilanz zu haben. (s.a. Schema des Energieversorgungssystem W.Haus)
Die *nächste Anschaffung* wird ein Elektromobil sein, mit welchem ich die Mobilitätsfrage mit integrieren will, um die überschüssige Energie selbst zu speichern. Bei Stromausfall und in der Nacht soll das System als Insellösung selbständig laufen können. Ich bin überzeugt, meine Vision in nächster Zukunft auch verwirklichen zu können. Wenn der WhisperGen DC dann auch noch zu 100% mit nachwachsenden Rohstoffen betrieben wird, so ist auch der ökologische Aspekt mit einbezogen und die Kriterien für die 2000-Watt-Gesellschaft erfüllt."

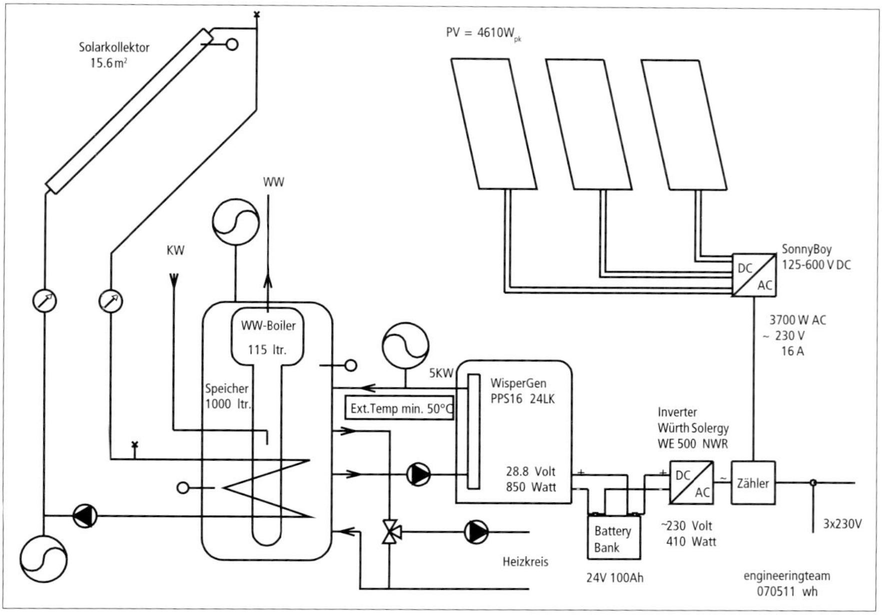

Abb.149: Schema des Energieversorgungssystem von Walter Haus, Schweiz Grafik: W. Haus

In Zusammenarbeit mit der Fachhochschule München wird der WhisperGen DC von der interdisziplinären Projektgruppe Stirling auf seine Tauglichkeit für den Einsatz von regenerativen Brennstoffen hin untersucht. Das Projekt wurde im Mai 2007 mit einem Preis für "Innovative Maßnahmen im Bereich Biomasse / regenerative Energien" vom Umweltreferat der Stadt München ausgezeichnet.

Beispiel	**Öko-Solarhaus in München/Deutschland**
Zweck	Energieversorgung eines Reihenhauses
Photovoltaik	1.: 24 V für Licht im Haus 2.: 880 W (Netzeinspeisung)
Batteriebank	220 Ah
Wechselrichter	1100 W (für WhisperGen DC)
Solaranlage	8 m²
Speicher	Schichtenladespeicher 650 Liter
Einbau des	WhisperGen DC im Frühjahr 2007
	Test mit regenerat. Brennstoffen (Pflanzenöl, Bioalkohol, Biodiesel) Kooperation mit der FH München (interdiszipl. Projektgruppe Stirling)
Mehr Info	www.fb06.fh-muenchen.de/fb/queries/vita.php?id=426

Tabelle 12 b: Daten von Pilotinstallationen des WhisperGen DC

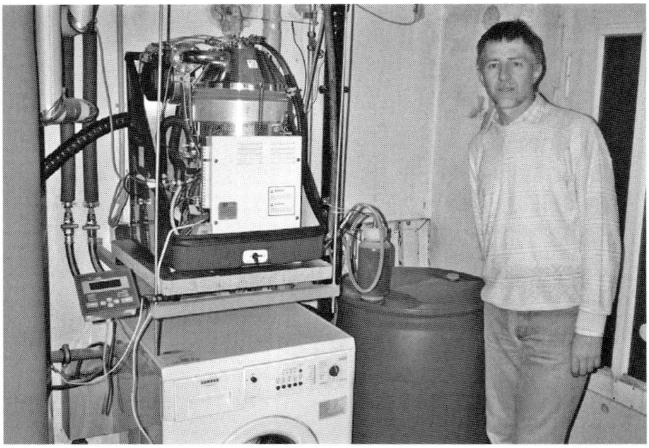

Abb. 150:
Der WhisperGen DC im Ökosolarhaus in München im Testbetrieb mit Pflanzenölmischungen.
Photo: Kübler, II/2007

Tatsache oder Satire ?
Wer sich als Erfinder eines Stirlingmotors auf den Weg machen will, braucht einen langen Atem. Rechnen Sie mit 10 bis 15 Jahren, 5 Stirling-Spezialisten, ein paar Entwicklungsingenieuren und einem Startkapital von 10 bis 15 Mio. Euro. Wenn Sie sich sicher sind, diese Bedingungen zu bewältigen, dann wünschen wir Ihnen viel Glück und Erfolg für 2017 oder 2022. Wir kommen gerne bei Ihnen vorbei, um mit Ihnen zu feiern !! Auf diesem Weg sollten Sie sich mit anderen verbünden, denn der ganze Kuchen ist so groß, dass Sie sich am ersten kleinen Stück den Magen verderben können. Es ist und bleibt ein Rätsel, warum sich nicht z.B. in Deutschland in den letzten 20 Jahren alle Stirlingbegeisterten zu einem Team zusammengeschlossen haben, um gemeinsam an dieser großen Zukunftsaufgabe zu arbeiten.

7.3 Forschung

In diesem Kapitel werden die Forschungseinrichtungen und Entwickler genannt, die weltweit an der Weiterentwicklung der Stirlingtechnologie arbeiten. Dazu ist der jeweilige Forschungsgegenstand der letzten Jahre in kurzen Worten erläutert. Nähere Angaben über den Stand der jeweiligen Entwicklung sind der einschlägigen Literatur zu entnehmen (Verzeichnis siehe Kap. 9.2).

Forschungseinrichtung Entwickler	Forschungsgegenstand	Stand
Aisin Seiki	30 kW Stm. für Wärmepumpenanwendungen,	Ziel
	Brenner mit niedrigem NO_x-Ausstoß,	Studie
	Regeneratorforschung	Studie
→ mit Riken Co.	Dichtungssysteme und Kolbenringe für Stm.	Test
→ mit Hok.Coll.	Auswirkung des Regenerators auf Freikolben	Test

Forschungseinrichtung / Entwickler	Forschungsgegenstand	Stand
AMRI	Entwicklung eines Martini-Verdrängermotors	Test
ASME	Normung von Bezeichnungen bei der Berechnung	Studie
BBT	Freikolbenstirling mit Gasbrennwerttherme	Test
BSR Solar	Fremderregte Stirlingmotoren mit hydraul. Leistungsauskopplung im Hoch-, Mittel- u. Niedertemperaturbreich	Test
	Thermochemischer Speicher MgH_2 (24-Stunden-Solarkraftwerke)	Test
	Solarreceiver, Konzentratoren	Test
	Pilotanlage Solar Power Village	Test
Budliger	Freikolben-Vuilleumiermaschine mit Resonanzrohr,	Test
	Schwingungsversuche,	Ziel
	Arbeitsmedium Gasmischungen	Ziel
Brenk	Magnet. Kraftauskopplung am Stm.	Test
Creare Inc.	Membran Cryokühler	Ziel
Disenco	3 kW Stirlingmotor	Ziel
DLR	Entwicklung eines Solarreceivers für V160/161	Test
ECOS	Kraftwärmekopplung mittels Biogasstirlingmotor	Ziel
	Studie für Biomassenutzung i. A. der Europ. Komm.	Studie
	Holzvergaser und Stirlingmotor	Test
Eder	thermo-hydraulische Stirlingmaschine	Test
Enatec	Feldtest mit RG 1000	Test
ENERGO Ltd.	Heat Pipes an Stirling Erhitzerköpfen,	Test
	Solarspiegel-Stirlingmotor (50 kW_{el}),	Test
	Mehrstoff-Verbrennung	Studie
Enerlyth	2-Zyklen-Heißgasmotor	Test
Energy & Resources	Stirling Cryokühler	Test
ESD Engines	Getriebe, Niederdruck-Stirlingmotor für Biomasse	Test
Fette	Flüssigkolben Stirlingmotor	Studie
FH Amberg / Weiden	Techn. Thermodynamik, Wärme- u. Stoffübertragung	Test
FH München Fk 03	Praktikumsversuch	Test
FH München Fk 04, 06	Untersuchungen am WhisperGen	Test
FH Regensburg	theoretische Modellierung	Studie
	Optimierung von Stirlingmotoren (Biomasse, Solar)	Test
FH Reutlingen	Programm zur Berechnung von Stirling-Maschinen	Ziel
Finkelstein	Thermodynamische Berechnungen am Stirling	Studie
FRG	thermoakustischer Resonator (TAR)	Test
Glenn Research Center	Stm.-Freikolbentechnologie in Raumflugkörpern	Ziel
Global Cooling	Kühlbox	Ziel
GoldStar Co. Ltd.	Stirling-Kühlaggregat	Test
Gros	alternative Verdrängerbewegung am Beta-Stirling	Studie
HCR/CDER	Optimale Arbeitstemperaturen bei Receiver-Stm.	Studie

Forschungseinrichtung / Entwickler	Forschungsgegenstand	Stand
HTA Luzern	Prüfstand für Stirling Micro-KWK	Test
ICPIAF-SA	Stirling Cryocooler	Studie
Infinia Corp.	Freikolbenhydraulik Stirlingmotor mit Solarreceiver	Studie
Institut Dresden	Kältemaschine 15 W; 80 K	Test
ISET	Biogasanwendung beim WhisperGen	Test
	Projekt Dinar	Test
Israel Elec. Corp.	Stirling-Wärmetauscher Berechnung und Test	Ziel
Jameela Designs	Niedertemperatur-Solarstirling	Test
Joanneum	Kraft-Wärme-Kopplung mit Holz,	Studie
	Bau eines 3 kW Stirlingmotors	Ziel
Kawasaki	Hochleistungs-Stirling Kühlmaschine,	Test
	Regeneratorforschung	Test
Kammerich	Add-on-Stirling für Stückholzkessel	Test
Kramer / Moch	1 kW Stirlingmotor	Test
Kufner	leistungsfähige Großmodelle	Test
Langenbruck	Hackschnitzelfeuerung am ST 5,	Ziel
	Stirlingmotor als Hybrid Fahrzeugantrieb	Studie
→ mit Sunpower	Freikolbenstirlinggenerator für Stromerzeugung	Test
Lithuanian Energy Inst.	Entwicklung eines 2,5 kW_{el} Stirling-Generators	Test
Lohrmann	2,5 kW Stirlingmotor	Test
Los Alamos Lab.	Malone-Kühlaggregate, flüssiges Arbeitsmedium	Test
Lund Inst. of Techn.	Brenner mit niedriger Emission für Stirlingmotoren	Test
Magnet	5 Pilotanlagen mit 40 kW	Ziel
Matsushita Electric Industries Co	Durch Freikolben-Stirlingmaschine angetriebener Kompressor	Test
Mayer & Cie	LG 1-100	abgebrochen
MicroGen	1,1 kW Mikro-KWK (Feldtest)	abgebrochen
MITI	Optimierung von Kolbenringen für Stirlingmotoren,	Studie
	Thermische Regeneratorleistung,	Test
	Drahtdurchmesser im Regenerator	Test
Mitsubishi Electric Co.	Stirlingm. mit über 3 kW in Wärmepumpensystemen	Ziel
→ mit Elect. Lab.	kleine Vuilleumier-Kühlmaschine	Test
MTI	Stirling-Automotoren stationär eingesetzt	Studie
Moch	Kleinst-BHKW mit 200 W	Ziel
National Aerosp.	NO_x-Reduktion bei Brennern,	Ziel
→ mit Mitsubishi	versch. Stirlingmotoren für Raumfahrzeuge,	Test
	Heat-Pipes für Stirlingmotoren,	Test
	Hybrid Stirlingmotoren (NALSEM-Serie)	Test
Nat.Def.Acad.	Test und Optimierung des NS03T Stirlingmotors	Test
New Energy Dev.Org	Stirlingmotoren allgemein	Test
Nipon Piston Ring	Entwicklung von Kolbenringen für Stirlingmotoren	Test

Forschungseinrichtung / Entwickler	Forschungsgegenstand	Stand
Oak Ridge Nat. Lab.	Stirlingmotoren und Anwendungen allgemein	Studie/Test
Osaka El. Uni, AC.	Berechnung über Dynamik eines b-Stirlingmotors	Studie
Osaka Gas Co.	Entwicklung einer 6 kW Stirling-Wärmepumpe	Test
Royal Naval Eng.Coll.	Unterwasseranwendungen von Stirlingmotoren,	Studie
→ mit Uni Calgary	Programm zum Auslegen U-Boot Stirling-Antrieb	Ziel
RWTH Aachen	Entwicklung von Ölbrennern für StM	Studie
Saarbergwerke	Entwicklung des ST 20/1	abgebrochen
Sanden Co., und Nihon Uni.	Entwicklung und Anwendung eines 2.5-kW-Stirling-motors (5-Zylinder, doppeltwirkend)	Test
Sanyo Electric Co.	Entwicklung eines ca. 30-kW-Stirlingmotors,	Ziel
	Entwicklung einer Vuilleumier Wärmepumpe	Ziel
Schager	Miniatur-Stirlingmotoren	Ziel
Schlaich	Parabolspiegel mit Stirlingmotoren	Ziel
Shandong Polyt. Uni	Diesel-Stirling Hybridsysteme	Studie
Shanghai M.D.E.R.I.	Entwicklung von Stirlingmotoren	Test
Sigma	3 kW Stirlingmotor von TEM (siehe Disenco)	Test
Stirling Cryonetics	Stirling-Kühlmaschinen	Studie
→ mit Uni Eindhoven	Wärmerohrentwicklung	Test
Ship Res. Inst.	Entwicklung eines 2-kW-g-Stirlingmotors	Test
Société Eca	Entwicklung eines 12-kW-Stirlingmotors	Studie
Solo	Weiterentwicklung des V160,	Ziel
	Pilotphase mit 20 BHKW (Solo161),	Ziel
	Solarversion Solo 161,	Ziel
	Solo 161P für Biomassenutzung	Test
	Solo 161 als Kältemaschine	Test
Staender	6 kW Maschine; Biomassefeuerung	Studie
STC	Freikolben Hydraulik Stm. mit Solarreceiver,	Studie
	Labortechnik für Stirlingmotoren	Ziel
Stirling Danmark	9, 35 und 75 kW Stirling für Biomasse	Test
Stirling Engineering	0,75 bis 8 kW Leistungsstirling	Test
Stirling Systems	1,1 kW Mikro-BHKW im Feldtest	Test
STM	Stirlingmotoren und Anwendungen,	Ziel
	Gasverflüssigung mit STM4-120CC Cryokühler,	Test
	Kommerzialisierung von Stirlingsystemen	Studie
Sunmachine	Akustische Stirlingmaschinen	Studie
	Freikolben-Flachplatten-Stirlingmaschinen	Studie
	Flüssigkolben-Stirling	Ziel
	Stirlingmotoren 1 - 3 kW	Test
Sunpower	Stirlingmaschinen allgemein,	Test
→ mit General Electric	Freikolbenstirling Kühlmaschinen	Test
Sunwash	Solarskulptur (Flüssigkolbenprinzip)	Ziel
TB Kocsisek	Entwicklung BHKW 1-285-7,5	Studie

Forschungseinrichtung / Entwickler	Forschungsgegenstand	Stand
Toshiba Co., C.P.E.L.	3-kW-Stirlingmotor zum Antrieb einer Wärmepumpe	Test
TU Berlin	Kathalytische Verbrennung als Stirling-Antrieb	Ziel
TU Dresden	Dynamische Messung im NT-Stirlingmotor	Test
TU of Denmark	stationäre 10 kW_{el} Stirlingmaschine,	Test
→ mit Uni Dortmund	Tests an einer Vuilleumier-Wärmepumpe	Test
TU München	Vuilleumiermaschine	Ziel
TU of Szczecin	Berechnungsoptimierung Gamma-Stirlingmotor,	Studie
	Arbeitsmedium(Gas)untersuchungen	Test
TU-Gdansk, → Uni Rom	numerische Berechnung der Winkelgeschwindigkeiten im Rhombengetriebe,	Studie
	3D Vektor-Modell des V160-Getriebes	Studie
Uni of Calgary	Computerunterstützte Stirlingmotor-Konstruktion,	Ziel
	numerische Stirlingmotor Berechnung,	Ziel
	Berechnungen zum Regenerator,	Studie
	Kolin-Flachplatten Kühlschrank,	Test
	Abwärmenutzung von Turbinen durch Stirlingmot.,	Studie
	Stirling Kühlschränke,	Studie
	CO_2 Emissionen am Stirlingmotor	Studie
Uni of Canterbury (Stirling Cycle Research Group)	Stirlingmotor-Batterieladegerät für Schiffe	Ziel
	Entwicklung eines 3 kW-Stirlingmotors	Test
	Entwicklung eines Stirling-Kühlschranks	Test
	Entwicklung einer kostengünstigen Stirling-Wärmepumpe	Test
	Entwicklung des physikalischen Modells "Dichtungen" mit Dichtungsmodellierung und Simulationsprogramm	Studie
	Teststand zur Untersuchung von Dichtungen	Test
	Entwicklungs-Programm für Regeneratormaterialien	Test
	Auftragsentwicklung für Stirlingmotoren	
Uni of Durham	Brennersimulation für WisperGen AC	Ziel
Uni Gazi	Berechnung des Stirling-Regenerators	Studie
Uni GHS Essen	Entwicklung einer Kältemaschine	Test
Uni of Genoa	kombiniertes Diesel-Stirling-Aggregat	Studie
Uni Hannover	Erhitzerauslegung (Strömung) für Fix-Focus-Paraboloide	Studie
Uni of Hunan	Temp.-u.Spannungsbelastungen im Zylind.kopf,	Studie
	Entwicklung eines 3 kW β-Stirlingmotors,	Ziel
	Entwicklung eines 10 kW α-Stirlingmotors,	Ziel
	Entwicklung eines 4 kW α-Stirlingmotors,	Ziel
	Berechnungssimulation von Vorgängen im Stm.,	Studie
	Dichtungssystem, Erhitzer und Kühler,	Studie
	Arbeitsmedium Luft,	Studie
	Hitzebeständigeres Metall für Stirlingmotoren,	Test
	verschiedene Brennstoffe im Brennraum	Studie

Forschungseinrichtung / Entwickler	Forschungsgegenstand	Stand
Uni of Lund	hermetisch gedichteter 4-kW-b-Stirlingm., Keramik	Test
Uni of Meiji	Druckabfall in Stirling-Wärmetauschern	Studie
Uni of New South Wales	Einsatz des WhisperGen in der Antarktis	Test
Uni of Nihon	Stirlingmotor mit innerer Verbrennung,	Test
→ mit Katayose u. Sanden	Entwicklung eines Stirlingmotors mit Industrie-brenner,	Test
→ mit Sanden	Stirling-Klimaanlage für Autos,	Studie
→ mit Tohoku Uni	Entwicklung eines solaren Stirling-Receiversystems,	Test
	1 kW Solar-Stirling Einheit (TNT-3),	Test
	atmosphärischer 200W Solar-Stirlingmotor (NAS-2)	Test
→ mit Electric Power	Vektor-Berechnungsmethode für Stirlingmotoren,	Studie
Uni of Nihon	Optimierung von Regeneratoren,	Studie
→ mit Ship Res. Inst.	Stirling-Antriebssystem für U-Boote	Studie
Uni of Oviedo	Getriebeberechnungen	Studie
Uni of Reading	Wärmeübertragung am Zylinderkopf,	Test
	Wärmetauscher Berechnung	Test
Uni Rom	Tests mit dem V160 Stirling,	Test
→ mit Uni Tuscia	Getriebeberechnungen,	Test
→ und TU-Gdansk	Entwicklung Stirlingmotor,	Studie
	optimierte Wärmetauscher	Studie
Uni Saitama	Niedertemperatur Stirlingmaschine (4W, 150°C)	Test
Uni of Shanghai	Wandwärmestrahlung im Stirlingmotoren	Studie
Uni of Tokyo	Mikro-Stirlingmaschinen	Studie
Uni Tohoku G.	Entwicklung Stirling-Receiver, Sonnennachführung	Test
→ mit Tohoku Uni Sci.		
→ mit Nihon Uni		
→ mit Press Kogyo		
→ mit Electric Power		
Uni of Wisconsin	Druckpuffereffekte im Stirlingmotor	Studie
Uni Wien	Ventilgesteuerter Stirlingmotor	Studie
Uni of Wuhan	Bestimmung der Gastemperatur	Studie
Uni of Zagreb	Flachplatten Stm. und Vuilleumiermasch.,	Ziel
	Thermodyn. Berechn. von Vuilleumiermasch.,	Studie
	Vergleich versch. Prozesse mit dem Grenzprozeß,	Studie
	Untersuchungen zum Kompressionsverhältnis	Ziel
Uni of Zhejiang	Stirlingmotoren u. dessen Befeuerung auf dem Land,	Studie
	Biomassebefeuerung,	Studie
	Yoke Drive	Studie
U.S Naval Acad.	Leistungsgrenzen eines realen Stirlingkühlaggregates,	Studie
	Prozeßuntersuchungen endoreversibler Stirlingaggreg.	Studie
UTI	UTI-CS-1-79 (als BHKW mit 4 kW_{el})	Test

Forschungseinrichtung / Entwickler	Forschungsgegenstand	Stand
Uzbek Academy	Solar-Flüssigkolben-Stirling-Wasserpumpe	Test
Viebach, D. & S.	Simulationsprogramm,	Ziel
	Biomassefeuerung für ST 05 G	Ziel
Viessmann	1 kW-Stirling in Gasbrennwerttherme	Studie
Weber/Viebach	Solarversion ST 05 G	Ziel
	Biomasse-BHKW	Test
	Cryo-Kältemaschine (100 - 1500 W bei 25-80K)	Test
	Gas-BHKW 2 kW	Test
	Solar-Dish-System 2,5 kW	Test
WhisperGen	Feldtest mit 20 Maschinen (800 W)	Ziel
	Feldtest in England 2002 - 2006	Ziel
	Entwicklung einer 3 kW-Maschine	Test
	Feldtest mit WhisperGen AC (MarkVb) in D	Test
	WhisperGen als Stromerzeuger im PKW	Test
	Vorbereitung für Serienfertigung	Test

Tabelle: 13: Liste der Forschungseinrichtungen und ihrer Themen
Studie → Es existiert eine Studie über dieses Thema
Test → befindet sich in der Testphase bzw. es wurden Tests absolviert
Ziel → Ziel bereits erreicht, Projekt abgeschlossen

Abb. 151:
Kufners KF 1-180
Foto: W. Kufner

7.4 Modellmotoren

Neben den oben genannten Anwendungsbeispielen und dem Beginn der Serienfertigung dürften zur Zeit die einzigen in größeren Stückzahlen hergestellten Stirlingmotoren Modellmotoren sein. Tabelle 14 nennt einige solcher Modell- und Lehrmotoren sowie Bauanleitungen. Die meisten davon sind im Handel erhältlich.

Hersteller	Motorenart	Einsatz
AK Stirling	Kolin-Flachplattenmotor	Modellbauanleitung (dt u. englisch)
Astromedia	Funktionsmodell aus Karton	Bausatz, läuft einer Tasse mit heißem Wasser
Buchner (senior)	kinematische Maschinen	Messing-Modellmotoren
Böhm	kinematische Maschinen	Dekorationsmotoren
Classic Collections	kinematische Maschinen	Prüfungsmaterialversand
Elwe	Langsamläufer	Lehrmodell
Exergia	Solarstirling	Demonstrationsmodell
Hielscher	kinematische Maschinen	Lehr- u. Demonstrationsmodelle
Inpro Solar Systeme	kinematische Maschinen	Teilesatz Handwärmemotor, Fahrzeug zum Selbstbau
D. Kassner	kinematische Maschinen	Lehr- u. Demo-Modelle, Bausätze
J. Kraft	kinematische Maschinen	Lehr- u. Demonstrationsmodelle
K. Kramer	kinematische Maschinen	Lehr-und Dekorationsmotoren
W. Kufner	versch. eigene Modelle	Lehr-und Dekorationsmotoren leistungsfähige Großmodelle
Leybold-Heraeus		Physiklehrmodell
Moch	kinematische Maschine	Modellbauanleitung
Peter Olds	kinematische Maschinen	
Opitec	kinematische Maschine	Bausatz für Lehrmodell
Phywe	kinematische Maschinen	Lehr.- und Meßmodelle
B. Probst	kinematische Maschine	Zimmerspringbrunnen
Reichelt	kinematische Maschinen	Modelle, Pläne
Ruppel	offener Heißgasmotor	Lehr- und Demonstrationsmodelle
Sanden Corp.	Kurbelgetr. 1-Zyl.	Lehrmodell
Schager	Handwärme-Stirling, kleinster Stirling der Welt	Demonstrationsmodelle
Schlagenhauf	Reagenzglas-Stirling	Selbstbau-Lehrmodell (Anbieter gesucht)
E. Schmidt	Balken-Motoren, Zwei- und Einzylinder, Schnittmodelle und historische Motoren	Lehr-und Dekorationsmotoren
J. R. Senft	Handwärmemotoren	Lehr- und Demonstrationsmodelle, Bauanleitung
Solar Engines	kinematische Maschinen	Demonstrationsmodelle
D. Viebach	Getränkedosen-Stirling	Lehrmodell, läuft mit Handwärme

Hersteller	Motorenart	Einsatz
D. Viebach	Konservendosen-Stirling mit Generator für Kleinradio	Lehrmodell, läuft mit 1 Teelicht Bauanleitungen erhältlich
	Freikolben-Stirling	Demonstrationsmodell
	Vieb-2 (neu in 2007)	Lehrmodell für Schüler (auch als Bausatz)
Vieweg/Mannek	Heißluftmotoren Bd. I -VII	Modellbeschreibungen u. Bauanleitungen (Neckar Verlag)
Wiggers	kinematische Maschinen	Lehrmodelle, Pläne, Gussteile

Tabelle 14: Stirlingmaschinen als Dekorations- und Lehrmodelle sowie als Modellmotoren.

Es gibt noch sehr viele weitere Modell-Stirlingmotoren, die hier nicht gezeigt oder aufgeführt werden. Interessierte Modellbauer können Prospekte der Firma Schmidt in Oberursel anfordern, die außer verschiedenen Modellen auch Modellbauliteratur vertreibt. Im ökobuch Verlag ist eine Bauanleitung für die Lehrmodelle von D. Viebach erschienen.

Abb. 152
Kanonenofen-Stirlingmotor als Großmodell.
Foto: W. Kufner

Abb. 153: Stirlingmodellmotor von Kramer, Berlin.

Abb. 154:
Die Produktpalette an Handwärmemotoren von D. Schager, Offenbach. Sie laufen mit Handwärme, aber je nach Bauform auch mit Verdunstungskälte. Photo: Schager

Abb. 155:
Die Mikro-Handwärmemotoren (HWM) von Dieter Schager für Daumen- und Fingerbetrieb. Photo: D. Schager

Abb. 156:
Kleinster Stirlingmotor der Welt, gebaut von Herrn Schager (Mikro-β-Ringbom-Stirling, Gesamtmasse ca. 0,775 g). Photo: D. Schager

Abb. 157:
Extrem leichtlaufender Niedertemperatur-Stirlingmotor mit Kurbeltrieb – er läuft unter anderem auch mit Handwärme.
Photo: Schager 2007

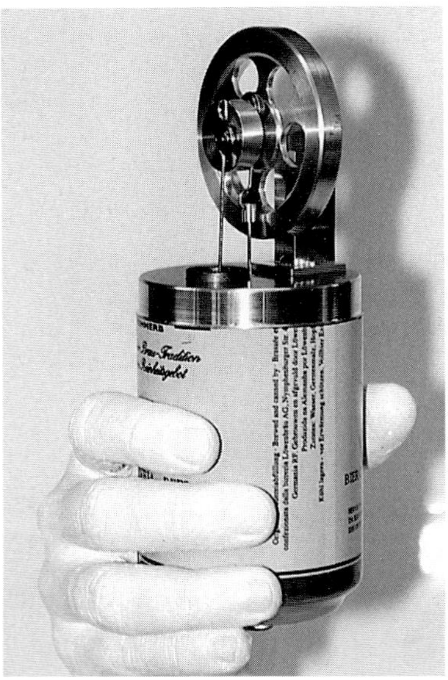

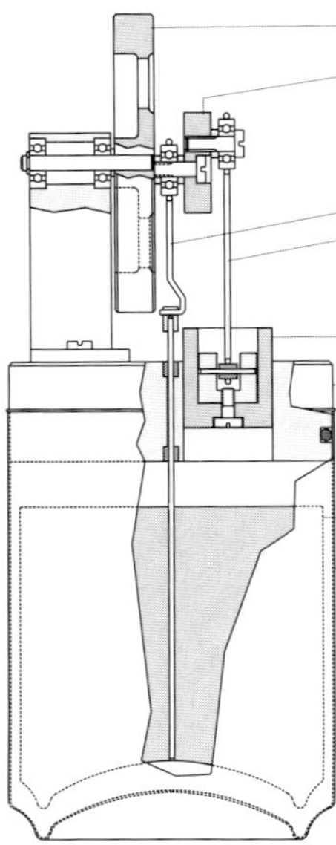

Abb. 158:
Getränkedosen-Stirling, der mit Handwärme läuft. Ansicht und Schnitt.
Bilder: D. Viebach

Abb. 159:
Konservendosen-Stirling; ein Teelicht reicht aus, um genügend Strom für den Betrieb eines Transistorradios zu erzeugen. Photo: D. Viebach

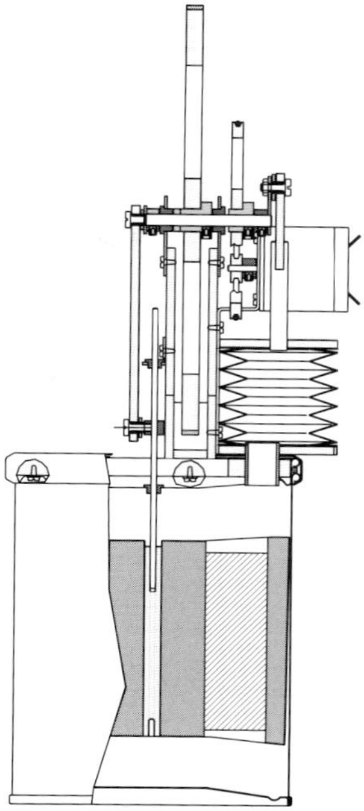

Abb. 160:
Schnittbild durch den Konservendosen-Stirling mit Faltenbalgkolben. Quelle: D. Viebach

Die Modelle von D. Viebach können nachgebaut werden. Anleitung gibt das Buch "Der Stirlingmotor - einfach erklärt und leicht gebaut." (ökobuch Verlag)

Abb. 161
Stirlingmotor als Selbstfahrer mit Beleuchtung.
Photo: Inpro Solar 2007

8 Zusammenfassung

8.1 Einteilung der Stirlingmaschinen

Bei den Stirlingmaschinen sind überaus viele Konstruktionsvarianten möglich. Die Fülle der Möglichkeiten ist so groß, dass sie die konsequente Weiterentwicklung oft behindert hat. Man suchte nach immer neuen, immer besseren Bauarten und schenkte den Hauptproblemen nicht genügend Beachtung.
Die bisher bekanntgewordenen Vorschläge für eine Klassifizierung der Stirlingmaschinen befriedigen nicht, weil sie nicht umfassend genug sind und oft auch Widersprüche aufweisen. Andererseits macht die immer noch wachsende Zahl von Maschinen eine klare Einteilung fast zwingend erforderlich, zum einen, damit der Erfinder weiß, welche Bauart er gewählt hat und ob diese bereits bekannt ist, zum anderen, damit der Patentingenieur den Vorschlag einstufen kann, und damit die Ingenieure untereinander die gleiche Sprache sprechen.
Die vorliegende Klassifizierung der Stirlingmotoren ist nach eingehenden Studien entstanden, bei der alle wichtigen Vorschläge und Erfindungen, soweit sie verfügbar waren, Berücksichtigung fanden. Durch Bestimmung der jeweiligen Merkmale einer gegebenen Bauart kann man nun rasch ihre Einordnung vornehmen und Aussagen über sie machen. Es ist zu erwarten, dass einige der heute noch freien Felder in dem Schema im Laufe der Zeit gefüllt werden. Allerdings werden andere auch immer leer bleiben; es handelt sich dann um Bauarten, die sich nicht verwirklichen lassen.

In dem Ordnungssystem (Tab. 15 bzw. 16) sind die Stirlingmaschinen in vier Grundschemata unterteilt:

a) Maschinenbauart
b) Zylinderraumzuordnung
c) Art des Zusammenwirkens der Kolben
d) Kolbenart, Antriebs- und Getriebespezifikation

Diese Unterscheidungsmerkmale wurden in den Kapiteln 2 und 3 ausführlich behandelt.
Leider ist es nicht möglich, alle Spielarten der Stirlingmaschinen so darzustellen, dass sie in dieser Einteilung einen eigenen Platz finden. So sind zum Beispiel die Schwingkolben- den Umlaufkolbenmaschinen und die Flüssigkolben- den Freikolbenmaschinen zugeordnet.
Die Einzelheiten und die genaueren Unterschiede der in der Übersicht (Tabelle 16) aufgeführten Maschinen sind in den Datenblättern im Kapitel 9.4 aufgeführt.

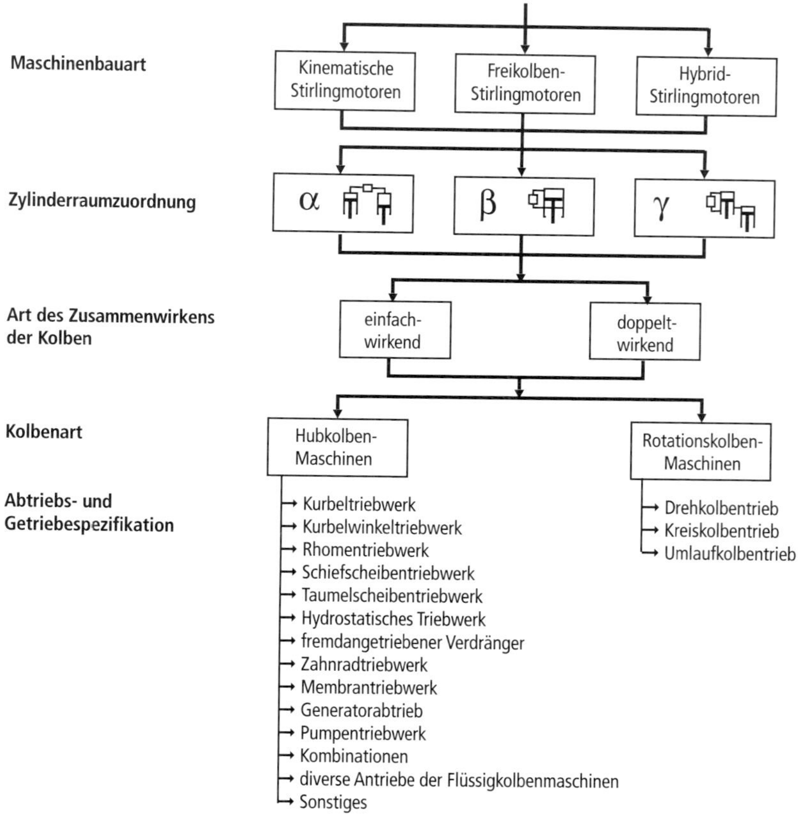

Tabelle 15: Die Kriterien zur Klassifizierung der Stirlingmaschinen.

8.2 Ergebnisse

- Die sehr große Arten- und Einsatzvielfalt der Stirlingmaschinen wirkt sich negativ auf deren Entwicklung aus. Aufgrund dieser Vielfalt können kaum generelle Aussagen über die Stirlingmaschine gemacht werden.
- Die Vorteile vieler Arten sind: Vielstoffähigkeit, äußere und kontinuierliche Verbrennung, Schwingungsarmut, relativ hoher Wirkungsgrad, Wartungsfreundlichkeit, Nutzung von Niedertemperaturwärme, geschlossenes System und Einsatzvielfalt.
- Die Nachteile vieler Arten sind: Dichtungsprobleme, zu hohes Gewicht, hoher Arbeitsdruck, große Wärmetauscher, hohe Anforderungen an das Material und geringer Bekanntheitsgrad.

Stirlingmaschinen			Hubkolbenmaschinen				
Kinematische Maschinen	Getriebe / Zylinderzuordnung		Kurbeltriebwerk	Kurbel-Winkeltriebwerk	Rhombentriebwerk	Taumelscheibe	Schiefscheibe
	α	einfachwirkend	*STA520-25 Solo 161*	*Ross-Maschinen*			
		doppeltwirkend	*Mod II P 40*			*DMC 3 Clucas*	*MT 79 STM 4-120*
	β	einfachwirkend	*1-75, LS1-100, STB393*	*St5, 102C Kolin*	*1-96, 4-235*		
		doppeltwirkend					
	γ	einfachwirkend	*ST 05 G*	*Sunwell 100*			
		doppeltwirkend		*KF 2-100*			
Freikolbenmaschinen	Abtrieb / Zylinderzuordnung		Membran	Generator	Kolben	Wärmetauscher	Membran + Generator
	α	einfachwirkend					
		doppeltwirkend					
	β	einfachwirkend		*300 W-SPSG (Sunpower)*	*Freizylinder (Sunpower)*		
		doppeltwirkend				*Duplex (Sunpower)*	
	γ	einfachwirkend					*Harwell TMG*
		doppeltwirkend					
Hybridmaschinen	Verdrängersteuerung / Zylinderzuordnung		Freikolben	Membran	Elektromotor	elektrischer Impulsgeber	mechanischer Impulsgeber
	α	einfachwirkend					
		doppeltwirkend					
	β	einfachwirkend					
		doppeltwirkend			*Sunpulse*	*Sunpulse*	
	γ	einfachwirkend	*Senft*		*Nalsem 500 Mitsubishi*		
		doppeltwirkend					

Tabelle 16: Klassifizierung der Bauarten von Stirlingmaschinen.

Hubkolbenmaschinen				**Rotationskolbenmaschinen**		
Hydro-statisches Triebwerk	**Zahnrad-triebwerk**		**Sonstige Antriebe**	**Drehkolben**	**Kreiskolben**	**Umlauf-kolben**
						Ried
					Daimler	
	Ehrig (Boxer)		*Zettner*	*Labus Huber*		
Membran + Pumpe	**Wärmetau-scher + Generator**	**Flüssig-kolben Balken**	**Flüssig-kolben Pumpe**			
		hard coupled	*Jet stream hard coupled*			
		rocking beam, soft coupled	*soft coupled*			
schwin-gende Luftsäule						
Budlinger						

Tabelle 16: Klassifizierung der Bauarten von Stirlingmaschinen.

- Die Einteilung der Stirlingmaschinen wurde mit Hilfe einer Tabelle vorgenommen. In diese wurden einige realisierte Motorkonstruktionen eingetragen, wobei die wichtigsten in Kapitel 9.4 detailliert beschrieben werden.
- Die technischen Probleme, die bei der Realisierung des Stirlingprozesses auftreten, können gelöst werden.
- Die wirtschaftliche und seriennahe Herstellung von Stirlingmotoren existierte bisher bei Modell-, Lehr- und Schaumotoren niedriger Leistung (<200 W).
- Mit Beginn der Produktion bei Solo Stirling im Jahr 2002 und bei Whisper Tech in Neuseeland werden die ersten Nutz-Motoren in Serie gebaut. Die Herstellung in größeren Stückzahlen ist absehbar und rückt in greifbare Nähe.
- Durch den Einsatz von Keramik bei den Gleitdichtungen und eventuell beim Erhitzer lassen sich der Wirkungsgrad und die Lebensdauer noch um einiges erhöhen.
- Im militärischen Bereich hat die Stirlingmaschine bereits ihren festen Platz.
- Das Know-how im Stirlingmaschinenbau ist inzwischen so hoch, dass Stirlingmotoren wirtschaftlich eingesetzt werden können.
- In einer Stellungnahme des Verbandes der Industriellen Energie- und Kraftwirtschaft werden Handlungsempfehlungen genannt, z.B. Abbau des Informationsdefizits über die Stirlingmotorentechnik.
- Die Unternehmensberatung Frost & Sullivan sieht für Kleinst-Blockheizkraftwerke (bis 10 kW_{el}) einen großen Markt in Europa (Abb. 162). Ab dem Jahr 2010 sollen jährlich 500 000 Anlagen in Betrieb gehen.
- In der deutschen Biomasse-Verordnung wird der Stirling-Kreisprozess als eine Möglichkeit genannt, die zur Erzeugung von Strom aus Biomasse zugelassen ist.

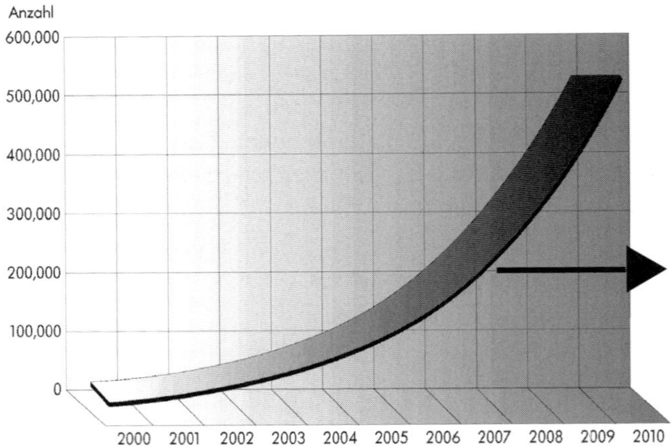

Abb. 162
Prognose des Absatzes von Mikro-Kraft-Wärme-Kopplung in Europa. Da die Produktionskapazitäten nicht zur Verfügung stehen, kann die aktuelle Nachfrage gar nicht befriedigt werden.
Grafik: ASUE

8.3 Erwartungen

Der Stirlingmotor ist ein Antriebsaggregat, das in den nächsten Jahrzehnten einen großen Marktanteil erobern könnte. Hemmend wirken sich bis heute die mangelnde Bekanntheit dieser Maschinen, die Unwissenheit vieler Ingenieure und die daraus folgenden Vorurteile aus, die nur durch praxisnahen und erfolgreichen Einsatz von Serienmodellen gegenstandslos werden.
Aufgrund der Kältemittelproblematik sind neue Verfahren, wie z.B. Maschinen, die den linkslaufenden Stirlingkreisprozess mit Luft (oder einem anderen umweltfreundlichen Medium) realisieren, äußerst gefragt. Die FCKW-freie und leise Stirling-Kühlmaschine wird bereits als Serienprodukt angeboten, und es steht zu erwarten, dass sich ihr Marktanteil stark vergrößern wird.
Beim Einsatz von Vuilleumiermaschinen in kleineren Blockheizkraftwerken wäre für diesen Motortyp und die BHKWe ein kleiner Boom zu erwarten, wenn sich die Industrie dazu entschließen könnte, einen Schritt in die richtige Richtung zu tun, und diese Maschinen in ausreichender Zahl fertigt. In Deutschland stieg die Zahl der Diesel- und Gas-BHKW von ca. 400 im Jahr 1986 auf fast 30.000 im Jahr 2006. Ein von größeren Stirlingmotoren zu erschließender Markt wäre der Einsatz in Jachten und Booten, wo der ausschlaggebende Vorteil in der Laufruhe und Wartungsarmut dieser Motoren liegt. Auf jeden Fall gewinnen die Maschinen, die mit dem Stirlingprozess arbeiten, zunehmend an Bedeutung. Nicht wenige Firmen sind bereits an der Fertigung und im Vertrieb von Stirlingmaschinen aktiv. Der Wettlauf der führenden Hersteller hat begonnen. Jetzt gilt es Kunden für diese Technologie zu gewinnen. Der allgemeine Wertewandel und die ausgereifte Stirlingtechnik ergänzen sich im Hinblick auf eine nachhaltige Wirtschaftsweise zugunsten zukünftiger Generationen.

Aufgabe Klimaschutz

Das letzte Werk von Frederic Vester, die CD “Zeitbombe Klimawandel” und die UN-Klimaberichte zeigen deutlich auf, dass die Menschheit im Umgang mit Energie neue Verhaltensweisen erlernen muss. Das erste solare Zeitalter (bis 1750) wird unterbrochen von einer kurzen Phase der weitgehenden Verschwendung fossiler und nuklearer Energieträger. Das zweite solare Zeitalter hat begonnen und 100 Prozent erneuerbare Energien sind mit gutem Willen möglich. Der Klimawandel in den nächsten Jahrzehnten und die finanziellen Folgen werden die weiter wachsende Weltbevölkerung zwingen, zusätzlich Energie zu sparen und Energie effizient zu nutzen. Die Technologien und das Wissen hierzu gibt es. Es liegt weniger an der Politik und der Wirtschaft als vielmehr am Verhalten jedes Einzelnen. Gewohnheiten zu ändern, ist nicht bequem, wie auch der Titel von Al Gore’s Film “Unbequeme Wahrheit” andeutet.

9 Anhang

9.1 Kürzelverzeichnis der Hersteller und Forschungseinrichtungen

Kürzel der Hersteller und Forschungseinrichtungen (Uni = Universität):

ACL: Air Cond. Lab.; Matsushita El. Ind. Co., (Panasonic); Kusatsu; Japan
Aisin Seiki: Aisin Seiki Co., Ltd.; (T.Kaminishizono);Kariya-shi; Aichi; Japan
AMRI: Agricult. Mech. Res. Inst. for South. Mount. Districts of China
ASME: ASME Stirling Engines Technical Comittee; (J. Corey); Melrose; NY.; USA
Berks.: Department of Engineering, University of Reading, Berks. United Kingdom
Brenk: Brenk Systemplanung; Aachen; Deutschland
BSR Solar: BSR Solar Technologies, Lörrach; Deutschland
Budliger: J.P.Budliger; Telmeco S.A.; Genf; Schweiz
Carlsen: TU of Denmark; Lyngby; Denmark
Clucas: D.M. Clucas; Uni of Canterbury; New Zealand
Creare Inc: Creare Inc.; Shimko, Stacy; Hanover; New Hampshire; USA
CTN: Centre de Technologies Nouvelles; Genf; Schweiz
Dis: Disenco Energy plc, Grossbritannien/Kanada
DMA: Dipartmento Meccanica Aeronautica; (Maurizio Carlini); Roma; Italy
DLR: Deutsches Zentrum für Luft- und Raumfahrt; Stuttgart; Deutschland
ECOS: ECOS; P. Beck; Osnabrück; Deutschland
Eder: F.X. Eder; München; Deutschland
EL: Electrotechnical Laboratory;(Kawada, Kudo); Tsukuba; Ibaragi; Japan
Enatec: Enatec micro-cogen B.V.; Niederlande
ENERGO Ltd: Energo Ltd.; Sci.&Tech. Center; (Gonnov, Loktionov); Obninsk Kaluga; Rußland
Energy & Resources: Energy & Resources Lab.; (Shieh, Hu, Lee); Hsinchu; Taiwan
EP: Electric Power Co.; (M.Ohtomo); Aoba-ku; Sendai; Japan
ESD Engines Ltd: ESD Engines Ltd.; (R.F.Kinnersly); UK
Fette: Dipl.-Ing. P. Fette; Walzbachtal; Deutschland
FH Amberg, Fakultät Maschinenbau / Umwelttechnik, Amberg, Deutschland
FH München, FK Maschinenbau, FK Elektrotechn. u. FK Physik. Technik; München; Deutschl.
FH Regensburg, FB Maschinenbau, Regensburg, Deutschland
FH Reutlingen, FB Maschinenbau; Reutlingen; Deutschland
Finkelstein; Beverly Hills; California; USA
FRG Fellows Research Group, U.S.A.
GE: General Electric Co.; (Bessler); Schenectady; New York; USA
Glenn Research Center (NASA); Salby, Shaltens; Cleveland; Ohio; USA
GoldStar Co.Ltd.; Liv. Syst. Lab; (Shin, Cho, Chang, Chung); Guro-Gu; Seul; Korea
Gros: Jaime Gros; Zaragoza; Spain
HCR/CDER: HCR/CDER; Route de l'Observatoire BP; (N. Said); Algier; Algeria

Hok. Coll.: Hokkaido Politec. College; (K.Hamaguchi); Otaru-shi; Hokkaido; Japan
HS Ulm: Hochschule Ulm, Prof.G.Heilscher, Ulm Deutschland
HTA Luzern: Hochschule für Technik und Architektur, Luzern, Schweiz; www.hta.fhz.ch/hlk
ICPIAF-SA: Cryogenics Lab.; (Deac); Cluj-Napoca; Rumänien
Infinia: Infinia Corp., (früher: Stirling Technology Company), Kennewick, U.S.A
Institut Dresden: Institut für Luft- und Kältetechnik, FB Kryotechnik; Dresden; Deutschland
IPPE: Institute of Physics and Power Engineering (IPPE); State Scientific Center of Russia
ISE Freiburg: Fraunhofer-Institut für Solare Energie-Systeme; Freiburg; Deutschland
ISET: Institut für Solare Energieversorgungstechnik; Hanau und Kassel, Deutschland
Israel Elec. Corp: Israel Electric Corp. Ltd.; (L.M.Shnaid); Hafia; Israel
IZES Institut für ZukunftsEnergieSysteme, Saarbrücken Deutschland
Jameela: Jameela Designs, J.Boardman, UK
Joanneum: Joanneum Research, Institute of Energy Research, E. Podesser; Graz; Österreich
Kammerich: Dr. Bernd Kammerich, Dortmund, Deutschland
Katayase: Katayase Industry Co., Ltd.; (S. Katayose); Itabashi; Tokyo; Japan
Kawasaki: Kawasaki Heavy Industries Ltd.; (Y. Nakamura); Kobe; Hyogo; Japan
Kramer: Klaus Kramer und Uwe Moch; Berlin; Deutschland
Kufner: Kufner; Hergensweiler; Deutschland
Lab. d' Enérgetique: Lab. d' Enérgetique, EMN-Isitem; Nantes; France
Langenbruck: Center for Appropriate Technology and Social Ecology; C. Gaegauf; T. Schmidt; Langenbruck; Schweiz
Lithuanian Energy Institute; (Aleksandravichius); Kaunas; Litauen
Los Alamos Lab.; G.W. Swift; New Mexico; USA
Lund Inst. of Technology; Dept. of Heat and Power Eng.; Schweden
Magnet: Magnet Motor GmbH; Starnberg; Deutschland (beendet)
Matsushita Electric Industrial Co., Ltd; (K. Inoda); Moriguchi; Osaka; Japan
Mayer & Cie: Mayer & Cie, Abt. M-BHKW, Albstadt, Deutschland (beendet)
MDE: Shanghai Marine Diesel Engine Research Institute; China
MEL: Mechanical Engineering Laboratory; Y. Yamada; Tsukuba; Ibaraki; Japan
MicroGen: MicroGen, UK
MITI: Agency of Industrial Science and Tech.; A. Tanaka; Ibaraki-ken; Japan
Mitsubishi Electric Co., Mori, Fujiyama; Central Research Lab.; Hyogo; Japan
MLI: Mechanical Engineering Laboratory; MITI; Japan
Moch: Uwe Moch, Stirlingmotorenbau; Berlin; Deutschland
Moscow SAI: Moscow State Aviation Institute; Moscow; Russia
MT Inc.: Mechanical Technology Inc.; (siehe Mr. Nightingale); Latham; N. Y.; USA
MTI: Mech. Tech. Inc.; (Goldwater, Mechaner, Upham); Latham; New York; USA
Na, Mi: National Aerospace und Mitsubishi; Japan
Nat. Def. Acad.: National Defence Academy; (N.Kagawa); Yokosuka; Japan
National Aerosp.: National Aerospace Laboratory; (K. Eguchi); Chofu; Tokyo; Japan
New Energy Dev. Org.: New Energy Development Organization; (Y. Sakai); Tokyo; Japan
Ni, TG, TE: Nihon Uni; Koriyama; 963 Japan / Tohoku Gakuin Uni, Tagajo, 985 Japan / Tohoku Electric Power Co. Inc., Sendai, 980 Japan
Nipon Piston Ring: Nipon Piston Ring Co., Ltd.; Yono Saitama; Japan
NKA: Naomasa Nakajima; UNI-Tokyo / Hirotaka Kohno; Mitsui Engineering and Shipbuilding / Akihiko Azetsu, Mechanical Engineering Laboratories

NMC: New Machine Company in Kirkland, Washington, USA
Oak Ridge National Laboratory; (C. D. West); Oak Ridge; Tennessee; USA
Obninsk INPE: Obninsk Institute of Nuclear Power Engineering; Russia
Olds: Peter Olds; Australia
Osaka El. Uni. AC: Osaka Electro-Communication Uni.; Osaka; Japan
Osaka Gas Co. Ltd.; H. Hisaki, H. Kawamoto; Japan
Press Kogyo; Engineering Dep.; Y. Nagai; Fujisawa; Kanagawa; Japan
PTB Braunschweig: Physikalisch-Techn. Bundesanstalt, Braunschweig; Prof. Kose; Deutschl.
Queens College: Queens' College; Cambridge, UK
R., F.: G. de Rossi, Rom / A. Fiasco, Uni Rom
RHB: G.T. Reader, P. J. Horsted, C. Barnes
Riken Ltd: Riken Co. Ltd.; (S. Ono); Kashiwazaki; Niigata; Japan
Rix: D.H. Rix; Cambridge Uni, UK
Royal Naval Eng. Coll.: Royal Naval Engin. College; Reader, Barnes, Roston; Plymouth; UK
RWTH Aachen, Lehrgebiet für Energie- und Stofftransport; Deutschland
Saarbergwerke; Sulzbach; Deutschland (beendet)
SAI: Stirling Associates International, (Finkelstein); Beverly Hills; USA
Sanden Co.: Sanden Corp.; (Hashimoto, Sato); Isesaki; Gunma; Japan
Sandia Nat. Lab.: Sandia National Laboratories; Albuquerque; USA
Sanyo Elektric Co., Ltd.; Gunma; Japan
Schager; Offenbach a/M; Deutschland
Schlaich: Schlaich, Bergermann und Partner; Stuttgart; Deutschland
Schmidt: Ellen Schmidt; Oberursel; Deutschland
Shanghai M.D.E.R.I.: Shanghai Marine Diesel Engine Research Institute; China
Ship Res. Inst.: Ship Research Institute; (S. Tsukahara); Shinkawa; Mitaka; Tokyo; Japan
Sigma: Sigma Elektroteknisk A.S.; Holen; Norway (siehe Disenco)
Société Eca; (S. G. Carlqvist †); Meudon; Cedex; France
Solar Engines; Phoenix; Arizona; USA
SOLO: SOLO Stirling GmbH; (Baumüller); Sindelfingen; Deutschland (s. *SS StirlingSystems*)
SPM: Stirlingpowermodule, Graz, Österreich
SPS: Stirling Power Systems; Ann Arbor; Michigan; USA
Staender: Dr. Wolfgang Staender, Technologie-Institut; München; Deutschland
STC: Stirling Techn. Comp.; (Ross, White); Richland; Washington; USA (siehe Infinia Corp.)
STI: Stirling Technology Inc., Ohio, USA
Stirling Cryonetics: Stirling Cryonetics & Refrigeration B.V.; (Lange); Niederlande
SS: Stirling Systems, Schaffhausen, Schweiz
STM: Stirling Thermal Motors; Ann Arbor; Michigan; USA (jetzt Stirling Biopower Inc.)
Sunmachine: Eckhart Weber; Nürnberg; Deutschland
Sunpower: Sunpower Inc.; (Beale, Berchowitz); Athens; Ohio; USA
TB Kocsisek: Technisches Büro Kocsisek, Stirling-Engineering, Haslau, Österreich
Tedom: Trebic, Tschechische Republik
TEM: TEM-Malmö Research Center; Malmö; Schweden
Tohoku EP: Tohoku Electric Power Co. Inc.; (M.Ohtomo); Sendai; Japan
Tokyo Inst. of Techn.: Tokyo Institute of Technology; (Prof. Emeritus); Tokyo; Japan
Toshiba Co., C. P. E. L.: Toshiba Co., Consumer Produkts Engineer. Laboratory; Yokohama;Jp.
USS: United Stirling Schweden (Malmö)

UTI: UTI Holding & Management AG; Ostfildern; Deutschland
Viebach: Stefan Viebach und Hubert Eckl, Ingenieurbüro; Breitbrunn ; Deutschland
Viessmann Werke, Allendorf, Deutschland
Ward: Er fuhr Tests an der Uni von Bath
WhisperGen (D. Clucas); Christchurch; New Zealand
WS: WS Wärmeprozeßtechnik (Wünning); Renningen; Deutschland
Wuhan: Institute of Water Trans. Eng. Wuhan, China

Universitäten:
Shandong Polyt. Uni: Shandong Polytechnic Uni; (L. Yuanrong); Jinan; China
TU Berlin; (Cluse, Deist, Fink, Gemmern, Lühr, Peters, Schneider); Berlin; Deutschland
TU Dresden, Institut für Energietechnik; Deutschland
TU-Gdansk: TU of Gdansk; (M. Cichy, Kormanski, Ruzinska); Polen
TU-Kaunas: TU of Kaunas; Lithuania
TU-Kosice: TU of Kosice; Slovenia
TU München; (J. Blumenberg); München; Deutschland
TU of Denmark; Lab. for Energetics; (H.Carlsen); Lyngby; Dänemark
TU of Szczecin; (S. Zmudzki, L. Bartozak); Szczecin; Polen
Uni Ancona: Università di Ancona, Dipartimento di Energetica (C. Bartolini); Italy
Uni BW München: Uni der Bundeswehr München, Deutschland
Uni della Tuscia; (M.Carlini); Viterbo, Italy
Uni Gazi; Mechanical Enineering Department; (Ataer); Ankara; Türkei
Uni GHS Essen, Inst. für Angewandte Thermodyn. und Klimatechnik FB 12; Deutschland
Uni Giessen, Inst. of Applied Physics; Deutschland
Uni Hannover; Inst. für Strömungsmaschinen; (Prof. Riesz, Lange); Deutschland
Uni Kokushikan: Kokushikan University; Tokyo; Japan
Uni La Sapienza: Università La Sapienza; Roma; Italy
Uni Nihon: Nihon University; Tokyo; Japan
Uni Rom: Università degli Studi di Roma; (P. Lista, V. Naso, A.Sciaboni, R.I.A.); Italy
Uni Saitama; Dept. of Mech. Eng.; Urawa; Japan
Uni Seoul: Seoul National University; Korea
Uni Tohoku: Tohoku Uni Scienific; (Y.Shibata); Senday; Japan
Uni Tohoku Gakuin: Tohoku Gakuin Uni Engineering; (K. Shishido, S.Kikuchi); Tagajo; Japan
Uni Tokyo Metrop.: Tokyo Metropolitan University; Japan
Uni Trondheim: Uni of Science and Technology; Trondheim; Norway
Uni Waseda: Waseda University; Tokyo; Japan
Uni Wien; Inst. f. Festkörperphysik (H.P.Aubauer); Wien; Österreich
Uni of Cairo: Ain Shams University; Cairo; Egypt
Uni of Calgary; (G. Walker, Kentfield, Fauvel, Reader); Calgary; Alberta; Canada
Uni of California: California State Polytechnic University: Pomona; California; USA
Uni of Cambridge; (D. H. Rix); UK
Uni of Cambridge ED; (A. J. Organ); Engineering Dept.; UK
Uni of Canterbury; (J.K. Raine, M. Gschwendtner, D. Haywood); Christchurch; New Zealand
Uni of Denki; Tokyo; Japan
Uni of Dortmund; (Kühl, Schulz); Inst. of Thermodyn.; Dortmund; Deutschland
Uni of Durham, Durham, UK

Uni of Edinburgh; UK
Uni of Eindhoven: Uni of Eindhoven of Technology; (Vries, Sarlemijn); Eindhoven; Niederlande
Uni of Gakuin; Japan
Uni of Genoa; (Benvenuto, Farina); Italy
Uni of Hanyang Seoul: Uni of Hanyang; Seoul; Korea
Uni of Hunan; (Yanwei, Hong-Shuo, Biao, Gong); Changsha; Hunan; China
Uni of L' Aquila; Italy
Uni of Leeds; UK
Uni of Lund; (C. Schroeder, L. A. Clementz); The TEM Foundation at Lund Uni; Schweden
Uni of Meiji: Dep. Prec. Eng.; (Tsuchiya, Uchida, Makino); Tama-ku; Kawasaki; Japan
Uni of New South Wales: Uni of New South Wales, Australia
Uni of Nihon; (N. Isshiki, H.Watanabe); Kooriyama; Fukushima; Japan
Uni of Oviedo; Dep. of Physics; (Prieto, González); Spain
Uni of Quindao: Ocean University of Quindao; Quindao; China
Uni of Reading; Dep. of Eng.; (Rice, Hennes); Whiteknights; Reading; UK
Uni of Shanghai: Uni of Shanghai Jiatong; (J. Wang); Shanghai; China
Uni of Shinsyu; (H. Tamaki); Wakasato; Nagano; Japan
Uni of Techn. Xian: Uni of Technology; Xían; China
Uni of Tokyo; (N. Nakajima); Bunkyo-ku; Tokyo; Japan
Uni of Wisconsin; (J. R. Senft); River Falls; Wisconsin; USA
Uni of Witwatersrand; Johannesburg; South Africa
Uni of Wuhan; Uni of Water Transportation Engineering; (Y. Jun); Wuhan; China
Uni of Zagreb; (S. Koscak Kolin); Croatia
Uni of Zhejiang; (L. Shixian, Y. Zhenfou, Liu); Hangzhou; China
U.S. Naval Acad.: U.S. Naval Academy; Dep. of Mech. Eng.; Annapolis; MD; USA
Uzbek Academy: Uzbek Academy of Science; Usbekistan

Da in diesem Buch nur der geschlossene Stirling-Zyklus behandelt wird, sei an dieser Stelle erwähnt, dass auch Entwicklungen im Gange sind, die mit einem offenen Zyklus arbeiten.

9.2 Verwendete Literatur

(Nach dem Erscheinungsjahr geordnet)

[1] Gregory Flynn, Worth H. Percival, F. Earl Heffner: GMR Stirling Thermal Engine - part of - The Stirling Engine Story - 1960. SAE Annual Meeting, Detroit, MI, USA, ; 11.-15. Jan.1960

[2] Ing. Joachim Weinhold, Hamburg: Der Philips-Heißluftmotor. MTZ Jahrg. 24, Heft 12, Dezember 1963, S. 447

[3] Dr. Ir. R. J. Meijer: Der Philips-Stirlingmotor. MTZ Jahrg. 29, Heft 7, 1968, S. 284

[4] Dr.-Ing. F. Zacharias, MAN, Augsburg: Betrachtungen zum äußeren Verbrennungssystem des Stirling-Heißgasmotors. MTZ Jahrg. 32, Heft 1, Januar 1971

[5] G. Walker: Stirling Engines - the Second Coming?. 54 CME April 1972

[6] Dr.-Ing. P. Kuhlmann, Augsburg: Das Kennfeld des Stirlingmotors. MTZ Jahrg. 34, Heft 5, Mai 1973, S. 135

[7] G. Walker: Stirling-cycle machines., Oxford University Press 1973

[8] Vortrag 28, C. B. S. Alm, S. G. Carlqvist, P Kuhlmann, K. H. Silverqvist, F. Zacharias: Umwelteigenschaften von Stirlingmotoren und ihr Entwicklungsstand in Deutschland und Schweden. MTZ Jahrg. 34, Heft 8, 1973, S. 264

[9] Norman D. Postma (Ford): The Stirling Engine for Passenger Car Application. Fleet Week 73 ; SAE-Meeting Chicago 18-22 Juni 1973; 730648

[10] P. Kuhlmann: Stirlingmotor als Fahrzeugantrieb. MTZ Jahrg. 35, Heft 10, 1974, S. 331

[11] R. J. Meijer, C. L. Spigt: Der Philips-Stirling-Motor und seine Anwendung. F.A. Zacharias: Fortgeschrittene Entwicklung an Stirling-Motoren bei MWM. MTZ Jahrg. 36, Heft 6, 1975, S. 185

[12] A. Pfleghaar, MAN: Entwicklungsstand und Aussichten des Stirlingmotors. MTZ Jahrg. 37, Heft 3, 1976, S. 74

[13] F. Zacharias, MAN: Weiterentwicklungen am Stirlingmotor - Teil 1. MTZ Jahrg. 38, Heft 9, 1977, S. 371

[14] F. Zacharias, MAN: Weiterentwicklungen am Stirlingmotor - Teil 2. MTZ Jahrg. 38, Heft 12, 1977, S. 569

[15] Ates Özge: Untersuchungen der Verbesserungsmöglichkeiten zum Regeneratorwirkungsgrad im Stirlingmotor. MTZ Jahrg. 41, Heft 3, 1980, S. 103

[16] G. Walker: Stirling Engines. Clarendon Press Oxford 1980 (zu empfehlendes Buch; Standardwerk)

[17] Christoph Müller: Der Stirlingmotor für den dezentralen stationären Einsatz. (Diplomarbeit an der FH München WS 1980/81; SS 81)

[18] D. G. Beremand, D. G. Evans, D. L. Alger (NASA) Lewis Research Center: Applicability of Advanced Automotive Heat Engines to Solar Thermal Power. DOE/ NASA/1060-4, NASA TM-81658 prep. for SAE Int.Eng.Congr., Detroit, MI, 23-27 Feb.1981

[19] D.G.Beremand, J.D.Salby, R. C. Nussle, D. Miao, (Lewis Research Center) Free-Piston Stirling Hydraulic Engine and Drive System for Automobiles. NASA Technical Memorandum 82992, November 1982

[20] C. D. West, Ph. D.: Liquid Piston Stirling Engines. Van Nostrand Reinhold Company Inc. 1983 (Dieses Buch ist vergriffen. Es kann beim AK Stirlingmotor München eingesehen werden.)

[21] Tim Lohrmann: Der Stirlingmotor. (Ingenieurarbeit an der Technischen FH Berlin, März bis Dez. 1983).

[22] Walter Arn: Ein Projekt aus dem Werkunterricht.. (1983)

[23] G.T. Reader, C. Hooper: Stirling Engines. E.& F.N. Spon, USA; University Press, Cambridge, GB; 1983

[24] Forschungsbericht MAN: Stand der Stirlingmotorenentwicklung. 1984, (BMFT-FB-T 84-196)

[25] Israel Urieli, David M. Berchowitz: Stirling Cycle Engine Analysis. Adam Hilger LTD, Bristol 1984

[26] Proceedings of the 20th Intersociety Energy Conversion Engeneering Conference. SAE P-164, pub: August 1984 von SAE Inc., 400 Commonwealth Drive, Warendale, PA 15096, USA

[27] Noel P. Nightingale: Hearings on DOE Transportation Programs. Veröffentlicht von Mechanical Technology Inc. (27.2.85)

[28] James G. Rizzo: Modelling Stirling and Hot Air Engines. Patrick Stephens, Wellingborough 1985
[29] G. Walker, J. R. Senft: Free Piston Stirling Engines. Springer-Verlag Berlin, 1985
[30] Ghassan Hadj Obid: Möglichkeiten zur direkten Nutzung der Sonnenenergie in Entwicklungsländern. VDI-Fortschritt-Bericht Reihe 6 Nr.166; VDI-Verlag 1985
[31] Spektrum der Wissenschaft: Experiment des Monats. (Juli .85)
[32] L. Johansson, J. Agno, W. H. Percival: The Advanced Gas-Fired Stirling Engine as a Heat Pump Drive. SAE Technical Paper 860881, Marine Prolution Technology Conference Washington, D.C. 12.-14. 5. 1986
[33] Verschiedene Auszüge von: 3rd International Stirling Energy Conference. (2 Bücher, 874 Seiten) Rom 25-27 Juni 1986
[34] Prof. Dr.-Ing. Manfred Künzel: Stirlingmotor der Zukunft. VDI-Fortschritt-Bericht Reihe 6 Nr. 193; VDI Verlag 1986.
[35] N. P. Nightingale (MTI): Automotive Stirling Engine, Mod II Design Report. DOE/NASA/0032-28, NASA CR-175106, MTI86ASE58SR1, prep. for NASA, Lew.Res.Center 10.1986
[36] W. Bitterlich, G. H. Obid: Wirklichkeitsnahes Berechnungsmodell für den doppeltwirkenden Stirlingmotor. MTZ Jahrg. 47, Heft 12, 1986, S. 515
[37] J.G.Salby (NASA) Lewis Research Center: Overview of Free-Piston Stirling Engine Technology for Space Power Application. DOE/NASA/1005-12, NASA TM-88886 prep. for Solar Energy Conference Hawaii 22-27 März 1987
[38] Günter Cerbe / H.J. Hoffmann: Einführung in die Wärmelehre. 8.Auflage, Carl Hanser Verlag, München, Wien; 1987
[39] Robert Sier: A History of Hot Air and Caloric Engines. Argus Books Ltd., GB, 1987
[40] Hardy Lechelt-Liebgott: Der Stirlingmotor. (Diplomarbeit an der FH München, SS 87)
[41] Roger A. Farrell: Mod II Stirling Engine Overview. SAE-Paper 880539; Int.Congress Detroit, MI, März 88
[42] Christoph Tretter: Konzeption einer 50 kW Wärmemaschine nach dem Vuilleumier-Prinzip. (Diplomarbeit an der TU-München Lehrstuhl für Thermodynamik, Betreuer: Dr. Ing. J. Blumenberg; Mai 1988)
[43] A. E. Richey und M.Connelly: Upgraded Mod I Stirling Engine Field Evaluation Program. Mechanical Technology Incorporated paper MTI P355 (Mitte 1988)
[44] Dipl. Phys. W. Schiel, Stuttgart: Dish/Stirling Systeme - Technische Auslegung, Betriebserfahrung und Entwicklungspotential. VDI Berichte Nr. 704, 1988 S.117-144
[45] Brad Ross: Stirling Machines - From Potential To Practically. Mechanical Engineering Juni 1988
[46] Werner Fies: Analyse eines kinematischen Stirlingmotors für eine solardynamische Energieversorgungsanlage. (Diplomarbeit an der TU-München, Lehrstuhl für Thermodynamik, Betreuer: Dr. Ing. J. Blumenberg, Juni 1988)
[47] Walter Kufner: Stirlingmaschinen einfacher Bauart. (September 1988) Bestelladresse: Dipl.-Ing.(FH) Kufner; Alpsteinstr.6; 88138 Hergensweiler
[48] Ch.Zweifel: Stirlingmotoren - Stand der Technik und Zukunftsaussichten. Bericht 88/5 der ETH - Zürich. (1. Okt. 1988)
[49] H.Hörler: Stirlingmotoren für Wärme-Kraft-Kopplung - ein thermodynamischer Vergleich. Bericht IET/VM 88/6 der ETH-Zürich vom 26.Okt.1988
[50] Novy, Lauer, Spitzer, Stanzel: Kraft-Wärme-Kopplung mit Holz über den Stirlingprozeß im Vergleich zum Dampf- und Vergasungsprozeß. Projekt bei der Forschungsgesellschaft

Joanneum, Inst. f. Energieforschung, A-8010 Graz, Österreich (Oktober 1988)
[51] Proceedings of the 4th International Conference on Stirling Engines. Tokyo, Japan (7.-10.11.1988)
[52] R.E. Holtz, K.L. Uherka: A Study of the Reability of Stirling Engines for Distributed Receiver Systems. Prepared by Sandia National Lab. Albuquerque, New Mexico for the US Dep. of Energy; SAND 88-7028 (Printed Nov. 1988)
[53] Martin Werdich: Die Stirlingmaschine. Vortrag im Rahmen des KFZ-Seminars an der FH-Ravensburg-Weingarten. (WS 88/89)
[54] Theodor Vieweg: Heißluft-Motoren. Neckar-Verlag GmbH 1989
[55] Unterlagen der Firma Bomin-Solar GmbH & CO KG in Lörrach (Stand März 1989)
[56] H. Carlsen: Development of a Gas Fired Vuilleumier Heat Pump For Residential Heating. Informationsschrift der TU of Denmark (Juli 1989)
[57] Unterlagen der Firma B.V. Stirling Motors Europe, Niederlande (Stand Okt. 1989)
[58] Unterlagen der Firma Ford Motor Company (Stand Okt. 1989)
[59] Rundbrief der Stirlingfreunde: Stirling Aktuell. (Ausgabe 15.Okt.1989)
[60] Anton Müller: Experimentelle und theoretische Untersuchung einer Vuilleumier Wärmepumpe / Kältemaschine. (Diplomarbeit an der TU-München, Lehrstuhl C für Thermodynamik, Betreuer: Dr.-Ing. J. Blumenberg, Okt. 1989)
[61] Unterlagen der Firma Sunpower Inc., Athens, Ohio, USA (Stand Nov. 1989)
[62] H. Carlsen, N.E. Andersen: Simulation Model For The Design of Vuilleumier Machines. Paper submittet for the ASME winter annual meeting Dec. 1989 in San Francisco
[63] Unterlagen der Firma Stirling Thermal Motors Inc., Michigan, USA (Stand Dez. 1989)
[64] Walter Kufner: Stirlingmaschinen einfacher Bauart. Selbstverlag, Jan. 1990 (DM 20.-)
[65] Vorlesungsmitschriften Thermodynamik I und II der FH-Ravensburg-Weingarten (Stand 1990)
[66] DKV - Aktuell (März 1990)
[67] Th. Vieweg: Heißluft-Motoren II Schiffsmodell-Antriebe. Neckar-Verlag GmbH 1990
[68] Ivo Kolin: Stirling Motor; History-Theory-Practice. Zagreb University Publications 1991
[69] Teilübersetzung des Buches „Stirling Motor; History-Theory-Practice“ von Ivo Kolin von Dr. C. Förster. „Die Entwicklung des Heißluftmotors“ erhältlich bei E. Schmidt in Oberursel (1991)
[70] Theodor Vieweg: Heißluft-Motoren I. 2. überarbeitete und erweiterte Auflage Neckar-Verlag GmbH 1991
[71] Begleitheft der Stirlingmotorenausstellung in Oberursel (1.12.90-27.3.91)
[72] Proceedings of the 5th International Conference on Stirling Engines (ISEC). Dubrovnik, Croatia (8.-10.Mai.1991)
[73] Ch. Gaegauf: Schlußbericht Holzschnitzel gefeuerter Stirlingmotor. Ökozentrum Langenbruck, CH-4438-Langenbruck. Aug. 1991 (Fr. 15.-)
[74] Tagungsband des Europäischen Stirling Forums 1992 in Osnabrück veranstaltet von ECOS GmbH (17.-19.März 1992)
[75] Proceedings of the 6th International Conference on Stirling Engines (ISEC). Eindhoven, Netherlands (26.-28.Mai.1993)
[76] BINE Projekt Info-Service, vom Fachinformationszentrum Karlsruhe, Nr.17/Dezember 1993
[77] J. R. Senft, Ringbom Sterling Engines, Oxford Uni Press, New York, 1993
[78] Unterlagen von Walter Kufner, Hergensweiler (Stand 1994)

[79] G. Eith, AK Stirlingmotor München: „Physikalische Richtlinien zum Bau eines Stirlingmotormodells und Hinweise zur Messung der wichtigsten Kennwerte“ Eigenverlag AK Stirlingmotor München, 1997
[80] F. Schmelz: „Die Leistungsformel des Stirlingmotors“ ISBN 3-928671-07-3 Poligon-Verlag Buxheim Eichstätt 1994
[81] Krauch et alt. Forschungsprojekt Kraft-Wärme-Kopplung mit Stirlingmaschine, Abschlußbericht der Universität Kassel, Juni 1994, gefördert vom BMBF
[82] Tagungsband des Europäischen Stirling Forums 1994 in Osnabrück veranstaltet von ECOS GmbH, (22. - 24. März 1994)
[83] Proceedings of the 7th International Conference on Stirling Cycle Machines (ICSC). Tokyo, Japan (26. - 28. Mai 1995)
[84] Tagungsband des Europäischen Stirling Forums, 1996 in Osnabrück veranstaltet von ECOS GmbH (26. - 28. Februar 1996)
[85] J. R. Senft, Developement of a Student Stirling Engine, June 1996
[86] J. R. Senft, An Introduction to Low Temperature Differential Stirling Engines, Moriya Press, 1996, ISBN 0-9652455-1-9
[87] Steimle (Hrsg.), Stirling-Maschinen-Technik - Grundlagen, Konzepte und Chancen, C .F. Müller Verlag, 1996, ISBN 3-7880-7583-X (basierend auf der Studie über den Stand der Stirling-Maschinen-Technik im Auftrag des BMBF (Förderkennzeichen: 0326974)
[88] S. Viebach, Simulation und Entwicklung eines Stirlingmotors für Kleinstblockheizkraftwerke, Fachhochschule München, FB 06, Feinwerktechnik, Diplomarbeit 1996
[89] S. Viebach, Simulation zur Auslegung von Stirlingmotoren, Kolbermoor, 1996 (läuft unter MathCad)
[90] Hannes Held, Test einer solarbetriebenen Stirlingpumpe und seine Auswertung, Fachhochschule München, FB 05, Versorgungstechnik, Diplomarbeit 1996
[91] Niedertemperatur-Stirlingmotoren - Entwicklung von solaren Wärme-Kraft-Maschinen, in Sonnenenergie 1/97, S.13 ff
[92] Proceedings of the 8th International Conference on Stirling Engines (ISEC). Ancona, Italien (26.-28. Mai 1997)
[93] J. R. Senft, An Introduction to Stirling Engines, Moriya Press 1997, ISBN 0-9652455-0-0
[94] S.P.R.Y, Development and Test of a Stirling Pumping Unit Utilizing Renewable Energy, Final Report 1997, Contract JOU2-CT94-0456, Uni. der Bundeswehr München BauV6.1, Institut für Wasserwesen (Abt. Reg. Energien)
[95] Prospekt der Fa. Sigma Elektroteknisk A.S., Norwegen, 1997
[96] Prospekt der Fa. Whisper Tech Ltd., Neuseeland, 1997
[97] G. Hilscher, Energie für das 3. Jahrtausend, Verlag für außergewöhnliche Perspektiven, ISBN 3-922367-64-X
[98] Podesser et alt.: Entwicklung eines mit Holz betriebenen Stirling-Kleinkraftwerkes zur dezentralen Strom- und Wärmegewinnung, Phase I (1992), Phase II (1995), Phase III (1997), 3 Bände, Joanneum Research, Graz, Österreich
[99] Kleinst-Blockheizkraftwerk auf der Basis des Viebach-Stirlingmotors ST 05G, Komplementierung zur mobilen Demonstrationsanlage, Diplomarbeiten von M. Kramer und E. Streicher, FH München FB05 und FB 03, Nov. 1997 (ausgezeichnet mit dem Förderpreis „Regeneratio '98“ der Stadtwerke München)

[100] Tagungsband des Europäischen Stirling Forums 1998 in Osnabrück veranstaltet von ECOS GmbH (24. - 26. Februar 1998)
[101] Seminarband *Stirlingmaschinen* (16. 5. 98 in Gleisdorf, Österreich), Veranstalter: Arbeitsgemeinschaft Erneuerbare Energien
[102] „Auf den Punkt genau", in: Sonnenenergie 3/98, S. 53 - 56; (Zeitschrift der Deutschen Gesellschaft für Sonnenenergie e.V., München)
[103] Stand der Stirlingmotortechnik in Deutschland, VIK-Ausschuß Grundsatzfragen und Zukunftskonzepte, Stellungnahmen, VIK – Verband der Industriellen Energie- und Kraftwirtschaft e.V., Essen, 1998
[104] Verbesserungen am Viebach-Stirlingmotor und Übersicht über den Stand der 80 Einzelanlagen, Diplomarbeit von C. Schneele, FH München FB03, Frühjahr 1999
[105] Proceedings of the 9th International Stirling Engine Conference and Exhibition (ISEC)., Manyane Camp, Planesburg National Park,North West Province, Republic of South Africa, (2 – 4 June 1999)
[106] Tagungsband des Europäischen Stirling Forums 2000 in Osnabrück veranstaltet von ECOS GmbH (22. – 24. Februar 2000)
[107] Vermessung und Beurteilung des Stirlingmotor-Blockheizkraftwerkes der Stadtwerke München und Darstellung von Verbesserungen, Diplomarbeit von F.M. Geigl, FH München, FB 03, Herbst 2000
[108] 14 Jahre nach Tschernobyl: Schilddrüsenkrebs nimmt zu, Dramatische Fehleinschätzungen internationaler Experten, von Prof. Dr. med.Dr.h.c. E. Lengfelder, MMW-Fortschritte der Medizin, 41, Nr. 16/2000 (142. Jg.), S. 353
[109] Cantilevered Crankshaft Stirling Cycle Machine, John Kerwin et al., United States Patent, Patent Number: 6,062,023, Date of Patent: May 16, 2000
[110] F. Vester, Crashtest Mobilität, 381 Seiten, dtv Verlag, 2000, www.frederic-vester.de
[111] Heißluftmotoren vor dem zweiten Durchbruch, von K. Kübler, W. Wesinger und A. Schiegl, in: Energiedepesche Nr. 2, Juni 2000, 14. Jg.
[112] „Hot Air in the Antarctic", from Derek Ladkin, UK, Extracts from the in-house newsletter of the British Antarctic Survey; The Progress Report for Astronomy, University of New South Wales, 2000-01
[113] Entwicklung einer solaren Niedertemperatur-Stirling-Maschine, Berechnung und Auslegung, Dissertation von J. Eickhoff, TU Dresden, Fakultät Maschinenwesen, Institut für Energietechnik, 2001, (als CD-ROM beim AK Stirlingmotor erhältlich)
[114] Proceedings of the 10th International Stirling Engine Conference 2001 (10th ISEC). Osnabrück, Germany (24 - 26 September 2001)
[115] The Stirling Chain Reaction, AK Stirlingmotor München, Beitrag f. d. 10. ISEC, 2001
[116] Software "Prosa", Programm zur Berechnung von Stirling Maschinen, Prof.Dr.-Ing.B.Thomas, FH Reutlingen, Email: bernd.thomas@fh-reutlingen.de http://userserv.fh-reutlingen.de/~ thomas/, Juli 2001
[117] Verordnung über die Erzeugung von Strom aus Biomasse, Fundstelle: BGBl I 2001, 1234, Datum: 21. Juni 2001
[118] Brennstoffzellen und Mikro-KMK, Band 20, ASUE, 2001, www.asue.de
[119] Institutsbericht 2001, Ziele, Erfolge, Perspektiven, Entwicklung und Ergebnisse 2001, Institut für Solare Energieversorgungstechnik (ISET e.V.), Hanau, April 2002
[120] „WhisperGen - The Quiet Little Revolutionary" in e.nz, Neuseeland, March/April 2002, S.24-26, siehe Homepage www.stirlingmotor.org

[121] „Power to the people“ in New Scientist, 2 March 2002, S.36-38, siehe Homepage www.stirlingmotor.org

[122] „Altes Prinzip neu entdeckt” (Bericht über die Sunmachine) in: Sonnenenergie 3/02, S. 66 - 68; (Zeitschrift der Deutschen Gesellschaft für Sonnenenergie e.V., München)

[123] „SOLO-Karriere” in: Sonnenenergie 4/02, S. 20 - 21; (Zeitschrift der Deutschen Gesellschaft für Sonnenenergie e.V., München)

[124] Stirling-Motor geht nun in Serie, VDI Nachrichten, 17. Mai 2002, Nr. 20

[125] Tagungsband des Europäischen Stirling Forums 2002 in Osnabrück veranstaltet von ECOS GmbH (18. – 19. September 2002)

[126] Der WhisperGen ist auf dem Markt, AK Stirlingmotor München, Beitrag für das Stirling Forum 2002 in Osnabrück

[127] Das MicroGen Produkt, MicroCogeneration und Netzanschluss, Vortrag auf dem TAB-Fachforum “TAB und Dezentrale Erzeugungsanlagen”, Berlin 2002

[128] Dampfjournal, Redaktion Dampf, Udo Mannek, Email: RedaktionDampf@aol.com, www.neckar-verlag.de

[129] Podesser et alt.: Entwicklung eines mit Holz betriebenen Stirling-Kleinkraftwerkes zur Strom- und Wärmeerzeugung, Phase IV, Teil 1, Endbericht, (2002), 4 Bände, Joanneum Research, Institut für Energieforschung, Graz, Österreich

[130] European Distributed Generation Technology Markets, 4513-01, Frost & Sullivan Unternehmensberatung, 03.06.2002, www.frost.com

[131] Schleder, Frank, Stirlingmotoren, Thermodynamische Grundlagen, Kreisprozessrechnung und NT-Motoren, Vogel Verlag, Würzburg, 2002, www.vogel-buchverlag.de

[132] Mannek, Udo, Heißluftmotoren I-VII , Neckar-Verlag, Villingen-Schwenningen , 2000-2003

[133] Heftreihe: Fundsache Heißluftmotoren, Band 1-6, Dipl.-Ing. Gerd Maier, Biberach, 1997-2003 (neue Ausgaben mit CD-ROM)

[134] „Energietechnik vom Ende der Welt” (Bericht über den WhisperGen) in: Sonnenenergie 1/03, S. 22 - 23; (Zeitschrift der Deutschen Gesellschaft für Sonnenenergie e.V., München)

[135] Diplomarbeit Nr. 00-DV-02 „Validierung des Prüfmodelles einer WKK-Anlage“, im Rahmen des Forschungsprojektes der FOGA (Forschungs-, Entwicklungs- und Förderungsfonds der schweizerischen Gasindustrie); FOGA-Projekt Nr. 0075 (Vergleichende Prüfung von Stirling Micro-WKK-Anlagen unter praxisgerechten Bedingungen), in 2003, Hochschule für Technik und Architektur (HTA), Prüfstelle HLK, Luzern, Schweiz, www.hta.fhz.ch/hlk

[136] Kleine Blockheizkraftwerke – Technik, Planung und Genehmigung, Herausgeber Wirtschaftsministerium Baden-Württemberg, Stuttgart, 2003, kostenlos zu erhalten über www.wm.baden-wuerttemberg.de

[137] 11th International Stirling Engine Conference - 11th ISEC -, 19. – 21. Sept. 2003, Rome

[138] Daniel Lyonnet, Stirling Engines, Manual for enthusiasts; history, theory, technology, realization, Jahr 2003 Chatenoy, Frankreich

[139] Tagungsband des Internationalen Stirling Forums 2004 in Osnabrück; ECOS GmbH, (5. – 7. Mai 2004)

[140] Integration eines Stirlingmotors in eine Wirbelschichtbrennkammer, Semesterarbeit von Hans-Peter Lauber, TU München 2004

[141] Sunwash, Oliver Hein, Beschreibung der Solarskulptur, 2004, Email: Oliver@kinetic.de

[142] Leistungssteigerung und Optimierung eines biomassebefeuerten Stirlingmotors (Viebach), Diplomarbeit Hans-Peter Lauber, TU München, Juni 2005
[143] 12th International Stirling Engine Conference - 12th ISEC, 7.-9. September 2005, Durham, UK, www.dur.ac.uk/isec.2005
[144] Tagungsband des Internationalen Stirling Forums 2006 in Osnabrück, ECOS GmbH (26. – 27. September 2006)
[145] U.E.Stempel, Experimente mit Heißluftmotoren, Franzis Experimente, 2006, ISBN 3-7723-5788-1
[146] Untersuchung des WhisperGen DC für den Einsatz als Mikro-BHKW in Einfamilienhäusern, Betriebserfahrungen – Optimierung – Wirtschaftlichkeit, Diplomarbeit von N.Vukovic, FH München Fakultät 03, September 2006
[147] Einsatzmöglichkeiten des WhisperGen DC als stromerzeugende Hausheizung/Mikro BHKW, Diplomarbeit von A.Duschek, FH München Fakultät 05, Frühjahr 2007
[148] Untersuchungen zum Betrieb eines Stirling-BHKW (Typ: WhisperGen) mit Biobrennstoffen, Diplomarbeit von B.Stark, FH München Fakultät 06, Frühjahr 2007 (Fortsetzung in den Diplomarbeiten von Ria Idris und Janusz Schulz bis Ende 2007)
[149] Vorankündigung: 13 th International Stirling Engine Conference – 13 th ISEC, Tokyo, Japan, Sept. 2007. http://www.isec-info.org/isec2007
[150] Fritz Steimle, Peter Beck, Jürgen Lamprichs, Stirling-Maschinen-Technik - Grundlagen, Konzepte und Chancen, Hüthig Verlag C .F. Müller, 2007
[151] How I built a 5 HP Stirling Engine – The story of the rice husk energy project in Bangladesh, Dr. L.M.Lockwood, www.camdenmin.co.uk

9.3 Adressenverzeichnis

Abendschön Michael, sehr schöne Simulation im Internet: http://people.freenet.de/michaelabendschoen/

Aim Infrarot-Module GmbH, Theresienstraße 2, 74072 Heilbronn, Email: info@aim-ir.de, www.aim-ir.com, *Stirling-Kryokühler*

AG Sunmachine c/o www.sonnenkraft-freising.de Email: sunmachine@sonnenkraft-freising.de Forum für Sunmachine-Interessierte

Arbeitsgemeinschaft Erneuerbare Energie, PF 142, A-8200 Gleisdorf, Email. office@aee.at, www.aee.at

Arbeitsgemeinschaft Stirlingmaschinen c/o Dipl.-Ing.(FH) K.Kübler, Leinbergerstr. 3, 81735 München, www.stirling-maschinen.de

Arbeitskreis Stirlingmotor München; Evang. Hochschulgemeinde an der FH München; Loristr. 1; 1. Stock. 80335 München, Fax 089/68800112, Email: stirling@ekhg.fhm.edu, Internet: www.ekhg.fhm.edu oder www.stirlingmotor.org *bieten Bauanleitung des Flachplattenmotors von Kolin an (deutsch und englisch) und sind in dem Stirlingbereich sehr aktiv und informiert (Infos nur gegen Rückporto und Kopierbeitrag). Der AK freut sich über die Zusendung von Diplomarbeiten etc. für das Archiv und zur Dokumentation der Entwicklung.*

Asue, Arbeitsgemeinschaft für sparsamen und umweltfreundlichen Energieverbrauch e.V., Bismarckstr. 16, 67655 Kaiserslautern, Email: asue@compuserve.com, Internet: ww.asue.de

AstroMedia-Vertrieb, Katernberger Staße 107, 45327 Essen, Online-Shop, Email: service@astromedia.de, www.astromedia.de, *Kartonbausatz für einen NT-Stirlingmotor, der auf einer Tasse heißem Wasser läuft.*

AZUBI Lehrmittel GmbH (Classic Collections), Hutschenreutherstr. 4, 92637 Weiden i. d. OPf., Email: info@classic-collections.de, www.classic-collections.de, www.azubi-lehrmittel.de/ *Bausatz (Rohteile) Drehmaschine erforderlich.*

BBT Thermotechnik GMBH Bosch Group Thermotechnology, International Marketing (TT/MK) Innovation Management Junkersstrasse 20-24, 73249 Wernau, Deutschland, Email: Yildiz.Tosun@de.bosch.com, www.bbt-thermotechnik.de, *Entwicklung einer Gasbrennwerttherme mit Stirlinggenerator, Flyer zu dem Stirlingheizgerät*:

BBT Thermotechnik GmbH, Sophienstraße 30-32, 35576 Wetzlar, Email: info.bbt@de.bosch.com, www.bbt-thermotechnik.com

BHKW-Infozentrum www.bhkw-infozentrum.de

Bios Energiesysteme GmbH, Inffeldgasse 21b, A-8010 Graz: *Planung und Projektierung von Anlagen zur thermischen und elektrischen Biomassenutzung, u.a. auch Stirling-Pilotanlagen*

Blackwell's Bookshop; Broadstreet; Oxford OX1 3BQ / England;
Buchhandlung, über die man englische Fachliteratur besorgen kann.

BSR Solar Technologies GmbH, Industriestr. 8, 79541 Lörrach; Email: info@bsrsolar.com, Internet: www.bsrsolar.com, www.sunvention.de, *Entwicklung von NT und HT Stirlingmotoren und Konzepten für deren Betrieb*

Hermann Böhm Stirling Technik, Werner von Siemens Str. 2, 91413 Neustadt a.d. Aisch, Email: boehmstirling@t-online.de, www.stirling-technik.de *Modelle, Vakuummotor*

Max Buchner senoir, Sollnau 20, 85072 Eichstätt, Fax 08421-4934, *baut und vertreibt seine Messing-Modellmotoren (baute KWK-Modell)*

H. Carlsen; TU of Denmark, Laboratory for Energetics, Dk-2800 Lyngby / Denmark, Email: hc@mek.dtu.dk, http://www.et.dtu.dk/Staff/hc/hc.html, s.a. Stirling Danmark

Mr. Melvin H. Chiogioji; U.S. Departement of Energy, Washington, DC 20585 / USA *(verschicken Prospekte)*

Mr. E.H. Cooke-Yarborough; United Kingdom Atomic Energy Autority, Lincoln Lodge, Longworth, Nr Abingdon; Oxfordshire OX13 5DU / England

Deutsche Gesellschaft für Sonnenenergie e.V. (DGS), Emmy-Noether-Str. 2 ; 80992 München; Email: info@dgs.de, Internet www.dgs.de

Disenco Limited, Unit J. Sheffield Business Park, Europa Link, Sheffield, South Yorkshire, S9 1XU, UK, Email: info@disenco.com, www.disenco.com *1 - 3 kW Stirling-Mikro-KWK mit Erdgas*

Mr. Richard B. Diver; Sandia National Laboratories, P.O.Box 5800; 87185 Albuquerque, New Mexico / USA; *R.B. Diver ist Mitarbeiter von "Solar Thermal Electric Technology" Division 6217.*

DLR; Deutsches Zentrum für Luft- und Raumfahrt e.V., Institut für Technische Thermodynamik, Pfaffenwaldring 38-40; 70569 Stuttgart, Email: doerte.laing@dlr.de; *Tests am V160, Entwicklung eines Solarreceivers, Forschung mit TES*

ECOS-Gesellschaft für Entwicklung und Consulting mbH; Westerbreite 7; 49084 Osnabrück, Email: info@ecos-consult.com, www.ecos-consult.com *veranstaltet alle zwei Jahre das Internationale Stirlingforum (Tagungsbände erhältlich)*

Prof. Dr. Ing. F. X. Eder, Halmstr. 15a, 81369 München, *Entwicklung der thermohydraulischen Arbeitsmaschine*

ELWE Lehrgerätebau Klingenthal GmbH, Elwestr. 6, 38162 Cremlingen / Schandelah; Email: NTW@elwe.com, www.elwe-physik.de, *Pohlsches Drehpendel*

Enatec, Galileistraat 27, NL-7131 PE Lichtenvoorde, www.enatec.com

Enerlyt Potsdam GmbH, Am Buchhorst 35A, 14478 Potsdam; Email: info@enerlyt.de; www.enerlyt.de

Envitech GmbH, 87719 Mindelheim, Nebelhornstr. 2, *Email:* info@envitech.de, www.envitech.de, *solare Niedertemperaturmaschinen f. Pumpen zur Meerwasserentsalzung*

Exergia, Hauptstr. 54, 79104 Freiburg, Email info@exergia.de, info@newenergyshop.com, www.exergia

Fachhochschule Amberg-Weiden, Hochschule für Technik und Wirtschaft, Amberg, Kaiser-Wilhelm-Ring 23, 92224 Amberg, Prof. Dr. Markus Brautsch, Email: m.brautsch@fh-amberg-weiden.de, www.fh-amberg-weiden.de

Fellows Research Group, Inc., 112 Clear Spring Rd., Georgetown, TX, USA 78628, Email: frg@io.com, www.io.com/~frg

FH München FK 03 Maschinenbau, Dachauer Str. 98 b, 80335 München, www.fhm.edu

FH München FK 04 Elektrotechnik IPG Stirling , Lothstr. 64, 80335 München, ww.fhm.edu

FH München FK 06 Physikalische Technik, Lothstr. 34, 80335 München, www.fhm.edu

FH Regensburg, Prof.Dr.-Ing.Michael Elsner, Postfach 120327, 93025 Regensburg, Email: michael.elsner@maschinenbau.fh-regensburg.de, Internet: http://homepages.fh-regensburg.de/~elm39139

Dipl.-Ing Peter Feulner, Projektleiter Entwicklung / Konstruktion, Ingenieurgesellschaft für Fahrzeugtechnik mbH, Schwäbisch Gmünd, Email: feulner@iftmbH.de, www.iftmbH.de

Gemo Generatoren & Motoren, Auf dem Baggersand 5, 23570 Lübeck/Travemünde, Email: gemo_gmbh@t-online.de; www.gemo-online.de (Vertrieb des WhisperGen DC)

Global Cooling 94 North Columbus Road - Athens, Ohio 45701 USA - (740) 592-2655 - info@globalcooling.com info@globalcooling.com www.globalcooling.com, *Entwicklung von Stirling-Kältemaschinen nach Lizenzen von Sunpower*

Dr. P.J.A. Hamburger; B.V. Stirling Motors Europe; Maanweg 156; NL-2500 BY 's-Gravenhage / Niederlande

Oliver Hein, Solarskulptur Sunwash, Irnfriedstr. 9, 80639 München, Email: Oliver@kinetic.de

Hochschule für Technik und Architektur (HTA), Prüfstelle HLK, Luzern, Schweiz, www.hta.fhz.ch/hlk

Hochschule Ulm, Prof. Gerd Heilscher, Stiftungsprofessur Energiedatenmanagement dezentraler Energieversorgungssysteme, Eberhard Finckh Str. 11, 89075 Ulm, Email: heilscher@hs-ulm.de, www.hs-ulm.de

Infinia Corp (früher: Stirling Technology Company), 6811 West Okanogan Place, WA 99336 USA, Email: info@infiniacorp.com, www.infiniacorp.com, *Freikolben-Stirlingmaschinen*

Ingenieurbüro Viebach & Eckl, Königstr. 25, 83254 Breitbrunn am Chiemsee, buero@ve-ingenieure.de, www.ve-ingenieure.de, *Berechnung u. Entwicklung v.Stirlingmotoren*

Inpro Solar Systeme, Am Bergfeld 5, 86495 Eurasburg, *Email:* inprosolar@t-online.de, www.inprosolar.de*, Modelle Selbstbausatz für Handwärmemotor u. Selbstfahrer*

Internationale Stirlinggemeinschaft: Email: info@stirlinginternational.org, www.stirlinginternational.org

IPG Stirling an der FH München, FK 04 Elektrotechnik, Dipl.-Ing. (FH) Kuno Kübler, Lothstr. 64, 80335 München, Email: kuebler@ee.fhm.edu, www.fhm.edu, *Untersuchungen des WhisperGen zum Betrieb mit regenerativen Brennstoffen, Aufbau des süddeutschen Stirling-Kompetenzzentrums in Zusammenarbeit mit Viebach & Eckl*

ISET Institut für Solare Energieversorgungstechnik, Rodenbacher Chaussee 6, 63457 Hanau, Ansprechpartner: B.Krautkremer, Email: hanau@iset.uni-kassel.de, www.iset.uni-kassel.de, *Biogas-Einsatz für WhisperGen*

ISET Institut für Solare Energieversorgungstechnik e.V. Verein an der Universität Kassel, Königstor 59, 34119 Kassel,

Ansprechpartner: C.Bendel, Email: cbendel@iset.uni-kassel.de, siehe auch: www.projektdinar.de

IZES - Institut für ZukunftsEnergieSysteme, IT Park Saarland, Gebäude A1, Altenkesseler Str. 17, 66115 Saarbrücken, Email: izes@izes.de, www.izes.de

Jameela Designs, J.Boardman, Email: solar.stirling@btopenworld.com, www.jameeladesigns.co.uk/

Dipl.-Ing. Hans Werner Jaeger; Sonnenbergstr. 30; 70184 Stuttgart*Ingenieurgruppe mit Hobby "Stirlingmotor und Solaranwendungen"*

Joanneum Research Forschungsgesellschaft mbH, Dipl.-Ing. Dr. Erich Podesser, Institut für Energieforschung, Elisabethstr. 5, A-8010 Graz, Austria, Email: erich.podesser@joanneum.at , www.joanneum.at

Hans-Josef Janetzko, Adlerstr. 17, 71549 Auenwald, Email: hjjanetzko@aol.com : *Erfahrung mit NT-Stirlingmotoren*

Dr. Bernd Kammerich, Berliner Str. 63, 44143 Dortmund, Email: bkammerich@aol.com, Internet: members.aol.com/bkammerich/index.htm, *1 kW Biomasse-Stirling; Zusammenarbeit mit Fa. Hoval*

Daniel Kassner, Birnbaumsmühle 65, 15234 Frankfurt (Oder), Email: info@kassner-dampfantriebe.de, www.kassner-dampfantriebe.de, *Heißluftmotoren*

Kockums AB, S-205 55 Malmö, Sweden, Email: information@kockums.se, www.kockums.se

Dipl.-Ing.Mr.Sc. Sonja Koscak Kolin; University of Zagreb; Faculty of Mining, Geology and Petroleum Engineering, Pierottijeva 4, 10000 Zagreb / Croatia, Email: sonja.koscak-kolin@rgn.hr, *Prof. Dr. Ivo Kolin (†) Erfinder des Flachplatten-Stirlingmotors*

Kramer & Moch, Berlin-Zehlendorf, Email: mail@UweMoch.de, www.UweMoch.de, *0,5 – 1 kW Stirlingmotor*

Dipl.-Ing. Walter Kufner; Ingenieuerbüro für Energieberatung und Prototypenbau; Alpsteinstr. 6; 88138 Hergensweiler Email: IB-Kufner@gmx.de , www.go.to/kufner-stirling, *Dampfmotoren, Autor des Buches "Stirlingmaschinen einfacher Bauart", Eigenbau-Maschinen mit Leistungen bis ca. 300 W*

KWB - Kraft und Wärme aus Biomasse GmbH Industriestraße 235, A-8321 St. Margarethen/Raab, Email: office@kwb.at, www.kwb.at

Jürgen Kraft, F.-W.-Raiffeisenstr. 25 b, 52531 Übach-Palenberg, Email: info@sell-it-easy.de, www.sell-it-easy.de

Lewis Research Center (NASA); Kontakt: Mr. William A. Tomazic, 21000 Brookpark Road; Cleveland, Ohio 44135 / USA

Leybold-Heraeus AG, Naturwissenschaftliche Lehrmittel, Zähringerstr. 40, CH-3000 Bern 9

Tim Lohrmann, Breitenwasen 3/1, 72406 Bisingen, Email: timlohrmann@gmx.de

Ludwigs-Maximilians-Universität, Lehrstuhl für Didaktik der Physik, Prof. H.Wiesner, Schellingstr. 4, 80799 München; Email: cordula.mauch@physik.uni-muenchen.de, www.physik.uni-muenchen.de/didaktik/ *mehrere Zulassungsarbeiten für den Unterricht in Theorie und Praxis*

Dipl.-Ing. Gerd Maier, Krummer Weg 24, 88400 Biberach

Mayer & Cie. Postfach 201580, 72438 Albstadt, www.mayercie.de (Projekt beendet)

Mr. I. Macpherson; Ford Motor Company, 20000 Rotunda Drive; Dearborn, Michigan, 48121 / USA; *Direktor von Powertrain Engineering Office.*

Magnetmotor GmbH, Petersbrunner Str. 2, 82319 Starnberg, Email: info@Magnet-Motor.de, www.magnetmotor.de *Prototypen: 1 kW, 10 kW, 40 kW, 5 Pilotanlagen mit 40 kW (beendet)*

MicroGen (BG Group), 100 Thames Valley Park Drive, Reading, RG6 1PT, UK, www.microgen.com (März 2007 gestoppt)

Christoph Müller, Ingenieurbüro; Wirffelstr. 8; 85055 Ingolstadt; *arbeitet u.a. an Stirlingmotor Beta-50W; erarbeitete mit F.Schmelz Leistungsberechnungsprogramm*

Neckar-Verlag GmbH, Postfach 1820, 78008 Villingen-Schwenningen; www.neckar-verlag.de; *Buchreihe Heißluftmotoren I-VII, enthält zahlreiche Bauanleitungen*

Mr. Noel P. Nightingale; Stirling Engine Division, Mechanical Technology Inc., 968 Albany-Shaker Road; Latham, NY 12110 / USA

Karl Obermoser, Freier Erfinder, Kirchstr. 13b, 86653 Monheim

OPITEC Handel GmbH, Hohlweg 1, 97232 Giebelstadt, Email: info.de@opitec.com, www.opitec.de, *Bausatz für ein einfaches Modell*

Patentauslegestelle im Landesgewerbeamt; Willi Bleicher Str. 19; 70174 Stuttgart; Patentauslegestelle im Landesgewerbeamt; Willi Bleicher Str. 19; 70174 Stuttgart

Phywe-Systeme GmbH & Co.KG, Robert-Bosch-Breite 10, 37070 Göttingen, Email: info@phywe.de, www.phywe.de *Lehrmittelkatalog für Physik und Biologie*

Mr. Alan G. Phillips; P.O. Box 140511; Orlando, Florida 32814 / USA

Ravensburger Dampfmodelle B.Probst, Jakob-Ruß-Weg 1, 88214 Ravensburg, Email:info@ravensburger-dampfmodelle.de, www.ravensburger-dampfmodelle.de *Zimmerspringbrunnen mit Heinrici-Nachbau, Modellbau, Dampfmodelle*

Redaktion Dampf, Udo Mannek, Verbindungsstraße 23, 47906 Kempen, Email: RedaktionDampf@aol.com, www.neckar-verlag.de

Ing. Roland Reichelt, Albert-Schweitzer-Str. 40, 09116 Chemnitz, *Modelle, Gußteilsätze*

Mr. Brad Ross; 1823 Hummingbird Court; West Richland, WA 99352 / USA: *Herausgeber der amerikanischen Stirlingzeitung "Stirling Machine World" (Bestelladresse)*

M. Ruppel, Rablstr. 37, 81669 München, *Modell: offener Heißluftmotor*

D.Schager, Goldbergstr. 73, 63073 Offenbach; www.schager-hwm.de, *Spezialist von Kleinst- und Handwärme- Stirlingmotoren*

W. Schlagenhauf; Keltenring 53; 79199 Kirchzarten-Sulzdorf; *Reagenzglasstirlingbausatz,*

E. Schmidt; Technische Raritäten; Postfach 2006; 61410 Oberursel; Tel.: 06171-3364, Email: Stirlingmotor@aol.com; www.stirlingmotor.com : *Modell-Stirlingmaschinen, umfangreiche Literatur zum Thema Stirlingmotor, WEB-Rundbrief*

Mr. Mark Schuman; 101 G. Street, S.W., #516; Washington, DC 20024 / USA *Selbständiger Erfinder von Freikolbenwärmepumpen und -motoren*

James R. Senft, Ph.D.; University of Wisconsin Departement of Mathematics and Computer, Science, River Falls, WI 54022 (USA), Email: J.R.Senft@UWRF.EDU *Entwickelte den NT-StM mit geringstem ΔT; Bücher und Bauanleitung*

Sigma Electroteknisk AS, P O. Box 34, 1550 Holen, Norway,, www.sigma-el.com *(siehe Disenco)*

Stirling Danmark ApS - Diplomvej, build. 373 - DTU - 2800 Lyngby – Denmark, *Email:* hc@stirling.dk, www.stirling.dk *Biomassestirling mit 9, 35 und 75 kW*

Technisches Büro Karl Kocsisek, Stirling Engineering, Haslau, Österrreich, info@stirling-engineering.com, www.stirling-engineering.com

Prof.Dr.-Ing. B. Thomas, Nördlinger Str. 47, 72760 Reutlingen, Email: bernd.thomas@fh-reutlingen.de, http://userserv.fh-reutlingen.de/~thomas/, *Software "Prosa"*

Solar Engines, a Division of Jemco Imports, Inc., P. O.Box 5237; Phoenix, Arizona 85010 / USA; *Firma bietet Stirling-Modellmotoren an*

Solo Stirling GmbH; Postfach 600152; 71050 Sindelfingen, Dipl.-Ing. A. Baumüller, (Email: info@stirling-engine.de Internet: www.stirling-engine.de) siehe Stirling Systems, CH *Solo 161 wird als BHKW in Serie gebaut; Aufbau von Service und Vertrieb; Solo 161 auch als Solarversion, Solo 161 P mit Biomasse Feuerung ab 2008; Solo 161 zum Einsatz als Kältemaschine in Entwicklung*

StirlingConsulting, Dipl.-Ing. Kuno Kübler, Unabhängiges Beratungs- und Entwicklungsbüro, Goethestr. 34 Rgb.1, 4.Stock; 80336 München, Email: kuebler@ee.fhm.edu, www.stirling-maschinen.de, *Infodienst für regenerativen Energien u. Stirlingmotor; Beratung, Vorträge, Führungen, Begleitung von Pilotprojekten, Betreuung von Diplomarbeiten*

SPM Stirling Power Module, Energieumwandlungsges mbH, Dr. Karl Wolfgang Stanzel, Nikolaus Schönbacher Strasse 7, 8052 Graz, Östereich, Email: stanzel@stirlingpowermodule .com, www.stirlingpowermodule.com*; Entwicklung eines Biomasse-Stirling-BHKW*

Dr. Wolfgang Staender, Technologie-Institut Dr. Staender, Ortlindestr. 2, 81927 München; Email: wolfgang.staender@t-online.de

Stirling Systems AG, Säntisstrasse 50, 8200 Schaffhausen, Schweiz, Email: loretan@valiva.ch, www.valiva.ch

Stirling Technology Company, 4208 West Clearwater Ave, Kennewick WA 99336-2626, USA, Email: info@stirlingtech.com, www.stirlingtech.com (siehe unter Infinia Corp.)

STM Power, Inc; 275 Metty Drive; Ann Arbor, Michigan 48103 / USA, jetzt: Stirling Biopower Inc.; (Vertrieb in Deutschland: rockenergy; German office, Lothar Schaule, Kapellenstraße 2, 87755 Kirchhaslach, Email: lothar.schaule@rockenergy.biz, www.rockenergy.co.uk/contact.htm

Sunmachine GmbH, Am Laufer Schlagturm 6, 90403 Nürnberg, Email: info@sunmachine.de, www.sunmachine.de, *Feldtest mit Pellet-BHKW, Patente auf verschiedene Flachplatten-Stirlingmotoren, die erfolgreich in Entwicklungsgebieten zur Produktion angeboten werden.*

Sunpower; 182 Mill Street, Athens, Ohio 45701 / USA, info@sunpower.com, Internet: www.sunpower.com, *Firma von William Beale;*

Sunwash, Solarskulptur von Oliver Hein, Irnfriedstr. 9, 80639 München, Email: Oliver@kinetic.de

Tamin, Donald Isaac, Jr.CEO, 207B Harvard Avenue, Half Moon Bay, CA 94019, U.S.A., http://www.tamin.com/

Technische Universität Dresden, Institut für Angewandte Physik und Didaktik, Lehrstuhl Didaktik der Physik, Prof .Dr.H.-J.Wilke, Mommsenstr. 13, 01062 Dresden, Email: rh@padns1.phy.tu-dresden.de, *Vortrag am 17.3.99 im Deutschen Museum*

Technische Universität Dresden, Fakultät Maschinenbau, Institut für Energietechnik, 01062 Dresden, Dejin Chen, Jürgen Knorr, Manfred Schwarz: *(Doktorarbeit von J. Eickhoff zum NT-Stirlingmotor erhältlich beim AK Stirlingmotor München)*

Tedom s.r.o., Vycapy 195, 674 01 Trebic, Czech Republic; http://www.tedom.cz, http://engine.stirling.cz, *Prototyp 8kW-Alpha-Stirlingmotor für KWK*

Thermacore; 780 Eden Road; Lancaster, Pennsylvenia 17601 / USA, Engineering Manager: Robert M. Shaubach. *Firma vertreibt Wärmerohre.*

Twinbird; www.twinbird.jp: *Fertigung von Freikolbenstirling-Kältemaschinen u.a. für Coleman Kühlgeräte*

Universität GHS Essen, Institut für Angewandte Thermodynamik und Klimatechnik, FB 12, Universitätsstr. 15, 45141 Essen, Fax 0201/183-2584

University of Canterbury, Dr. Michael Gschwendtner, Stirling Cycle Research Group, Department of Mechanical Engineering, , Private Bag 4800, Christchurch, New Zealand, Fax: +64 3 364-2078, Email: michael.gschwendtner@canterbury.ac.nz, www.mech.canterbury.ac.nz/research/stirling, *Auftragsentwicklung von Stirlingmotoren*

UK Stirling News, The Journal of the Stirling Engine Society; Mr. Ken Boak, Stirling Engine Society, "The Hollies", 7 Flint Hill, Dorking Surrey, England, RH4 2LL, Email: kenboak@compuserve.com

Victron Energie B.V., E. Verest, De Paal 35, NL-1351 JG, Almere-Haven, *Vertrieb des Whispergen DC für 12/24 V (Diesel als Brennstoff) in den Jahren 1999 bis 2004*

Dieter Viebach Entwicklungsbüro, Spielhahnstr. 17, 83059 Kolbermoor, *www.geocities.com/Viebachstirling, vertreibt Bauanleitungen für Modelle, DVD, Stirling-Ringinfo Nr. 1-8 auf CD-ROM, (neues Modell in 2007 als Bausatz erhältlich)*

Stefan Viebach: *Simulationsprogramm zur Auslegung von StM*

Viessmann Werke GmbH & Co KG Viessmannstraße 1, 35108 Allendorf (Eder) EMail: info@viessmann.com, www.viessmann.de

Mr. Graham Walker (†); Dept. of Mechanical Engineering, University of Calgary, Calgary, Alberta / Canada T2N1N4 *hat sehr gute Bücher über Stirling-Maschinen geschrieben.*

Dr. Rudolf Weber; CH-5225 Oberbözberg / Schweiz: *Wissenschaftsjournalist*

WhisperGen Ltd., 224 Armagh Street, PO Box 13705, Christchurch, New Zealand, Email: info@whispertech.co.nz; Internet: www.whispergen.com. *WEB-Seiten über den WhisperGen, AC und DC; Feldtest mit 230 V AC für Gas mit mehreren hundert Anlagen in Europa*

Vertrieb des WhisperGen DC in Deutschland: Fa. GEMO Generatoren & Motoren, Auf dem Baggersand 5, 23570 Lübeck/Travemünde, Email: gemo_gmbh@t-online.de, www.gemo-online.de

Wiggers Stirling Heißluft-Modellbau Werner und Carsten Wiggers, Postfach 1212, 41374 Brüggen, Email: info@wiggers-modellbau.de, www.stirling-modellbau.de M*odelle, Materialsätze, Gussteile, Pläne*

Zentrum für Angepasste Technologie und Sozialökologie, Ökozentrum Langenbruck, Schwenigstraße 12, CH - 4438 Langenbruck, Email: gaegauf@oekozentrum.ch, www.oekozentrum.ch: *Mehrere Forschungsprojekte (ST5, Öl- und Gasbrenner, Stirling-Energie-Modul mit Lineargenerator u.a.)*

9.4 Daten der wichtigsten Stirlingmaschinen

Bezeichnung	**1-75**	**300W FPSG**
Drehzahl, Aufladung	ca. 3150 U/min, Helium 40 bar	60Hz, Helium 17 bar
Leistungsdaten	P = 2,7 kW; G = 100 kg	P = 300 W; G = 15 kg
Wärmequ., Antrieb	Erdgas	Propan
Bauform	Doppel-Kurbelwelle, gegenläufig	β-Freikolben Stirling m. Lineargenerator
Besonderheiten	voll auswuchtbar	voll auswuchtbar
Ausführungsstand	verschied. Nullserienmaschinen getestet	verschiedene Testmaschinen im Einsatz
Ausführungszeit	1990-1993	1992-1994
Konstrukteur / Hersteller	Prof. Carlqvist u.a. (Schweden), Schäfer, Lohrmann (BRD), Ecker-Maschinenbau	W. Beale Sunpower, Ohio, USA

Bezeichnung	**9 kW Stirling Engine**	**BHKW 1-1135**
Drehzahl, Aufladung	1020 U/min, Helium, 80 bar	1500 U/min, Helium 16,5 bar
Leistungsdaten	9,5 kW_{el} bei 700°C / 45°C, η = 28%	0,75-8 kW_{el}, 2,5-21 kW_{therm}, η bis 40%
Wärmequ., Antrieb	Erdgas, Biogas	
Bauform	β-Maschine, 1-Zylinder-Triebwerk, hermetisch gekapselt	1-Zylinder-Beta
Ausführungsstand		Prototyp
Konstrukteur / Hersteller	Prof. H. Carlsen, TU of Denmark + Industriepartner	Stirling Engineering

Bezeichnung	**Biomasse Stirlingmotor**	**BM 1000**
Drehzahl, Aufladung	633 U/min, Helium bei 28 bar	680 U/min, Trockene Luft mit 6,5 bar
Leistungsdaten	30 kW_{mech} b. 1000°C /~35°C, η = 27%	1,0 kW bei 1000°C/50°C, G = 38 kg
Wärmequ., Antrieb	Rauchgas aus Biomasse-Heizkessel	Betrieb mit Biomasse, min. 19 kW Heizl.
Bauform	α-Maschine	γ-Maschine
Ausführungsstand	Testbetrieb (2002)	
Konstrukteur / Hersteller	Joanneum Research Institut für Energieforschung + Partner	EPAS Stirling Power Systems (existiert nicht mehr)

Bezeichnung	**CHP-Unit**	**DMC3**
Drehzahl, Aufladung		1500 U/min, Helium bei 10 bar
Leistungsdaten	3 kW_{el}, 15 kW_{therm}, η = 23-25%	P = ca. 150 W_{el}
Wärmequ., Antrieb	Erdgas	Benzin, Diesel
Bauform	Beta	1-Zyl.,Typ 2 einfach-wirk., Taumelscheib.
Besonderheiten	Prototyp	Abtrieb über Autolichtmaschine
Ausführungsstand	5 Ex. im Feldtest, + 5 bis Ende 2008	Tests wurden durchgeführt
Konstruk./ Hersteller	Disenco	Clucas, Raine

Bezeichnung	EG 1000	Enatec
Drehzahl, Aufladung	Helium, 30 bar	Helium, 35 bar
Leistungsdaten	1,1 kW_{el} bei 240 V AC, η_{el} = 16,5 % 15/24/36 kW_{th} (je nach Ausführung)	1 $kW_{el,}$, 7 - 9 kW_{therm}, $\eta_{el,}$ = 14%
Wärmequ., Antrieb	Erdgas, Flüssiggas, Heizöl (geplant)	
Bauform	Freikolben β-Maschine	Freikolbenstirling von Infinia
Besonderheiten	G=35 kg (Motor) 50 kg (m. Absorber)	
Ausführungsstand	Feldtest (gestoppt März 2007)	Feldtest
Konstruk./ Hersteller	Sunpower / MicroGen	Enatec

Bezeichnung	Enerlyt 2-Zyklen-Heißgasmotor	Gasbrennwerttherme mit Stirling
Drehzahl, Aufladung	450 U/min, Stickstoff, 25 bar	
Leistungsdaten	800 W_{el}, 3 kW_{therm}, η_{el} = 20%	200 - 450 W_{el}, 1,5 - 3 kW_{therm}, $\eta_{el,}$ = 15%
Wärmequ., Antrieb	Rapsöl-Brenner	Gas-Brennwerttherme 4 – 42 kW
Bauform	2-Zylinder (mod. Franchot)	Freikolbenstirling von Infinia
Besonderheiten	G=35 kg (Motor) 50 kg (m. Absorber)	
Ausführungsstand	Prototyp, Feldtest	Prototyp, Serie in 2009/2010
Konstruk./ Hersteller	Enerlyt	BBT, Bosch Buderus Thermotechnik

Bezeichnung	Harwell TMG (thermo-mechan. gener.)	Kammerich
Drehzahl, Aufladung	konstant, f = 110 Hz; Helium	760 U/min, Stickstoff, 12 bar
Leistungsdaten	P = ca. 25 W_{el}; G = 0,8 kg	1 kW_{el}
Wärmequ., Antrieb	Radioisotope, elektrisch, Propan	add-on-Lösung für Stückholzkessel
Bauform	Freikolbenverdränger, Membran mit Lineargenerator	Beta
Besonderheiten	hohe Lebensdauer (bis 72 000 h)	
Ausführungsstand	Tests wurden über 10 Jahre durchgeführt	Pilotanlagen, Kleinserie in Vorbereitung
Konstrukteur/ Herst.	Cooke-Yarborough	Kammerich / Hoval

Bezeichnung	KF1-350	KF 2-100
Drehzahl, Aufladung	50 – 300 U/min.	300 U/min, Luft, keine Aufladung
Leistungsdaten	20-30 W_{el};	P = 50 W
Wärmequ., Antrieb		Propan o. Biogas, aber auch andere
Bauform	Nano-BHKW	2-Verdränger u. ein senkr. Arbeitskolben
Besonderheiten		rustikale Bauweise
Ausführungsstand	leistungsfähiges Modell	als Fertigmodell erhältlich
Konstrukteur/ Herst.	W. Kufner	W. Kufner

Bezeichnung	**Kolin-Flachplattenmotor**	**Kramer**
Drehzahl, Aufladung	konstant, Luft bei Umgebungsdruck	800 U/min, Helium o. Stickstoff, 15 bar
Leistungsdaten	P = ca. 1 W; n ca. 100 U/min	500 - 1000 W_{mech}
Wärmequ., Antrieb	beliebig, meist Sonne und Abwärme	
Bauform	Arbeitskolben als Membran ausgeführt	
Besonderheiten	diskontinuierliche Verdrängersteuerung	
Ausführungsstand	Bauanleitung beim AK Stirlingmotor in München erhältlich	Prototyp
Konstrukteur	Prof. Ivo Kolin von der Uni Zagreb	Kramer / Moch

Bezeichnung	**LG 1-100**	**Mod II**
Drehzahl, Aufladung	konstant, 1520 U/min, 65 bar	variabel, n = 4000 U/min;
Leistungsdaten	2,5 kW bei 650°C / 45°C	P = 62 kW; G/P = 3,3 kg/kW; η = 42%
Wärmequ., Antrieb	Erdgas	alle Treibstoffe, je nach Brenneraufsatz
Bauform	β-Maschine	V-Anordnung
Besonderheiten	Querkraft-Entlastung durch Anlenkhebel	kontinuierliche Verdrängersteuerung
Ausführungsstand	auf 5 Prototypen > 25.000 Std. Testlauf	verschied.Prototypen erfolgreich getestet
Konstrukteur	Tim Lohrmann	Mechanical Technology Inc., USA

Bezeichnung	**MT 79**	**NALSEM 500**
Drehzahl, Aufladung	variabel; n=2500 U/min, Helium 100 bar	30 Hz, Mitteldruck 3 bar
Leistungsdaten	P = 52 kW;; G=190 kg; η=31% (max.)	P = 500 W; 30 Hz; η = ca. 30%
Wärmequ., Antrieb	Kerosin	je nach Brenner alle Treibstoffe, a. solar
Bauform	parallel symmetrisch um Abtriebsachse liegend	Verdrängerantrieb: Elektromot., 90° V-Anordnung, Arbeitskolben=Linearaltern.
Besonderheiten	kontinuierliche Verdrängersteuerung	Druckwechsel über Getriebe auf Unterseite Kolben
Ausführungsstand	Prototyp bis 1982 erfolgreich getestet	Tests erfolgreich, verbesserter Motor bereits in Planung
Hersteller	Aisin Seiki Co., LTD., Japan	National Aerospace Lab, Mitsubishi, Jap.

Bezeichnung	**P 40**	**PCP 1-130 GP**
Drehzahl, Aufladung	variabel; n=4000 U/min	1600 U/min; Helium bei 80 bar
Leistungsdaten	P = 40 kW; G = 328 kg; η = 32%	P=3 kW_{el} , 9 kW_{th}
Wärmequ., Antrieb	alle Treibstoffe, je nach Brenneraufsatz	gasförmige Brennstoffe
Bauform	4-Zylinder senkrecht parallel im Viereck, 2 Kurbelwellen	β-Maschine
Besonderheiten	kontinuierliche Verdrängersteuerung	Lebensdauer 50 000 h
Ausführungsstand	Tests erfolgreich abgeschlossen, bereits verbessert	serienreif
Hersteller	United Stirling Sweden (USAB bzw. USS)	Sigma, Typ SCP entwick. v.TEM, Schwed.

Bezeichnung	**Phoenix**	**RG-1000**
Drehzahl, Aufladung	60 U/min, Übersetzung auf Abtriebswelle: 3000 U/min	3000 - 3600 U/min
Leistungsdaten	P = 5 kW_{el}, 10 kW_{th}	1,0 kW / 1,2 kW b. 3000/3600 U/m; η_{el} = 23%, G = 59 kg
Wärmequ., Antrieb	Stadtgas	Bauform: β-Freikolben
Bauform	Doppeltwirkende β-Maschine, hybrid, hydraulisch ausgekoppelt	
Besonderheiten	für KWK-Anlagen	Serienfertigung
Ausführungsstand		Infinia Corp.
Hersteller	Konstrukteur: BSR-Solar Team	

Bezeichnung	**S 400**	**SEM**
Drehzahl, Aufladung	500 U/min, trockene Luft mit 6,5 bar	3000 U/min, 35 bar
Leistungsdaten	400 W_{peak} bei 700°C / 50°C, G = 43 kg	1,1 kW_{el}, 4-6 kW_{therm}; η_{el}= 18%
Wärmequelle, Antrieb	Betrieb mit konzentrierter Sonnenstrahlung, eff. Aperturfl.: 2 m^2	
Besonderheiten	automatische Sonnen-Ausrichtung	Bauform: 1-Zylinder Freikolben
Ausführungsstand		Feldtest
Hersteller	EPAS Stirling Power Systems	Stirling Systems

Bezeichnung	**SM 34**	**SM 38**	**SPM**
Drehzahl, Aufladung	1015 U/min, Wasserstoff/Helium 44 bar	1010 U/min, Helium	Luft, 15 bar
Leistungsdaten	35 kW_{el}, η = 27%	75 kW_{el}; η_{el}= 27,5%	1 kW_{el}
Wärmequ., Antrieb	Biomasse	Biomasse	add-on für Holz-Pelletkessel
Bauform	4-Zylinder-Maschine	zwei SM 34 gekoppelt	4-Zylinder (Siemens)
Ausführungsstand	Laboranlage	Feldtest	Pilotanlagen
Hersteller	TU of Denmark + Industriepartner	Stirling Danmark	SPM / KWB

Bezeichnung	**SOLO Stirling-Modul 161**	**STA 520-32**
Drehzahl, Aufladung	1500 U/min, Helium, 70-150 bar variabel	400-1000 U/min, Stickstoff mit 32 bar
Leistungsdaten	P = 2-9 kW_{el}, 8-24 kW_{th}, G = 450 kg η_{el} = 24 % b. 650°C/50°C, η_{th} = 65-75%	P = 0,5-3 kW_{el}, 4-14,9 kW_{th}; G=350 kg; η_{el}=20-25%, η_{ges} = 80-85%
Wärmequ., Antrieb	alle Treibstoffe je n. Brenner, Solar-Dish	Holzpellets, Solar-Dish
Bauform	α-Maschine, 90°V-Triebwerk	α-Maschine, 90°-V-Triebwerk, hermetisch gekapselt
Besonderheiten	externer Regenerator	NO_x < 10 ppm, CO < 5 ppm
Ausführungsstand	Serienfertigung	Pilotanlagen
Hersteller	Stirling Systems AG, Schweiz	E. Weber/ Sunmachine GmbH

Bezeichnung	ST 5	STM 4-120
Drehzahl, Aufladung	650 U/min; Luft mit 5 bar	variabel; Helium mit 110 bar
Leistungsdaten	P = 3,5 kW; G = 330 kg	55 kW_{el} (auch als 25 kW_{el}-Maschine entwickelt) G=136 kg (Motor); η_{el} = 30%, η_{ges} = 80%
Wärmequ., Antrieb	meist Biomasse (Holz, Stroh, Gräser, ...)	alle Treibstoffe je n. Brenner, Solar-Dish
Bauform	Kurbel-Winkeltriebwerk, β-Bauform	4-Zylinder parallel symmetrisch um Abtriebsachse liegend
Besonderheiten	gebaut f. 3. Welt, einfache rob. Bauart	kontinuierliche Verdrängersteuerung
Ausführungsstand	Serie (1986-1989)	Serienreife
Konstrukt./Hersteller	Sunpower/Stirling Technology Inc., USA	Stirling Biopower Inc., USA

Bezeichnung	STM 4-260	Sunpulse E 1kW
Drehzahl, Aufladung	1500 U/min., ; Wasserstoff, 150 bar	60 U/min, atmosphärisch
Leistungsdaten	53,3 kW_{el} ; 83 kW_{therm}; η_{el} = 29%,	P = 1 kW_{el}, η_{el} = 12%
Wärmequ., Antrieb	alle Treibstoffe je n. Brenner, Solar-Dish	solar (konzentriert),
Bauform	4-Zylinder doppelt wirkend	Niedertemperatur
Ausführungsstand	Serienreife	Solar Village Tamera
Konstruk./Hersteller	Stirling Biopower Inc., USA	BSR Solar Technologies

Bezeichnung	Sunpulse Water	Sunpulse Mitteltemp.-Stirlingmot. (24-Stundenkraftwerk m. MgH_2-Speicher)
Drehzahl, Aufladung	30 U/min, atmosphärisch	12 – 30 U/min, (Langsamläufer), 20 bar
Leistungsdaten	120 W, hydraulisch nutzbar	P = 1 kW_{el},
Wärmequ., Antrieb	solar 3m², nicht konzentriert	solar (konzentriert), bzw. thermochemischer Speicher
Bauform	β-Maschine, einfach, konzentrisch angeord. Wärmetauscher; fremderregt oder Kurbelwelle diskontinuierlich	β-Maschine, einfach, hydraulische Leistungsauskopplung, m. Hydraulikmotor auf 1500 U/min (Wellendrehzahl)
Besonderheiten	in Entwicklungsländern herstellbar	
Ausführungsstand	20 Prototypen (1995 – 2003)	Prototyp, getestet (1994-2003)
Konstruk./Hersteller	BSR Solar Technologies	BSR Solar Technologies

Bezeichnung	Sunwash	Sunwell 100
Drehzahl, Aufladung	0,4 Hz, Luft und 820 l Silikonöl	ca. 60 U/min, Luft, keine Aufladung
Leistungsdaten		80 $W_{mech.}$, 40 W Pumpleistung (Wasser)
Wärmequ., Antrieb	Wärme a. Vakuumröhren-Solarkollektor	Solarstrahlung ungebündelt
Bauform	Flüssigkolbenstirling	Verdränger beinhaltet alle Wärmetausch.
Besonderheiten		Temperatur am Erhitzer unter 100°C
Ausführungsstand	Kunstobjekt in Burghausen seit 2004	Tests mit Prototypen und Nullserienmaschinen (1991 - 1994)
Konstruk./Hersteller	O. Hein, Solarskulptur Sunwash	Weber, Sodeik, Rampp

Bezeichnung	Tedom	TEK 40
Drehzahl, Aufladung	1500 U/min, Helium, 112 bar	1000 U/min, 100 bar
Leistungsdaten	7,9 $kW_{el.}$, η_{el} = 24%	40 kW_{el} , 88 kW_{th}
Wärmequ., Antrieb		Erdgas, Holz, Biogas (landwirtschaftl.)
Bauform		β-Maschine
Ausführungsstand	Prototyp	5 Pilotanlagen (2000)
Konstruk./Hersteller	Tedom	Magnet Motor / Heidelberg Motor GmbH

Bezeichnung	V160	V4-275R Mk III Engine
Drehzahl, Aufladung	variabel	2000 U/min, Stickstoff
Leistungsdaten	P=15 kW, n=3600 U/min, G/P=6.7kg/kW	30 - 70 kW_{el} bei 310 – 400 V DC
Wärmequ., Antrieb	alle Treibstoffe, je nach Brenneraufsatz	Diesel-Spezialbrenner für Untersee-Anwendung mit reinem Sauerstoff unter 20 bar Druck; auch als Solar-Dish
Bauform	90°-V-Zylinder	V-Motor mit zwei Ausgleichswellen
Besonderheiten	ext. Regenerator, kont.Verdrängersteuer.	
Ausführungsstand	Vorserie (1989)	Serienfertigung
Konstruk./Hersteller	Stirling Power Systems Corporation, USA	Kockums, Schweden

Bezeichnung	SOLO Stirling-Modul 161	STA 520-32
Drehzahl, Aufladung	1500 U/min, Helium, 70-150 bar variabel	400-1000 U/min, Stickstoff mit 32 bar
Leistungsdaten	P = 2-9 kW_{el}, 8-24 kW_{th}, G = 450 kg η_{el} = 24 % b. 650°C/50°C, η_{th} = 65-75%	P = 0,5-3 kW_{el}, 4-14,9 kW_{th}; G=350 kg; η_{el}=20-25%, η_{ges} = 80-85%
Wärmequ., Antrieb	alle Treibstoffe je n. Brenner, Solar-Dish	Holzpellets, Solar-Dish
Bauform	α-Maschine, 90°V-Triebwerk	α-Maschine, 90°-V-Triebwerk, hermetisch gekapselt
Besonderheiten	externer Regenerator	NO_x < 10 ppm, CO < 5 ppm
Ausführungsstand	Serienfertigung	Pilotanlagen
Hersteller	Stirling Systems AG, Schweiz	E. Weber/ Sunmachine GmbH

9.5 Hinweise zum Bau eines Stirlingmotor-Modells

Wer ein Modell bauen möchte, ist gut beraten, sich ein wenig mit der Physik zu beschäftigen. Nachfolgend sind die Ausführungen von G. Eith (†) wiedergegeben, der fast 20 Jahre im AK Stirlingmotor München mitgearbeitet hat und der die physikalischen Richtlinien erarbeitete, um den Entwurf eines neuen Modells zu überprüfen und am fertigen Motor die wichtigsten Kennwerte messen zu können.
Wer einmal ein Funktionsmodell nach einem vorgegebenen Bauplan hergestellt hat, der will gerne zu höheren Motorleistungen kommen. Am ersten Modell kann man die Schwachstellen erkennen und möchte diese beim nächsten Eigenbau korrigieren. Was sind nun die für die Motorleistung bestimmenden Faktoren und welchen Einfluss haben sie? Bei allen konstruktiven Änderungen muss man die Möglichkeiten eines Hobbybastlers im Hinblick auf Werkzeuge, Maschinen und Messgeräte im Auge behalten und nicht zuletzt auch seinen Geldbeutel.
Ein Motor mit ca. 100 Watt Leistung, der also etwa die Dauerleistung eines Menschen bringt, hätte viele Einsatzmöglichkeiten.
Nun fällt es nicht nur dem Bastler, sondern auch den Entwicklern in der Industrie oftmals schwer, einen Stirlingmotor vorauszuberechnen, da bei einem so komplexen technischen Gebilde die Änderung eines Faktors alle anderen mit beeinflusst. Beispielsweise führt eine Erhöhung der Drehzahl zu höheren Luftgeschwindigkeiten im Stirlingmotor und bringt damit größere Strömungsverluste, verbessert andererseits aber auch die Wärmeübergangszahl. Vorberechnungen haben ergeben, dass Stirlingmotoren mit über 100 Watt Leistung durchweg Abmessungen haben, die mit einer Hobbyausrüstung kaum noch herzustellen sind. Wir denken daher für den ersten Schritt an eine Leistung von ca. 25 Watt. Änderungen zwecks Optimierung lassen sich bei dieser Größe noch recht einfach durchführen. Außerdem erscheint es angebracht, Erfahrungen zu sammeln, bevor man Maschinen mit größerer Leistungen in Angriff nimmt.
Bei Benutzung der Formeln für eigene Berechnungen ist darauf zu achten, dass die Zahlenwerte in der gleichen Einheit eingesetzt werden: die Länge in m, Zeit in s, Masse in kg, Temperatur in K, Leistung in W, Arbeit in Ws etc. Die Richtlinien und Tipps sollen Ihnen zu einer erfolgreichen Arbeit verhelfen!

Der Carnot-Wirkungsgrad

Wie sich Physikbüchern entnehmen lässt, ist die Temperaturdifferenz ausschlaggebend für den idealen (d.h. maximal möglichen) thermodynamischen Wirkungsgrad η_{ideal}. Dies ist der Wirkungsgrad des Carnot-Prozesses (Literatur: z.B. Kuchling, H.: Taschenbuch der Physik):

$$\eta_{ideal} = \frac{T_o - T_u}{T_o} = 1 - \frac{T_u}{T_o}$$

Ein einfaches Zahlenbeispiel:

Gegeben sei eine Wärmekraftmaschine, die im mittleren Temperaturbereich arbeitet, mit einer oberen Temperatur T_o = 500 K entsprechend 227°C
und einer unteren Temperatur T_u = 300 K entsprechend 27°C.
Der Wirkungsgrad des Carnot-Prozesses ist gleich dem Wirkungsgrad des idealisierten Stirlingprozesses, nämlich:

$$\eta_{ideal} = \frac{500 - 300\,\mathrm{K}}{500\,\mathrm{K}} = 0{,}4 = 40\%$$

Das p-V-Diagramm des idealen Stirlingprozesses besteht aus zwei Isothermen (Expansions- und Kompressionsvorgang) und aus zwei Isochoren, bei denen nur innere Energie zu- oder abgeführt wird. Die isochore Zustandsänderung bewirkt der Regenerator. Bei der isothermen Expansion wird die zugeführte Wärme in Arbeit, bei der isothermen Kompression wird die mechanische Energie der Schwungscheibe in Wärme umgewandelt. Um die scharfen Übergänge zwischen den einzelnen Phasen des idealen Stirlingprozesses im p-V-Diagramm soweit wie möglich zu realisieren, ist eine diskontinuierliche Bewegung des Verdrängers notwendig. Diese konnte bei den bekannten Stirlingtypen nur unvollkommen realisiert werden und ist beim Kolin-Motor bisher am besten gelöst.
Da im Stirlingprozess durch Toträume, Strömungswiderstände im Regenerator, Wärmebrücken, mehrere Wärmeübergänge usw. Verluste auftreten, verringert sich der ideale thermodynamische Wirkungsgrad von 0,4 um einen Verlustfaktor, der bei jedem Stirlingmotor einen anderen Wert besitzt (wer tiefer einsteigen will, siehe: Steimle, Fritz: Stirling-Maschinentechnik. 1996). Für unser Rechenbeispiel wird er zu 0,25 angenommen. Damit ist:

$$\eta_{real} » 0{,}4 \cdot 0{,}25 = 0{,}1 = 10\%$$

Anfangsvolumen V_a und Volumenverhältnis V_a / V_e

Bei der isothermen Expansion wird die zugeführte Wärme Q_z in Arbeit W umgewandelt.

$$Q_z = W = m \cdot R \cdot T_e \cdot \ln (V_e/V_a)$$

Wir gingen in unserem Rechenbeispiel davon aus, dass der Stirlingmotor eine mechanische Nutzleistung von 25 Watt liefern soll. Bei einem realen Wirkungsgrad von nur 10% müssen wir das Zehnfache der Nutzleistung als Heizleistung zuführen, also 250 Watt. Und für den Kompressionsvorgang muss das Schwungrad die notwendige Energie in Form von Rotationsenergie aufbringen.

Das Arbeitsgas soll die zugeführte Wärmeenergie Q = 250 Ws im Zylinder speichern können (in einer Sekunde entspricht dies der Leistung von 250 Watt). Damit ist:

$$Q = c_V \cdot m \cdot \Delta T = c_V \cdot \rho \cdot V_a \cdot \Delta T$$

$$V_a = \frac{Q}{c_V \cdot \rho \cdot \Delta T} = \frac{250\ \text{Ws} \cdot \text{kg} \cdot \text{K} \cdot \text{m}^3}{717\ \text{Ws} \cdot 1{,}3\ \text{kg} \cdot 200\ \text{K}} = 0{,}0013\ \text{m}^3 = 1{,}3\ \text{l} \qquad \text{mit}$$

c_v spez. Wärme der Luft = 717 Ws/kgK
ρ_{Luft} spez. Dichte der Luft = 1,3 kg/m^3
ΔT Temperaturunterschied beim Aufheizen = 200 K
V_a Anfangsvolumen

Wegen der Temperaturverluste bei den Wärmeübergängen und wegen der unvermeidlichen Toträume im Motor wählen wir das Anfangsvolumen zu V_a = 3 l = 0,003 m³. Damit lässt sich das Volumenverhältnis V_e/V_a berechnen:

$$m = \rho \cdot V_a = 1{,}3\ \text{kg/m}^3 \cdot 0{,}003\ \text{m}^3 = 0{,}0039\ \text{kg}$$

$$\ln\frac{V_e}{V_a} = \frac{W}{m \cdot R \cdot T_e} = \frac{250\ \text{Ws} \cdot \text{kg} \cdot \text{K}}{0{,}0039\ \text{kg} \cdot 287\ \text{Ws} \cdot 500\ \text{K}} = 0{,}447 = \ln 1{,}56$$

$$\frac{V_e}{V_a} = 1{,}56 \qquad V_e = 1{,}56 \cdot 0{,}003\ \text{m}^3 = 0{,}00468\ \text{m}^3 = 4{,}68\ \text{l}$$

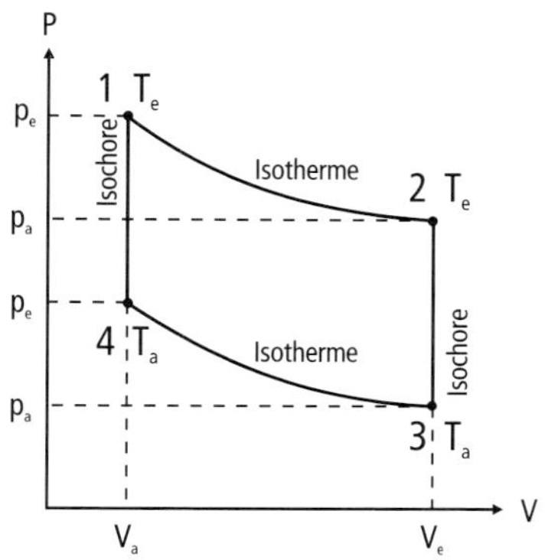

mit

W Arbeit in Ws
m = $\rho \cdot V$ Masse der Luft in kg
R Gaskonstante der Luft = 287 Ws/kgK
T_e Endtemperatur = 500 K
V_e Endvolumen in m^3
V_a Anfangsvolumen in m^3
ρ = 1,3 kg/m^3 für Luft bei 0°C und 1 bar
$V_e / V_a = p_e / p_a$

Abb. 163: p-V-Diagramm des Stirling-Kreisprozesses.

Drehzahl und Hubvolumen

Dreht sich der Motor einmal pro Sekunde und wird dabei eine Heizenergie von 250 Ws zugeführt, ergibt sich eine (thermische) Motorleistung von P = 250 W. Erhöht man die Drehzahl, so kann bei gleicher Leistung das Ausgangsvolumen von V_a = 3 l = 3000 cm^3 verringert werden. Neben kleineren Motorabmessungen wird durch die höhere Strömungsgeschwindigkeit der Luft der Wärmeübergang verbessert.
Steigert man beispielsweise die Drehzahl von 1 auf 20 Umdrehungen pro Sekunde, so ist ein Zwanzigstel des ursprünglichen Volumens ausreichend. Das neue Anfangsvolumen beträgt dann nur noch 150 cm³.

Bei der Temperaturerhöhung von 300 auf 500 K dehnt sich das Anfangsvolumen V_a auf das 1,56 fache aus:

$$V_e = 150 \cdot 1{,}56 = 234\ \text{cm}^3$$

Damit beträgt das Hubvolumen V_h:

$$V_h = V_e - V_a = 234 - 150 = 84\ \text{cm}^3$$

Bei einem Arbeitskolbendurchmesser von 5 cm entspricht dies einem Hub von etwa 4,3 cm.

Masse des Regenerators

Die Wärmeleistung von 250 W wird dem Stirlingmotor auf der heißen Seite zugeführt. Bei einer Drehzahl von 20 Umdrehungen pro Sekunde sind pro Umdrehung 250/20 = 12,5 Ws an Wärme umzusetzen. Diese Wärmemenge muss der Regenerator in kurzer Zeit aufnehmen und wieder abgeben. Dazu eignen sich wegen der geringen Wärmeeindringtiefe und der notwendigen Wärmeübergangsfläche Materialien wie Stahldraht, Stahlwolle oder Stahlfolie.
Aufgrund der Energieflüsse im Stirlingmotor (vgl. Abb. 22) sollte der Regenerator das Vier- bis Fünffache der im Motor umgesetzten Wärmeenergie aufnehmen und wieder abgeben können, also statt 12,5 Ws pro Umdrehung etwa 55 Ws.
Ein Körper nimmt nur dann Wärme auf bzw. gibt sie ab, wenn eine Temperaturdifferenz zum anderen Medium besteht (hier Wärmeübergang Metall an Luft und Luft an Metall). Aus diesem Grund wird der Regenerator nicht ganz 500 K heiß und nicht ganz 300 K kalt. Wir nehmen eine Temperaturdifferenz des Regenerators von $\Delta T = 100$ K an. Der Wärmeinhalt Q eines Körpers beträgt:

$$Q = c \cdot m \cdot \Delta T$$

Mit Q = 55 Ws und der spezifischen Wärme von Stahl c = 0,5 kWs/kg K lässt sich die notwendige Masse des Regenerators berechnen:

$$m = \frac{Q}{c \cdot \Delta T} = \frac{55\ \text{Ws} \cdot \text{kg} \cdot \text{K}}{0{,}5\ \text{kWs} \cdot 100\ \text{K}} = 1{,}1\ \text{g}$$

Ergebnis: Es werden ca 1,1 Gramm Stahldraht, Stahlwolle oder Stahlfolie für den Regenerator benötigt Bei einem Stahldrahtdurchmesser von 0,1 mm entspricht dies einer Länge von ca. 18 m.

Wärmeübergang zwischen festen und gasförmigen Körpern

Im Stirlingmotor treten folgende Wärmeübergänge auf: Von der heißen Zylinderwand auf das kalte Arbeitsgas (Luft), von der erhitzten Luft auf den Regenerator, auf der kalten Seite vom Arbeitsgas an die Kühlflächen des Zylinders und von den Kühlflächen an das Kühlmedium Außenluft oder Wasser. Bei allen diesen Wärmeübergängen

streicht ein Luftstrom an einem warmen oder kalten festen Körper vorbei.
Errechnet wurde eine Wärmeenergie von 250 Ws, die dem Stirlingmotor auf der heißen Seite pro Sekunde zugeführt wird. Bei einer Drehzahl von 20 Umdrehungen pro Sekunde kann die zugeführte Wärmeenergie in 20 entsprechend kleineren Wärmeportionen verarbeitet werden, das sind 12,5 Ws bei einem Anfangsvolumen von 150 cm³.
Damit bewegt sich das Luftvolumen 20mal in der Sekunde hin und her.
Je kleiner die Temperaturdifferenzen bei den Wärmeübergängen zwischen den festen und gasförmigen Körperpaaren sind, um so mehr bleibt für die Temperaturdifferenz zwischen der erhitzten und der gekühlten Luft übrig. Diese reale Temperaturdifferenz ist maßgebend für den thermodynamischen Wirkungsgrad. Der Übergang der Wärme Q vom festen auf den gasförmigen Körper errechnet sich:

$$Q = \alpha \cdot A \cdot t \cdot \Delta T \qquad \text{mit}$$

Q = 12,5 Ws
ΔT = Temperaturdifferenz = 20 K (Rechenwert)
t = Dauer des Wärmeüberganges = 0,05 s
α = Wärmeübergangskoeffizient in W/m^2K

Der Wärmeübergangskoeffizient für turbulente Luftströmungen beträgt
$\alpha > 290\ W/m^2K$.

Die notwendige Wärmeübergangsfläche A (in m²) beträgt dann:

$$A = \frac{Q}{\alpha \cdot t \cdot \Delta T} = \frac{12{,}5\ Ws \cdot m^2 \cdot K}{290\ W \cdot 0{,}05\ s \cdot 20\ K} = 0{,}043\ m^2 = 431\ cm^2$$

Ein Zylinder mit 5 cm Durchmesser und einem Ausgangsvolumen von 150 cm³ ergibt eine Zylinderlänge von 7,7 cm. Die Wärmeübergangsfläche errechnet sich aus Kreis- plus Zylindermantelfläche, also

$$A = 19{,}6 + 121 = 140{,}6\ cm^2$$

Dies ist zu wenig, hier ist der Konstrukteur gefordert die Wärmeübergangsfläche auf das Drei- bis Vierfache zu vergrößern.

Äußere Kühlfläche auf der kalten Seite

Auf der kalten Außenseite des Zylinders muss die Kühlfläche wesentlich größer sein, da die hohe Strömungsgeschwindigkeit wie im Zylinder fehlt. Der Wärmeübergangskoeffizent α für den Wärmeübergang eines festen Körpers an ruhende Luft beträgt nur etwa 10 W/m^2K anstatt 290 W/m^2K. Damit brauchen wir eine ca. 30 fach größere Außenkühlfläche, statt 431 cm² nun ca. 13.000 cm² oder 1,3 m²! Dies ist ein weiterer Knackpunkt. Aus diesem Grund wird meistens mit Wasser gekühlt, da hier $\alpha \approx 5.000$ ist.

Totvolumen eines Stirlingmotors

Wie schon angemerkt, muss die gesamte Luft an der heißen Zylinderfläche, am Regenerator und an der kalten Zylinderfläche vorbeistreichen. Um das zu realisieren, müsste das Restvolumen in den beiden Hubendlagen, aber auch das Luftvolumen im bzw. am Regenerator wirklich Null sein. Dies ist beim Regenerator nicht realisierbar und durch eine Phasenverschiebung zwischen Verdränger- und Arbeitskolben nur begrenzt möglich. Bei Stirlingtypen mit getrennten Zylindern für Verdränger und Arbeitskolben ist ein zusätzliches Verbindungsrohr notwendig. In der Praxis tritt immer Totvolumen auf. Diese Luftmengen, die nicht die Heiz- und Kühlflächen erreichen, vermischen sich, verringern die Temperaturdifferenz und drücken damit den thermodynamischen Wirkungsgrad!

Strömungsenergieverluste

Der Spalt zwischen Verdränger und Zylinderwand und der Widerstand im Regenerator führen mit wachsender Drehzahl zu hohen Strömungsgeschwindigkeiten und damit zu Leistungsverlusten. Turbulente Strömung, die bei hohen Luftgeschwindigkeiten auftritt, erhöht zwar den Wärmeübergang vom festen auf den gasförmigen Körper, leider aber auch die Strömungsverluste.

Leistungsverluste durch Wärmebrücken

Je nach Stirlingtyp sind der heiße und der kalte Zylinderteil entweder zusammengeflanscht (Beispiel 1), am Gehäuse befestigt oder aus einem Stück (Beispiel 2). Folglich wird durch Wärmeleitung ein Teil der zugeführten Heizenergie ungenutzt zum kalten Teil abgeführt. Der Wärmeverluststrom I lässt sich folgendermaßen berechnen:

$$I = \frac{\lambda \cdot A \cdot \Delta T}{L} \qquad \text{mit}$$

I Wärmestrom in W

λ Wärmeleitfähigkeit in W/mK, (Stahl $\lambda = 45$ W/mK, für Dichtung $\lambda = 1$ W/mK)

A Querschnittsfläche des Wärmeleiters in m^2

L Länge des Wärmeleiters in m, auf dem die Temperaturdifferenz herrscht

ΔT Temperaturdifferenz zwischen Anfang und Ende des Wärmeleiters in K

Beispiel 1: Dichtung
Dichtung: L = 0,002 m
Dichtungsfläche A = 0,002 m²
Temperaturdifferenz ΔT = 100 K

$$I = \frac{1\,\text{W} \cdot 0{,}002\,\text{m}^2 \cdot 100\,\text{K}}{0{,}002\,\text{m} \cdot \text{m} \cdot \text{K}} = 100\,\text{W}$$

Beispiel: 2: Stahlrohr
Stahlrohrquerschnittsfläche A = 0,0003 m²
Stahlrohrlänge l = 0,1 m
Temperaturdifferenz ΔT = 100 K

$$I = \frac{45\,\text{W} \cdot 0{,}0003\,\text{m}^2 \cdot 100\,\text{K}}{0{,}1\,\text{m} \cdot \text{m} \cdot \text{K}} = 13{,}5\,\text{W}$$

Beachten Sie die Zahlenwerte in den Beispielen. Die Verluste durch Wärmebrücken sind nicht zu unterschätzen!

Temperaturstrahlungsverluste

Jeder Körper, der eine höhere Temperatur als seine Umgebung hat, strahlt Wärmeenergie ab. Die Strahlungsleistung P (in Watt) berechnet sich wie folgt:

$$P = S \cdot \varepsilon \cdot A \cdot (T_s^4 - T_u^4) = 5{,}67 \cdot 10^{-8} \cdot 0{,}7 \cdot 0{,}01 \cdot (500^4 - 300^4) = 22 \text{ W mit}$$

S Strahlungskonstante des schwarzen Körpers $S = 5{,}67 \cdot 10^{-8}$ W/m²K⁴

ε Emissionskoeffizient der strahlenden Fläche, für Stahlblech mit Walzhaut z.B. $\varepsilon = 0{,}7$

T_s Kelvin-Temperatur des Strahlers, z.B. $T_s = 500$ K

T_u Kelvin-Temperatur der Umgebung, z.B. $T_u = 300$ K

A Fläche des Strahlers, z.B. $A = 1 \text{ dm}^2 = 0{,}01 \text{ m}^2$

Es ergibt sich ein Strahlungsverlust von P = 22 W. Eine Abschirmung der heißen Oberfläche wäre vorteilhaft.

Schwungradmasse

Wie auf Seite 171 erläutert, beträgt die Wärmezufuhr pro Umdrehung W = 12,5 Ws. Die Rotationsenergie des Schwungrades, aus der die Kompressionsarbeit aufzubringen ist, sollte größer als die erzeugte Energie an der Welle sein, zuzüglich dem Ungleichförmigkeitsgrad δ der angekoppelten Maschine bzw. eines Generators ($\delta_{Propeller} = 1/30$; $\delta_{Generator} = {}^1/_{100}$ bis ${}^1/_{300}$).
Wir gingen am Anfang von einer angenommenen Leistung von 25 W aus. Die Energie während einer Umdrehung beträgt dann

$$W_w = \frac{P}{f} = \frac{25}{20} = 1{,}25 \text{ WS}$$

$$W_{rot} \geq W_{zu} = \frac{I \cdot \omega^2}{2}$$

$$I = \frac{2 \cdot W_{rot}}{\delta \cdot \omega^2} = \frac{2 \cdot 1{,}25 \text{ Ws} \cdot s^2}{{}^1\!/_{150} \cdot (2 \cdot \pi \cdot 20)^2} = \frac{2{,}5 \cdot 150 \text{ kg} \cdot m^2}{15781} = 0{,}0237 \text{ kg} \cdot m^2$$

mit f = 20 Umdr./s; $\omega = 2 \cdot \pi \cdot f = 125{,}7$; $\omega^2 = 15781$; $\delta = {}^1/_{150}$ (Generator). Das Massenträgheitsmoment eines Zylinders mit dem Radius r = 0,1 m wird berechnet:

$$I_{zyl} = \frac{m \cdot r^2}{2} \qquad m = \frac{2 \cdot I_{zyl}}{r^2} = \frac{2 \cdot 0{,}237 \text{ } kg \cdot m^2}{0{,}01 \text{ } m^2} = 4{,}74 \text{ } kg$$

Messung und Messgeräte

Wie in der Einleitung beschrieben, ist es hilfreich, zur Optimierung des Stirlingmodells die Temperaturen auf der heißen und der kalten Seite sowohl innen als auch außen am Zylinder zu messen; weiterhin ist der Druckverlauf in Abhängigkeit von der Kurbelstellung interessant und für die Leistungsmessung sind die Drehzahl und das Drehmoment zu bestimmen. Die mechanischen Verluste werden mit 5% angenommen.

- Zur Messung des Druckverlaufs im Zylinder in Abhängigkeit von der Kurbelstellung sind eine sehr schnell ansprechende Druckmesssonde mit Elektronik und ein Oszillograph notwendig. Die Kosten dieser Geräte sind für einen Hobbybastler in der Regel zu hoch.
- Zur Messung der Drehzahl sind optisch-elektronische Messgeräte sehr praktisch; Kosten: etwa 50 € (siehe z.B. Conrad-Electronic-Katalog).
- Die Nutzleistung im 25-Watt-Bereich wird mit Hilfe eines Bremsbandes gemessen (Abb. 164). Die Gewichts- und Federkräfte ist so zu wählen, dass der Stirlingmotor bei der eingestellten Drehzahl, die ebenfalls zu messen ist, gleichmäßig rotiert.

Ein Beispiel: $P = (F_g - F_f) \cdot 2 \cdot \pi \cdot n \cdot r = (10 - 8) \cdot 2 \cdot 3{,}1416 \cdot 20 \cdot 0{,}1 = 25{,}1\ \text{W}$ mit

P	Motorleistung in W	
F_g	Gewichtskraft in N;	im Beispiel $F_g = 10$ N
F_f	Federkraft in N;	im Beispiel $F_f = 8$ N
n	Motordrehzahl in Umdr./s;	im Beispiel $n = 20\ s^{-1}$
r	Reibradius in m;	im Beispiel $r = 0{,}1$ m

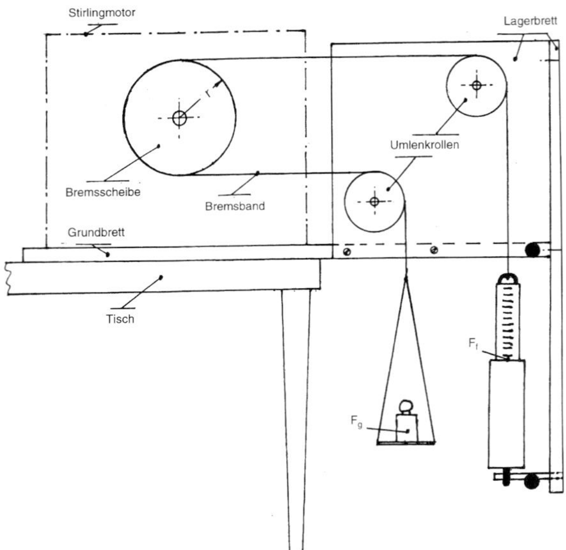

Abb. 164: Versuchsaufbau zur Leistungsmessung